나비의 언어

나비의 언어

• THE LANGUAGE OF BUTTERFLIES •

웬디 윌리엄스 지음

·

이세진 옮김

·

김성수 감수

찰스 다윈부터 블라디미르 나보코프까지,
나비 덕후들이 풀어낸 이상하고 아름다운 나비의 비밀

그러나

나비의 언어

초판 1쇄 발행 2022년 10월 31일 **원작** THE LANGUAGE OF BUTTERFLIES

지은이 웬디 윌리엄스 **옮긴이** 이세진 **감수** 김성수 **발행인** 도영

편집 하서린, 김미숙 **표지 디자인** 씨오디 **내지 디자인** 손은실

발행처 그러나 등록 2016-000257 **주소** 서울시 마포구 동교로 142, 5층(서교동)

전화 02) 909-5517 **Fax** 0505) 300-9348 **이메일** anemone70@hanmail.net

ISBN 978-89-98120-84-9 03490

링컨 브라우어(1931~2018)를 위하여

암살당한 환경운동가

오메로 고메스 곤살레스(1970~2020)를 기리며

자연은 발이 여섯 개 달린 것을 변태적으로 좋아한다.[1]

– 마이클 S. 엥겔

차례

/ 들어가는 글 /

색은 영혼에 직접 작용하는 힘이다.[1]

— 바실리 칸딘스키

오래전, 무일푼으로 런던에서 버티던 스무 살 무렵, 소일거리를 찾아 어슬렁대다가 테이트 갤러리에 들어갔다. 세계에서 가장 유명한 작품들이 그득한 그 갤러리에서, 나는 J. M. W. 터너의 충격적인 걸작에 단박에 사로잡혔다.

정신을 차릴 수 없었다.

완벽한 압도감.

바다에 떠 있는 칙칙한 군함들을 둘러싸고 소용돌이치는 노란색, 주황색, 붉은색이 비명을 지르듯 아른거렸다. 그 눈부신 그림은 나를 휘어잡았다.

터너의 작품을 본 적이 있는 사람은 그 이유를 알 것이다. 그의 그림은 사람 마음의 깊고 비밀스러운 틈새를 후벼 판다. 어떤 사람은 그 신경계의 깊숙한 토끼굴에 굴러떨어졌다가 영영 헤어 나오지 못한다. 이것은 생물학적 사안, 진화의 명령이다. 과학은 이 순리를 최근에 발견했지만 예술가들은 오래전부터 이 숨겨진 욕망이 독특한 최면의 경지(색에 대한 갈망)를 끌어낸다는 것을 직관적으로 알았다.

터너의 작품 앞에서 나는 말 그대로 넋이 나갔다.

그 작품의 신비를 파헤쳐보고 싶었다. 그것은 지성이나 사유가 개입하지 않은 순수 경험이었다. 나는 미술은 전혀 몰랐다. 그쪽으로는 완전 백지였다. 터너가 누구인지도 몰랐고, 그가 인상파가 등장할 길을 닦아 놓은 천재 화가라는 것도 몰랐다. 작품을 우러를 준비도 되어 있지 않았는데 그만 홀딱 빠져버린 것이다. 일생에 한 번 있을까 말까 한 일이었다.

첫 키스 같았다.

그처럼 감미롭고 황홀한 충격에 속수무책으로 당한 적은 없었다.

그 일이 있기 전까지는…….

허를 찔리는 경험이 한 번 더 있었다. 예일 대학교, 래리 골의 연구실에서였다. 광기와 흥분이 넘치는 데다가 때로는 치명적이기도 한 나비 집착의 세계에 관심이 생긴 나는 일부러 그를 만나러 갔다. 이 말쑥한 안경잽이 컴퓨터 전문가는 한 세기 이상의 나비, 나방, 애벌레 표본을 소장한 수집가이기도 했다. 나비목(Lepidoptera)에 속하는 곤충이 핀으로 곱게 꽂힌 수천수만 개의 상자가 세계 곳곳에서 예일대로 날아왔다.

터너의 그림과 마찬가지로 그 표본 상자들도 기념비적인 예술품이었다. 하지만 내가 사랑했던 대형 바다 풍경화들과 달리 그 상자들은 온도가 조절되는 수백, 수천 개 서랍 속에 수십 년간 숨겨져 있었다. 전 세계

정글과 연구소와 방에 처박혀 일했던 상습적 나비 중독자들의 수집품 중에는 18세기까지 거슬러 올라가는 것도 있었다.

나비 표본을 만든 예술가들은 틀림없이 색채에 대한 열정과 디테일을 추구하는 섬세함을 겸비했으리라. 만화경 같은 색채 조합은 오랜 시간 책상을 떠나지 않았을 이들의 평생에 걸친 노동, 나는 감히 꿈이나 꿀까 싶은 꾸준한 의지와 손놀림을 담고 있었다.

터너에게 첫눈에 반해 인생이 바뀐 지 40년 넘게 지난 그때, 나는 또 한 번 반했다. 더 많은 나비를 보고 싶었다.

점점 더 많이 보고 싶었다.

볼 것은 많았다. 예일대는 나비와 나방 표본을 말 그대로 수십만 점 소장하고 있었다. 서랍 속에 애지중지 보관된 표본 상자들이 바닥부터 천장까지 빼곡하게 쌓여 있었다. 언젠가, 우주 어딘가에, 우리 은하 안에서든 밖에서든, 어쩌면 아직 태어나지도 않았을 어느 연구자가 필요로 할 때를 기다리면서.

상자 하나에 가지런히 핀으로 꽂혀 있는 나비들은 전부 같은 종이었다. 가장 소장 가치가 높다는 상자에는 표본 채집 장소와 시기도 기록되어 있었다.

골은 참을성 있게 나비 상자를 하나하나 꺼내어 보여주었다. 터너의 그림을 처음 보았을 때처럼 나는 내가 본 것을 이해하려고 애썼다. 죽은 곤충 표본 따위가 그렇게 황홀하고 육감적이고 감미로울 줄이야.

결국은 나비 중독자인 골조차 나의 "이건 왜 이래요?", "저건 왜 저래요?" 질문 공세에 지쳐버렸다. 나는 깍듯하고 점잖게 군다고 굴었지만 결국 나와야 했다.

그리하여 나는 (용어를 좀 끌어다 써보자면) 나비 효과가 실제로 존재한다는 것을, 우리 뇌에 뿌리 깊게 장착된 색에 대한 갈망이 중독으로 변할 수도 있다는 것을 알았다. 비정상적인 나비 욕심에 대한 한 무더기 연구는 결국 나 자신도 그 주제를 연구하고 싶다는 충동을 폭발시켰다. 더러는 눈에 잘 보이지 않을 만큼 작고, 더러는 날개폭이 1피트(약 30cm)나 되는, 이 날아다니는 것들의 정체는 과연 무엇일까?

다들 그렇듯 나 역시 나비가 낯설지는 않았다. 나비는 내가 살아온 시간 대부분에서, 말을 타고 로키산맥의 골짜기나 야생화가 흐드러지게 핀 버몬트의 들판을 지나갈 때, 나의 길동무였다. 내가 자란 펜실베이니아의 목초지, 한때 거주했던 세네갈, 여행지였던 짐바브웨, 케냐, 남아프리카공화국에서 나비는 아주 흔히 볼 수 있었다. 잡초와 야생화가 만발한 곳이면 어디나 나비가 있었다. 애팔래치아의 산자락을 타고 올라갈 때나 케이프 코드 해변을 거닐 때, 나비는 늘 그곳에 있었다.

나도 물론 나비를 보았다. 그리고 물론 좋아했다. 누군들 안 그렇겠는가? 하지만 나는 나비들을 당연하게만 생각했다. 나비들을 제대로 바라보지는 않았다. 면밀하게 살펴본 적은 없었다. 나비들은 어디서 왔을까? 왜 거기 있었을까? 지구에서 사는 동안 나비들은 무슨 일을 벌일까? 나비의 그 무엇 때문에 뭇사람들이 나비를 채집하기 위해 재산과 목숨을 걸고 이따금 죽기도 하는 걸까?

호기심은 나를 온 세상으로 끌고 다니게 되었다. 때로는 말 그대로 먼 곳까지 여행을 가게 했고, 때로는 내가 말하는 나비의 현현(顯現)을 정확히 알아듣는 과학자들의 저서를 읽거나 그들과 전화로 소통하게 했다. 눈앞의 베일이 걷히자 새로운 세상 하나가 열렸다.

나는 나비의 언어가 색의 언어라는 것을 알았다. 나비들은 섬광과 눈부심으로 소통한다. 나는 때때로 나비들을 세상에 처음 등장한 예술가라고 상상한다. 다행스럽게도 인류도 그 색의 언어에서 즐거움을 얻는다. 우리는 다리 여섯 개짜리 생물과 오랜 파트너십을 맺고 이 행성에서 20만 년간 생존하면서 그들의 도움을 쏠쏠히 받았다.

심지어 나비들은 지금도 우리와 협력 중이다. 나는 17세기의 나비 연구가 자연에 대한 인류의 이해를 혁신하고 오늘날 생태학이라고 하는 연구 분야의 기초를 마련했다는 것을 알았다. 또한 아주 꼼꼼하고 치밀한 열세 살 소녀의 연구가 그 기초를 놓았다는 것도 알았다.

나는 나비들의 비밀이 밝혀짐으로써 진화가 어떻게 진행되었는지 이해하는 데 큰 성과가 있었다는 것을 알았다. 나비와 다른 생물들 간의 파트너십이 지구상에서 생명의 근간이 되었다는 것을, 지금도 나비들은 실질적으로 우리를 돕고 있으며 약학 기술의 놀라운 새 모델을 제시하고 있다는 것을 알았다. 일례로 재료공학자들은 나비 비늘가루(鱗粉)를 천식 환자용 기기의 바이오디자인에 참고하고 있다.

이 모든 놀라운 사실이 나의 호기심을 자극했다. 이 프로젝트를 시작할 때만 해도 나는 나비에 대한 글쓰기를 간단하게 여겼다. 하지만 웬걸, 나비는 1억 년 넘게 진화를 거듭한, 경이로우리만치 복잡한 존재였다. 최근에 나비의 비밀을 파헤치는 데 혁혁한 성과가 있었다지만 나비의 유일무이한 속성 중 어떤 것은 아직도 미스터리에 싸여 있다.

안타깝게도 여러 가지 이유로 나비와 나방 개체 수가 계속 줄고 있으며 더러는 급격히 감소했다는 것도 나는 안다. 원인은 다양하고 이를 억

제하기 위해 취할 수 있는 조치도 다양하다. 나는 나비의 멸종이 지구에 대재앙이라는 것도, 단지 심미적인 이유로만 그런 것은 아니라는 것도 안다. 나비가 우리에게 해주는 가장 큰 일은 생태계 전체를 지켜주는 것이다.

다행히 과학은 나비를 보전하는 방법에 관해서 많은 성과를 냈다. 여기에 미래에 대한 희망이 있다. 전 세계 수백 명의 연구자와 헌신적인 나비 애호 집단들이 변화를 꾀하고 있다.

이 책에서 우리는 그 방법을 찾아볼 것이다.

1부

과 거

1. 입문용 약물

> 나비목 곤충 연구자에게는 나비 날개의 반점과 얼룩이 자기 식구들 얼굴만큼 친숙하다. 내가 아는 어느 나비 연구자는 오히려 전자를 후자보다 잘 안다.[1]
>
> — 리처드 포티, 『런던 자연사박물관』

허먼 스트레커*는 누구 말을 들어봐도 괴짜가 틀림없었다.[2] 그는 얼굴이 길고 목도 길고 아무렇게나 자란 수염은 더 길었다. 모세처럼 생겼다. 움푹 파인 눈에는 슬픔이 가득했다. 그는 광신자답게 엉망진창으로 살았다. 바지와 장화를 벗지도 않고 침대 시트에 들어갈 정도로.

그는 낮에는 아이들의 묘비에 천사를 새겨 넣는 작업을 전문으로 하

* 허먼 스트레커(1836~1901): 나비목, 즉 나비와 나방을 전문으로 하는 미국 곤충학자. (모든 주는 옮긴이주다.)

는 석재 조각가로 일했다. 그러나 밤에는 더 깊고 짙은 욕망에 빠져들었다. 그 탐욕스러운 충동이 결국은 그의 생애 전부를 지배했다. 어떤 사람은 돈을 욕심낸다. 또 어떤 이는 옷 욕심, 차 욕심, 우표 욕심, 집 욕심, 정치 욕심에 빠진다.

스트레커는 나비를 욕심냈다. 레피돕테라(Lepidoptera). 나비와 나방을 가리키는 라틴어다. 레피도스(lepidos)는 그리스어로 '비늘가루'를 뜻한다. 자세한 이야기는 뒤에서 하겠다. 그는 지구상에 존재하는 모든 나비의 표본을 최소한 하나씩은 갖고 싶어 했다. 실제로 거의 그렇게 됐다. 1901년, 그는 정서적으로 암울했던 일생을 마감하면서 5만 개의 표본을 남겼다. 뭐든 한 가지를 그렇게 많이 집에 모아놓을 수 있다니, 나로서는 상상이 안 간다. 그 한 가지 말고 다른 것은 들일 자리도 없었을 것이다.

영국 금융 명문가 자제 월터 로스차일드가 수집한 표본 225만 개에 비하면 그렇게 많지는 않다. 같은 시대에 활동했던 월터 경은 지구상에서 가장 부유한 사람 중 한 명이었다. 그는 자신의 수집품을 보관하는 시설을 따로 짓게 하고 관리인들을 고용했다. 스트레커는 그런 상위 1%의 부자가 아니었다. 그래도 스트레커의 수집품은 북미 최대 규모였다. 그의 형편이 매우 궁핍했음을 감안하건대, 핀에 꽂힌 죽은 나비들은 그리 넓지 않았던 그의 집 구석구석에 보관되어 있었을 것이다.

스트레커는 그가 살았던 빅토리아 시대(1837~1901년)의 산물이었다. 실제로 그는 빅토리아 여왕과 같은 해에 죽었다. 그의 비극적 생애는 에드거 앨런 포가 쓴 이야기라고 해도 이상하지 않을 만큼 죽은 아기, 박탈, 젊은 나이에 죽은 여자, 굶주림, 인생의 쓴맛으로 점철되었다. 실제로 이 묘비 조각가는 필라델피아의 어느 저택 입구에 세울 까마귀 조각상을 만들기도 했다. 포의 「까마귀」에 나오는 연인처럼 스트레커는 서서히 미쳐갔고 극단적인 실의에 빠졌다. 그러한 양상은 나이가 들수록 더 심해졌다.

스트레커는 자기가 "잡식성"[3]이라고 쓴 적이 있다. 금에 환장했던 미다스처럼, 그도 만족을 몰랐다. 굉장히 구하기 어려운 이국의 나비를 찾을 때면 "내 영혼이 애가 탄다"[4]고 친구에게 말하기도 했다. 어떤 사람이 그가 오랫동안 갖고 싶어 했던 새날개나비(birdwing) 표본을 보내주었을 때는 이렇게 썼다. "이 눈부신 새날개나비를 바라보는 심경을 말로는 표현할 수 없어. 내 나이 다섯 살 때부터 프리아무스금비단제비나비(*Ornithoptera priamus*)를 갖고 싶어 안달했는데 꿈이 드디어 이루어졌다는 생각만 들어." 하지만 그는 다른 편지에서 이렇게 물었다. "어째서 신은 이 채울 수 없는 갈망을 우리에게 심어놓기만 하고 만족시킬 방법을 허락지 않으셨을까?"[5]

스트레커는 어릴 적에 필라델피아 자연사박물관에서 나비를 손으로 그려 넣은 아주 비싼 책들을 구경할 기회가 있었다. 1800년대 초만 해도 북미 문화는 단색이었다. 도시와 마을은 나무와 석탄 그을음으로 칙칙하기 그지없었다. 사람들도 대단한 부자가 아닌 이상 검은 옷, 회색 옷을 입었다. 인쇄업에도 아직 색채가 들어오기 전이었다.

그런데 그 책의 삽화는 인쇄가 아니라 직접 그려 넣은 것이었기에 저 멀리 열대에 사는 이국적인 나비들의 화려한 풍모를 잘 보여주었다. 빅토리아 시대 전기에 그 책들은 오늘날의 장편 서사영화만큼 흥미진진했다.

소년 스트레커는 그 책에 압도되었으리라. 내가 터너의 그림 앞에서 그랬던 것처럼 말이다. 검댕과 가난으로 점철된, 희망 없는 칙칙한 세상에 색채의 여신이 처음으로 등장했다. 그는 집 근처에서 나비를 잡으러 다니고 보드에 나비를 핀으로 꽂아서 모으기 시작했다. 소년의 열병에 아버지는 화가 났다. 아버지는 수시로 매질을 했지만 스트레커는 아름다움과 햇살에 대한 집착을 포기하지 않았다. 아마 그러려 해도 그럴 수 없었을 것이다.

스트레커만 그랬던 게 아니다. 빅토리아 시대에는 신의 피조물을 수집하고 명명하려는 노력을 모든 계급이 인정하고 공유했다. 여성들에게도 이 노력은 용인되었다. 유럽과 북미를 통틀어 곤충 채집은 건전할 뿐만 아니라 하느님과 그분의 지상 과업을 기리는 활동으로 인정받았다. 놀이가 빈축을 사는 음침하고 재미없는 문화권에서조차 곤충 채집은 좋게 받아들여졌다.

고생물학자 리처드 포티는 실제로 『런던 자연사박물관』에서 인류는 "목록 작성의 '의무'"[6]가 있다고 썼다. 포티의 책은 런던 자연사박물관 뒷방에 오늘날까지도 마구잡이로 뒤엉켜 있을 보물에 대한 개인적 회고록이다.

그 '의무'는 성경에 기초해 있었다. 빅토리아 시대 사람들은 『창세기』에서 신이 만물을 창조하고 아담에게 이름을 붙이라고 명하는 대목을 읽었다. 물론 이름을 붙일 수 있으려면 일단 수집부터 해야 했다.

짐 엔더스비는 『임피리얼 네이처 Imperial Nature』에 이렇게 썼다. "수집은 빅토리아 시대의 열정이었다. 그 시대에는 계급을 막론하고 저마다 조개껍데기, 해초, 꽃, 곤충에서부터 동전, 서명, 책, 버스표까지 자신의 보물을 모으고, 분류하고, 배치했으며 자기가 원치 않는 발견 품목은 다른 수집광과 교환했다."[7] (버스표까지?)

수집에는 야외 활동의 즐거움, 빅토리아 시대의 미국 시인 월트 휘트먼이 노래했듯이 "즐거운 한때 나비(a butterfly good-time)"[8]의 기쁨이 있었다. 어떤 이들의 수집 중독은 단순한 문화적 표현을 넘어 유전적 원인이 의심될 만큼 심각한 수준으로 치달았다.

19세기의 마지막 20~30년 동안은 가장 정통한 나비 수집가들(그런 사람들이 하나둘이 아니었다)은 서로 알고 지냈다. 그들은 수시로 편지를 주고받았다. 북미 최고의 전문가로 널리 인정받았던 스트레커도 이 무리에 속해 있었다. 그렇지만 나중에 가서 그들은 스트레커가 수집품을 구경하러 와서 표본을 한두 개씩 훔쳐 가는 게 아닌가 의심하기 시작했다. 스트레커는 자주 방문을 거절당했다.

그도 말이 격해졌다. 스트레커는 다른 수집가들을 혹평했고 그들도 가만히 있지 않았다. 어떤 이는 그를 "곤충학계의 거미"라고 불렀다. 1874년에는 한때 친구 사이였던 수집가가 그를 표본 절도로 고발하는 '센트럴파크 사건'이 일어났다. 그 표본들은 현재 미국 자연사박물관에 소장되어 있다. 고발자는 나비학계에서 꽤 알아주는 인물이었다. 다들 그의 주장을 믿는 분위기였다.

고발의 내용은 대략 이러했다. 스트레커는 에이브러햄 링컨 스타일의 길쭉한 실크해트를 쓰고 다녔다. 소문에 따르면 훔쳐낸 표본을 그 모자 안에 대놓은 코르크판에 핀으로 꽂아서 몰래 가지고 나간다는 것이었다. 증거는 없었다. 그렇지만 여러 박물관이 그의 방문 요청을 거절할 만했다. 그가 죽은 지 한 세기가 지나도록 범죄의 증거는 전혀 나오지 않았다. 스트레커는 평범하지 않은 성격 때문에 고발을 당했을지도 모른다. 그는 열정이 너무 강렬했기 때문에 다른 나비 수집가들과 어울리지 못하고 고립되었을 것이다.

스트레커는 씁쓸하게 생을 마감했다. 현재 시카고 필드 박물관에 가 있는 그의 소장품과 6,000통에 달하는 편지, 서적은 보는 이의 관점에 따라 일생에 걸친 헌신 혹은 중독의 증거라고 볼 수 있다.

스트레커의 전기 작가이자 『버터플라이 피플 Butterfly People』의 저자인 윌리엄 리치는 스트레커를 나비 세계의 '안티노미언(antinomian, 규칙 파괴자)'이라고 했다. 그는 스트레커가 설령 표본을 훔쳤다 해도 죄책감을 느끼지 않았겠지만 그보다는 호전적 성품 때문에 자기보다 훨씬 부유한 다른 나비 수집가들과 원만하게 어울리지 못했으리라 생각했다. 우리는 스트레커의 나비 수집욕에 유전적 기질이 개입했을지에 대해서 전화로 얘기를 나누고 의견을 주고받았다.

"나도 그런 유전자가 있어요. 나는 그 사람이 완전히 이해가 갑니다. 그건 불시에 사람을 덮치지요. 예측을 할 수가 없는, 그런 종류예요. 어린 시절에 팔랑팔랑 날아다니는 예쁜 색과 우연히 마주치면서, 처음에는 그렇게 시작을 해요. 그 아이 안에 뭔가가 싹터요. 저거 갖고 싶다. 저거 갖고 싶다."

하지만 그건 시작일 뿐이라고 리치는 경고했다.

나비에 대해서, 그다음에는 나방에 대해서, 요컨대 나비목 곤충은 알면 알수록 심취하게 된다나.

여러 연구자가 나에게 경고했다. "나비는 딱 입문용 약물이지요."

거기서 더 깊이 들어가면 헤어 나올 수 없다.

도대체 나비에게 뭐가 있기에 그토록 쉽게, 그토록 보편적으로 호모 사피엔스는 마음을 빼앗기는가? 그저 예쁘게 생겨서? 아니면, 나비가 끊임없이 진화하는 우리 행성의 이야기, 우리와 다른 모든 생물 간의 파트너십, 생의 순환을 상징적으로 나타낸다는 것이 부분적인 이유로 작용하는 걸까?

지구에 사는 생물은 도합 1조 종이다. 그중 상당수는 아직 발견되지도 않았다. 지금까지 공식적으로 기술되고 명칭을 얻은 종은 120만 종 정도다. 빅토리아 시대에 생물의 명명 작업이 시작되었으니 200년도 안 되어 상당한 진보를 일궈낸 셈이다. 그러나 우리가 우리 행성에 존재하는 '모든' 종을 다룰 수 있으려면 많고도 많은 생애가 지나야 할 것이다. 그리고 우리의 작은 세상 너머 우주에 뭐가 있을지 누가 알겠는가? 분자생물학자 크리스토퍼 켐프는 이렇게 요약한다. "우리 주위에서 소리 내고 약동하는 자연 세계에 대해서 우리가 아는 것은 얼마나 적은가."[9]

지구에 사는 종의 대다수는 핵(DNA를 품고 있는 세포 내 중심 구조)이 있거나 없는 단세포 생물이다. 그렇지만 사람들은 동물, 식물을 먼저 떠올린다. 동물은 대부분 다세포 생물이며 자력으로 이동 가능하다. 식물도 대부분 다세포 생물이지만 자력으로 이동이 불가능하다(물론, 이 규칙에도 예외는 있다).

우리가 아는 식물은 40만 종이 안 된다. 지금까지 명명된 곤충은 대략 90만 종이다. 그렇다면 지금까지 알아낸 포유류는 몇 종이나 될까? 약 5,400종이다.

고로, 곤충이 지배한다.

"진화는 다양성을 부른다."[10] 곤충학자 데이비드 그리말디와 마이클 엥겔은 곤충학자들의 참고 도서로 통하는 저서 『곤충의 진화』에 이렇게

졌다. 곤충은 수억 년 동안(그 어떤 포유류보다 오랫동안) 존재해왔고 상당수가 쉴 새 없이 닥쳤던 수차례 멸종 위기에서도 살아남았다. 그러니 곤충의 종수가 그렇게 많은 것도 당연하다.

곤충은 절지동물의 한 종류로서, 외골격이 있다. 곤충의 출현은 캄브리아기로 거슬러 올라가는데 이 시기는 진화의 실험이 폭주하면서 해양 생물이 풍부하게 급증한 때다. 5억 4,000만 년 전부터 절지동물이 지배해왔다. 절지동물이 당시 최고의 아이디어였다.

나비도 절지동물이기 때문에 뿌리를 파헤치자면 내골격 동물이 흔치 않았던 그 시기까지 거슬러 올라간다. "진화의 성공이라는 기준에서 곤충과 비견할 상대는 없다. 계통의 수명, 종 수, 적응 다양성, 바이오매스*, 생태계에 미치는 영향을 다 따져봐도 그렇다."[11] 그리말디와 엥겔은 말한다.

곤충은 4억 년 전부터 줄곧 있었다. 반면에 원시 포유류는 꽃식물이 처음 등장한 1억 4,000만~1억 2,000만 년 이전에는 존재하지 않았던 것 같다. 영장류나 말 같은 고등 포유류가 5,600만 년 전에도 있었을 것이라는 확고한 증거는 없다. 위대한 사회생물학자 E. O. 윌슨의 말마따나, 작은 것들이 지구를 꾸린다.

그리말디와 엥겔은 이렇게 말한다. "다른 생물 집단의 다양성은 곤충에 비하면 빙산의 일각에 불과하다는 점은 의심의 여지가 없다."[12] 물론, 단세포 생물은 제외하고 말이다.

* 바이오매스(biomass) : 어느 지역 내에 생활하고 있는 생물의 현존량.

• • •

그렇다면 나비는 이 설명에 어떻게 부합하는가? 나비는 현존하는 곤충 분류 체계에서 두 번째로 큰 목인 '나비목'에 속한다. 나비목의 특징은 날개에 비늘가루가 있다는 것이며 지금까지 약 18만 종이 알려져 있다(그러나 아직 발견되지 않았고 명명되지 않은 종이 이보다 훨씬 많을 것으로 보인다). 물론 나비는 여기서 1만 4,500종뿐이다. 흔히 팔랑나비류(skipper)라고 하는 곤충들까지 포함하면 이 수치는 2만 종까지 늘어난다. 학자에 따라서 팔랑나비류는 나비로 분류되기도 하고 나비로 분류되지 않기도 한다.

비늘가루가 있는 날개로 날아다니는 나머지 16만 종의 곤충은 '나방'이라고 한다. 나는 나비와 나방이 정확히 뭐가 다른지 궁금했다. 나비와 나방은 어떻게 같으면서도 다른가?

예일 대학교 연구소에서 대학의 값비싼 소장품 관리를 돕는 자원봉사자들과 그 얘기를 나눠보았다. '나방(moth)'이라는 단어는 혐오감을 불러일으켰다. 나방 얘기를 하면 '역겨움'의 전형적인 표정이 나오곤 했다. 코를 찡그리고, 콧구멍을 살짝 벌름대면서, 으르렁대기라도 할 듯 입술을 샐쭉하게 만드는 표정. 그런데 '나비' 얘기를 나눌 때는 눈이 반짝거리고 미소가 번졌다. 나방 혐오에는 '나방 공포증(mottephobia)'이라는 공식 명칭까지 있다. 내가 아는 한, '나비에 대한 두려움'을 뜻하는 공식 용어는 없다.

우리가 얘기를 나누는 동안 나비목의 두 종류는 하늘과 땅 차이의 정서적 반응을 불러일으켰다. '나방'은 성가실 뿐만 아니라 베이킹용 밀가루나 모직물을 못 쓰게 만들고 밤에 전구 불빛 주위를 정신 산란하게 왔다 갔다 하는 침입자다. 한편 '나비'는 종잡을 수 없고 섬세하고 순수하며 고결하며 깨끗하다. 나비는 보호해야 할 대상이자 정원의 아름다운 꽃을 더욱 돋보이게 하는 장식이다.

이게 다 편견이다. 모든 문화권에서 나방을 질색하지는 않는다. 나방을 좋아하는 사람들도 있다. 나방 덕에 사는 사람들도 있다. 전통적으로 오스트레일리아 원주민은 휴면에 들어가는 보공밤나방(bogong moths, *Agrotis infusa*)을 잡아먹고 살았다. 그들은 나방을 불에 구워 곧바로 먹거나 가루를 내어 페미컨*처럼 가지고 다니면서 간편하게 먹을 수 있는 단백질 페이스트를 만들었다.

또 다른 문화권에서는 나방이 다른 면에서 유용하다는 것을 알았다. 대만에는 아틀라스나방(*Archaeoattacus edwardsii*), 일명 '뱀머리나방'이 서식한다. 이 나방이 땅에 떨어져 서서히 몸을 비틀면 날개 끝 문양이 마치 꿈틀대는 코브라 머리처럼 보이기 때문에 이런 이름이 붙었다. 아틀라스나방 암컷은 날개폭이 12인치(약 30cm)나 된다. 아틀라스나방이 성체가 되면 고치를 떠나는데(나방은 '고치'에서 나온다고 하는 반면, 나비는 '번데기'에서 나온다고 한다), 원주민들은 이 비단 재질의 빈 고치를 지갑으로 사용한다.

나는 나방과 나비의 차이를 한 번도 진지하게 생각해본 적이 없었다. 그냥 당연히 다르다고만 생각했다. 나는 이 문제를 좀 더 알아보기로 마음먹었다.

---

* 페미컨(pemmican) : 쇠고기 따위를 말려 가루로 만든 다음 과일이나 기름을 섞어서 굳힌 식품으로 북미 원주민들의 식량이었다.

하버드 비교동물학박물관 나비관의 학예연구원보조 레이철 호킨스는 여러 개의 표본이 꽂혀 있는 상자가 있는 곳으로 나를 데려갔다. 이곳에는 약 1만 개의 나비목 표본이 보관되어 있는데 로스차일드의 수집품에 비하면 얼마 안 되지만 훗날 식인종에게 잡아먹힌 남자가 수집한 나비목 표본과 산탄총으로 잡은 거대한 새날개나비 표본으로 명성을 날리고 있다. 이 표본은 이 박물관의 초기 관장이자 반(反)진화론자였던 토머스 바버가 입수했을 것이다. 바버는 제2차 세계대전 당시에도 생존해 있었으니 그렇게까지 옛날 사람은 아니다. 그런데도 그는 진화와 유전은 무관하다고 철석같이 믿었다.

"어느 것이 나방이고 어느 것이 나비인지 맞혀보세요." 호킨스가 말했다.

상자 안에는 8개의 표본이 두 줄로 꽂혀 있었다. 영롱하게 빛나는 노란색과 초록색 날개에 몸집이 늘씬한 곤충이 왼쪽 최상단을 차지하고 있었다. 근사한 표본이었다. 바로 옆, 오른쪽 최상단에는 몸통이 크고 둔하게 생긴 곤충이 있었다. 부풀어 오른 배를 보니 사악하게 생긴 커다란 벌이 연상되었다. 날개는 대체로 색이 어두웠고 가느다란 노란색 줄무늬가 있었다. 나는 왼쪽 최상단에 있는 것은 색이 화사하고 몸통이 날렵하니까 나비라고 생각했다. 반대로 오른쪽 최상단에 있는 것은 몸통이 두툼하다는 이유로 나방이 맞을 것 같았다.

그런 식으로 나는 상자 안의 표본들 전체에 내가 배운 경험 법칙을 적용했다. 나방의 더듬이는 굵고 털이 나 있다. 나비의 더듬이는 날렵하고 끄트머리에 혹이 있다. 나방의 몸통은 땅딸막하지만 나비의 몸통은 늘씬하다. 나방은 밤에 날아다니고 나비는 낮에 날아다닌다. 나방은 색이 칙칙하고 나비는 예쁘다.

일반적으로도 다들 이렇게 알고 있다.

나의 대답은 번번이 틀렸다.

호킨스가 말했다. "사람들은 나방 하면 밤중에 불빛을 보고 달려드는 칙칙한 것, 작은 갈색 곤충을 떠올리고 나방들이 다 똑같이 생긴 줄 알지요. 천만의 말씀이에요. 밝고 화사한 색을 띤 나방도 많이 있고요, 뭔지 구분이 안 되는 칙칙한 갈색 나비도 많답니다."

호킨스는 또한 낮에 날아다니는 나방, 밤에 날아다니는 나비도 많다고 말했다.

"사람들은 몸통 모양과 특징을 먼저 보지요. 나방은 통통하고 털이 많은데 나비는 그렇지 않다고 생각하니까요. 사실은 그렇지 않아요. 힘차게 잘 날아다니는 나비는 몸통이 상당히 튼실해요. 날씬하고 우아하게 생긴 나방도 분명히 있어요. 말벌의 날렵한 몸통을 닮은 나방도 있죠. 보통 나방은 '솜털'로 덮여 있고 나비는 매끈해 보이지만 호랑나비는 '솜털'이 많아요. 호랑나비는 꽤 높이 나는데 고도가 올라갈수록 기온이 낮기 때문에 그런지도 몰라요. 단열이 필요하다고나 할까요."

나방 때문에 혼란스러워진 것이 그때가 처음은 아니었다. 이 책을 시작한 지 얼마 안 됐을 무렵, 나는 거실 창 너머로 내가 제일 좋아하는 관목숲이 나비를 끌어들이는 모습을 바라보고 있었다. 전에 본 적 없는 아주 작은 벌새가 눈에 띄었다. 나는 쿠바에서 그 섬에 서식하는 꿀벌새(*Mellisuga helenae*)에 매료되었다. 세계에서 가장 작은 이 새는 사실상 (아주) 큰 벌 크기밖에 안 된다. 물론 그렇게 큰 벌을 내 집 정원에서 만나고 싶지는 않지만 말이다.

처음에는 다소 비이성적인 생각부터 들었다. '어떻게 저 작은 새가 쿠바에서 케이프 코드까지 그 먼 길을 날아왔지?' 나는 벌새를 한동안 지켜보았다. 그 녀석은 배가 고팠는지 이 꽃에서 저 꽃으로 맴돌며 잠시 꿀을 빨았다가 또 다른 데 가서 맴돌고 꿀을 빠는 듯 보였다.

하지만 보면 볼수록 뭔가가 이상했다. 내가 기대했던 행동과는 달랐다. 꽃 주위에서 너무 오래 맴돌기만 하고 시원하게 날아오르는 모습은 보이지 않았다. 벌새는 한자리에 오래 머물지 않기로 유명하다. 나 역시 벌새를 계속 구경하고 싶어도 구경할 수 없어서 아쉬웠던 적이 많았다. 그런데 그 자그마한 생물은 너무 얌전했다. 녀석은 관목 하나에 오래오래 머물면서 꽃을 한 송이 한 송이 훑고 있었다.

나는 눈을 가늘게 떴다. 확실히 하려고 집중해서 보았다. 내가 속았다. 그건 벌새가 아니었다.

그것의 정체는 황나박각시류(*Hemaris thysbe*)였다. 이 녀석은 나비나 벌새처럼 낮에 활동한다. 불그스름한 색깔 때문에 나의 보라색 관목숲에서 확 튀어 보였다. 몸통은 통통했지만 아주 예뻤다.

어떤 나방은 나비와 흡사한 모양으로 진화했다. 그러나 마다가스카르 석양나방은 '행동 방식'도 여러 면에서 나비와 흡사하다. 1700년대 후반에 처음 발견되어 이름을 얻을 때만 해도 이 나방은 나비로 분류되었다. 밤보다는 낮에 활동하고 아주 화려한 색을 띠기 때문이다.

나비와 나방을 구분하는 방법으로서 믿을 만하다고 검증된 것은 단 하나, 날개가시(frenulum)를 보는 것이다. 나방은 날개가시가 있지만 나비는 없다(물론 예외는 있다). 날개가시는 기본적으로 연결 장치다. 나방은 양쪽으로 앞날개와 뒷날개가 있다. 앞날개와 뒷날개는 연결되어 있기 때문에 비행을 할 때 함께 움직인다. 이 체계를 공식적으로는 '날개가시-보대 결합'이라고 하는데 그냥 후크를 채워 두 날개가 같이 움직인다고 생각하면 이해하기가 쉽다.

나비에게는 이 체계가 없다. 대신, 나비는 대개 앞날개가 힘이 좋고 크기도 더 크다. 비행을 할 때 앞날개가 뒷날개의 상당 부분을 덮고 강력한 힘으로 밀어낸다(하지만 여기에도 예외는 있다. 영겁의 세월을 보내며 진화해 왔다면 예외가 자꾸 생기게 마련이다).

한편, 나방과 나비의 중요한 공통점은 주둥이(proboscis)가 있다는 것이다. 코끼리 코를 떠올리면 이해하기 쉬울 것이다. 내가 키우는 보더콜리(목양견의 일종) 태프도 산책을 나가면 늘 주둥이를 나뭇잎 아래 들이밀고 킁킁대면서 근처에 양 떼나 악당이나 여자 친구가 있는지 확인을 한다. 아프리카에 서식하는 포유류 땅돼지도 거추장스러워 보이는 주둥이로 킁킁거리며 개미와 흰개미의 냄새를 맡는다. 긴코원숭이는 희한하게 생긴 주둥이를 달고 다니는데 그 이유는 아무도 모른다.

하지만 나방과 나비의 주둥이는 이와는 사뭇 다르다. 이것은 코가 아니며, 산소를 마시거나 냄새를 맡는 기능이 없는 별난 부속물이다(나비목은 외골격의 미세한 숨구멍인 기문으로 산소를 받아들이고 냄새는 더듬이로 감지한다).

주둥이는 양분을 받아들이는 통로이지만 씹거나 삼키거나 감아들이거나 빨지는 않는다. 가끔 나비목 곤충의 주둥이를 '혀'와 동일시하는 사람들이 있는데 실제로는 그렇지 않다. 혀는 입안의 기관이고 나비나 나방은 일상적인 의미의 '입'이 없기 때문이다. 주둥이를 가끔 "구기(口器:

입 부분의 기관)'라고 하는 것은 어디까지나 관습적인 표현에 불과하다.

나비목의 주둥이는 독특하고 기이하며 곤충 머리의 연장이라는 면에서 좀 그로테스크하기까지 하다. 이 주둥이는 우리에게 친숙한 그 어떤 기관과도 닮지 않았다. 게다가 나비목 곤충의 주둥이가 몸길이의 3배, 4배, 심지어 5배에 달하는 경우도 있다.

나비목 곤충은 날아다닐 수 있는 단계에서만 이 놀라운 부속물을 갖는다. 애벌레는 식물을 열심히 먹기 때문에 턱이 있다. 여기서 말하는 턱은 근육의 움직임으로 작용하는 외골격의 단단한 부분을 가리킨다. 애벌레는 턱을 열심히 놀려서 음식물을 섭취하고 성체가 되어서 사용할 양분과 독소를 저장해놓는다(애벌레는 이가 없기 때문에 '씹다'라는 표현은 적절하지 않다).

애벌레가 번데기를 거쳐 나비로 탈바꿈하는 동안 턱은 사라진다. 턱을 움직이게 했던 근육도 천연 부식성 성분, 일명 '효소'의 작용으로 녹아 없어진다(하지만 성체가 되어서도 턱이 남아 있는 나방이 일부 있긴 하다. 예외, 예외, 언제나 예외가 발생한다).

그와 동시에 다른 세포군이 활성화되어 나비목 특유의 주둥이를 생성한다. 번데기 안에서 주둥이는 두 개로 분리된 길쭉한 관 모양으로 발달한다. 성체가 나올 때 각각의 단면이 C자 형태를 그리고 있던 이 두 관이 합쳐져서 길쭉한 O자를 그린다. 이 O자 관의 길이는 단지 몇 밀리미터에 지나지 않을 수도 있고 굉장히 길 수도 있다.

나비목 곤충은 '입'이 없기 때문에 대개 이 주둥이로 양분을 섭취한다. 개체가 살아가는 동안 이 양분 섭취 기관은 끊임없이 구부러지고 펴지기를 반복한다. 파티에서 아이들이 입에 대고 불면 쫙 펴졌다가 금세 다시 돌돌 말리는 코끼리 피리처럼.

주둥이(proboscis)는 그 이름에서 알 수 있듯이 '탐지하는(probe)' 기관이다. 주둥이는 샅샅이 살피고 먹을 것을 찾는다. 여러분도 나비가 꽃에 내려앉아 그 내부를 탐지하며 꿀을 찾는 모습을 가만히 지켜볼 수 있다. 일반적으로 나비가 그냥 날아다닐 때는 주둥이가 프렌치호른의 관처럼 안쪽으로 말려 있다. 그러나 본격적으로 탐사에 나서면 구부러진 관 양쪽에 자리 잡은 근육이 작동하면서 주둥이가 코끼리 코 내밀듯 길게 펼쳐진다.

여러분이 나비가 꽃에 한참 머무는 모습을 보았다면 나비가 주둥이를 길게 편 채 꽃 속의 꿀을 빨아 먹는다고 생각했을지도 모르겠다(실은 그렇지 않다. 하지만 이 얘기는 나중에 하자).

주둥이는 타이어가 도로와 맞닿는 면과도 같다. 여기서 곤충과 꽃은 즐거운 파트너십을 맺는다. 이것은 편의를 위해서가 아니라 살기 위해서 하는 결합이다. 꽃은 그윽한 향기와 달콤한 꿀로 곤충을 유혹한다. 곤충은 꿀을 추출하면서〔이것이 나비학자들의 용어로 '꿀 빨기(nectaring)'다〕 의도치 않게 꽃가루를 몸에 묻혀서 다른 꽃에 전해주게 된다. 이로써 꽃은 새로운 유전자 조합을 만들 수 있다. 곤충은 꽃의 수정을 도울 계획이 없음에도 바로 그 일을 해준다.

나비목 곤충은 주둥이를 통해서 무언가를 얻고 무언가를 준다. 꽃 입장에서도 마찬가지다. 이것은 상호 교환이다. 생명이 지구상에서 생존하려면 이 점이 중요하다. 이는 오늘날 당연하게 알고 있는 지식이지만 대부분의 인류 역사에서 우리는 이 단순한 자연의 진리를 이해하지 못했다.

1800년대 초까지도 서구의 사상가들은 꽃을 신이 인류에게 주는 선물처럼 생각했다. 꽃이 우리에게 황홀한 기쁨을 주고 우리 삶 속에서 신의 현존을 느끼게 할 목적으로 지구상에 존재하는 것처럼 생각했다. 지금도 그런 식으로 생각하려면 할 수 있지만 200여 년 전 원예학자들은 다른 차원의 진실을 발견했다. 꽃은 성(性)을 매개로(섹스를 통하여!) 번성한다. 꽃에는 남성기와 여성기, 즉 수술과 암술이 있고 꽃가루 매개자가 그 둘을 연결해준다. 섹스가 맞다! 이런 얘기가 여성과 아이 앞에서 입에 올리기에는 너무 역겹다고들 했다.[13] 하지만 진실은 결국 밝혀지게 마련이다. 우리는 엄청난 생명의 진실을 받아들이게 되었다. 나비는 (그 외 여러 곤충도) 유전자들의 성적 교환을 위한 중요한 경로를 제공한다.

사실 이러한 꽃과 주둥이 사이의 관계는 진화가 어떻게 진행되어왔는가에 대한 통찰에도 영감을 주었다.

2. 헤어 나올 수 없는 굴

> 나비처럼 단순한 생물에도 여러분과 나는 영영 이해하지 못할 복잡한 미스터리가 담겨 있습니다. 그 점이, 바로 그 점이 아름답지요.[1]
>
> — 데스틴 샌들린, 《스마터 에브리 데이 Smarter Every Day》

허먼 스트레커가 20대 중반이었을 1862년 1월 말, 쉰네 번째 생일을 앞두고 있던 찰스 다윈은 각별한 친구였던 식물학자 조지프 돌턴 후커에게 편지를 썼다.[2] 다윈은 평소 심히 혐오하던 미국의 노예제를 한바탕 성토했다. 그러고 나서 영국의 장자 상속제, 즉 맏아들에게 재산을 물려주게 되어 있는 법 역시 자연 선택의 법칙을 거스른다는 점에서 문제가 있다고 보았다. "모든 농부가 반드시 맨 처음 태어난 수컷 소의 씨를 받은 소떼를 키워야 한다고 가정해보게!"

다윈 본인과 그 집안의 남자 열다섯 명은 심한 독감에 걸렸다가 겨우 회복하는 참이었다(다윈은 자녀와 하인을 매우 많이 두었다). 그렇지만 그는 1859년에 발표한 베스트셀러 『종의 기원』을 뒤이을 후속작에 열성적으로 매달리고 있었다. 다윈은 곧 발표할 그 책 『난의 수정 : 영국과 해외 난이 곤충을 통하여 수정되는 장치와 상호 교잡의 유익한 효과에 대하여 Fertilization of Orchids : On the Various Contrivances by Which British and Foreign Orchids Are Fertilized by Insects and on the Good Effects of Intercrossing』에 큰 기대를 걸고 있었다(음, 그렇다, 당시에는 독자가 책이 무엇을 다루는지 확실히 알고 사야 한다고 생각했다. 격 떨어지는 낚시성 제목은 용납되지 않았다).

다윈에게는 골골대는 식구들 등쌀에서 벗어날 겸 고된 집필 작업의 긴장도 풀 겸 편지 쓰기에 몰두했다. 그런데 허물없이 쏟아내던 험담과 객쩍은 소리가 웬 소포가 도착하는 바람에 중단되었다. 이 일도 다윈이 편지 끝에 서둘러 적어놓은 글 덕분에 알 수 있다. 고맙게도 다윈은 편지 쓰기를 참 좋아했다.

그 소포에는 마음이 담긴 선물, 아주 드물고 진귀한 것이 들어 있었다. 여섯 장의 꽃잎이 별 모양을 이루는 근사한 마다가스카르 토착종 난초였다. 그는 어수선한 집구석에 정확히 언제 소포가 도착했는지도 몰랐으나 집필 중인 블록버스터급 저서에서 그 선물이 중요한 역할을 하리라는 것은 알았다. 오늘날 '장치(Contrivances)'라는 간략 제목으로 통하는 그 책이 계속 읽히게 되는 이유도 거기에 있다.

다윈의 눈이 휘둥그레진 이유는 꽃 자체 때문이 아니라 꽃받침에 늘어져 있던 기다란 부속물 때문이었다.

그것은 너무 컸다. 길이가 1피트(약 30cm)는 되어 보였다.

다윈은 그 크기에 충격을 받았다.

그가 제기한 의문은 그 후 여러 경로로 과학자들을 150년간 붙잡아 놓게 된다.

"세상에, 어떤 곤충이 이걸 빨아 먹을 수 있담" 다윈은 후커에게 보내는 편지의 추신에 그렇게 썼다. 흥분해서 급히 휘갈겨 쓰느라 의문 부호도 달지 않았다.

다윈은 그 난이 "믿기지 않는다"고 했다. 나중에는 "채찍처럼 생긴" 1피트(약 30cm) 길이의 돌출부에 대해서도 언급했다. 다윈은 거기에 꿀이 들어 있을 것이라고 생각했다. 여러분도 언제고 그 난을 유심히 들여다볼 기회가 있다면 그러한 돌출부를 볼 수 있을 것이다. 이 부위를 쪼개어보면 속이 텅 비어 있다.

다윈은 이 난을 두고 곰곰이 생각했다. 어째서 꽃이 이렇게 에너지를 써가면서 곤충이 꿀에 접근하기 어렵게 하는 장치를 만들었을까? 이해가 되지 않았다. 이 장치는 꽃가루 매개자 역할을 하는 곤충을 좌절시킬 것이고 난의 수분(受粉)은 곤란해지지 않겠는가?

그러다 마침내 다윈은 깨달았다. 꽃이 아무 곤충이나 끌어들이고 싶어 하지 않는다는 것을. 자기 꽃가루가 생판 엉뚱한 꽃에 가서 묻을 일 없게끔, 특정 곤충에게만 꿀을 허락하고 싶어 한다는 것을. 다윈은 이 특이한 난이 꽃샘의 길이를 늘이는 방법으로 그만큼 주둥이가 긴 곤충만 끌어들일 것이라고 추론했다.

이것은 맞춤형 주문 제작을 하는 것과 같은 상황이었다. 손에 안 맞는 장갑을 끼고 싶을 리는 없다.

다윈은 곤충도 그로써 이득을 본다고 이해했다. 그 꽃의 꿀은 다른 종들과 경쟁하지 않아도 어차피 자기밖에 못 따 먹는다. 달리 말하자면, 다윈은 일종의 페어링(pairing) 이론에 도달했다. 이 이론은 진화가 아니라 '공진화(共進化)', 다시 말해 생물들 간에 선천적 파트너십이 존재한다는 이론이다. 생물들은 때때로 상호적인 윈-윈 관계를 통하여 더불어 진화한다.

우리가 별개의 것으로만 인식하는 다양한 생물들이 때때로 일심동체처럼 호흡을 맞춘다. 그 생물들은 생존하기 위해 서로를 '필요로' 한다.

사실 우리 행성 전체를 이런 식으로 생각할 수 있다. 다윈만 그렇게 생각했던 것은 아니다. 17세기의 마리아 지빌라 메리안*(오랫동안 알려지지 않았던 이 천재 주부에 대해서는 뒤에서 좀 더 알아보자)을 위시하여 수많은 이들이 자연을 생물들의 그물망으로 그려내기 시작했다. 하지만 다윈은 그 생각을 언어로 정리함으로써 한층 확고하게 했다.

그는 결국에는 그 기다란 꽃샘에 들어맞는, 예외적으로 기다란 주둥이를 가진 나비목의 어떤 종을 발견하게 될 것이라고 했다. 그리고 이 예언을 곧 나올 저서에도 집어넣었다. 나중에 다윈은 그 일로 자신이 웃음거리가 되었다고 썼다. 그렇게 주둥이를 길게 늘어뜨리고 다니는 나비가 있으리라고는 아무도 상상하지 못했다. 아니, 그런 걸 달고서 어떻게 날아다니겠어?

다윈은 남은 생애 동안 마다가스카르에서 어떤 채집가가 자신이 예언한 그 곤충을 찾아내주기를 바랐다.

---

* 마리아 지빌라 메리안(1647~1717) : 나비의 성장과 변태를 관찰했던 독일의 곤충학자이자 삽화가.

그런 일은 일어나지 않았다.

적어도, 그가 살아 있는 동안에는.

1903년에 다윈의 예언이 사실임을 확인한 사람은 부유한 은행가이자 방대한 나비 수집품을 소유한 월터 로스차일드와, 그가 고용한 곤충학자 칼 조던이었다. 그들은 매나방 혹은 스핑크스나방이라고 하는 계통에서 유난히 주둥이가 긴 곤충을 발견하고 이름을 붙였다. 두 명의 프랑스인 현장 곤충학자가 그들에게 표본을 보냈다. 나방의 몸통은 그리 크지 않았지만 주둥이는 다윈의 예언대로 1피트나 되었다. 이로써 확증은 끝난 것 같았지만 넘어야 할 장애물이 하나 더 있었다. 그 나방이 실제로 주둥이를 난의 꽃샘에 넣는 모습을 관찰한 사람은 아무도 없었기 때문이다.

우리 시대, 그러니까 1990년대가 되어서야 어느 현장 곤충학자가 마다가스카르의 야생에서 그 장면을 동영상으로 찍었다.

그러니까 다윈이 맞았다.

그렇지만 어느 한 부분만 맞았다. 다윈의 이야기는 깔끔하고 멋지다. 그렇지만 현재 이 경이로운 파트너십을 온전히 이해하려면 나비목의 주둥이에 대한 다윈의 이해에 약간 수정을 가해야 할 필요가 있다. 나방과 난은 실제로 쌍을 이룬다. 그렇지만 나방은 난에서 꿀을 '빨아 먹지' 않는다. 적어도 다윈이 상상했던 것 같은 '빨아 먹기'는 아니다.

절대 아니고말고.

20세기 말, 다윈이 그 편지를 쓰고서 100년도 더 지난 때로 가보자. 미시간에 살던 네 살배기 소년 매슈 레너트는 어느 날 부모님 침실에 들어갔다가 거대한 나방이 베개 위에서 기어가는 모습을 보았다.[3] 나방은 알을 낳느라 용을 쓰고 있었다.

걸음마 뗀 지도 얼마 안 된 어린아이였지만 레너트의 미래는 그 순간 모습을 드러냈다. 운명은 정해졌다. 곤충학자가 될 운명. 그는 거기서 결코 헤어 나오지 못할 터였다.

경력 목표를 진지하게 고민하지 않을 나이, 겨우 여섯 살에도 그는 핼러윈 의상으로 하얀 실험실 가운을 선택했다. 등에는 큰 글씨로 '곤충학자'라고 쓰여 있었다. 정확하게 해두어야 했으니까.

성인이 되고 나서 실제로 곤충 연구소에서 일했다. 그다음에는 자메이카 토착종이자 서반구에서 가장 큰 나비로서 현재 심각한 멸종 위기에 처해 있는 자메이카호랑나비(*Papilio homerus*)를 연구했다. 그러고 나서 어느 연구소에 2년짜리 자리를 얻어 들어갔는데 마침 그 연구소장이 곤충의 주둥이를 전문으로 연구하는 사람이었다.

레너트는 의문이 들었다. 뭘 연구해야 하지? 주둥이는 빨대이고, 나비는 그걸로 꿀을 빨아 먹고, 그게 다잖아. 다윈이 100년 전에 그랬던 것처럼 레너트도 간단하게만 생각했다. 나비의 머리에 펌프 같은 것이 있어서 주둥이로 빨아 먹은 꿀을 소화 기관으로 보내겠지. 두 달만 연구하면 끝이 보이겠군. 나머지 계약 기간에는 뭘 하지?

10년 후에도 레너트는 여전히 그 주제에 매달려 있었다. 그새 자기 연구소가 생겼고 그에게 뒤지지 않을 만큼 주둥이 연구에 열성적인 팀원들을 여럿 거느리게 됐지만 말이다. 문제는, 얼핏 보기에 액체를 마시는 빨대처럼 생긴 이 기관이 실상은 그렇지 않다는 것이었다. 당시에는 일반인은 물론, 명망 있는 곤충학자들조차 주둥이를 액체를 '마시는' 도구라고 설명했다.

하지만 정확하게는 '흡수하는' 도구였다.

주둥이는 기본적으로 고성능 종이 타월과 흡사한 것으로 밝혀졌다.

일단 주둥이는 빨대처럼 한쪽 끝과 다른 쪽 끝 사이가 밀폐된 구조가 아니다. 내가 전화를 걸었을 때 레너트가 설명해주었다. "사실 주둥이에는 구멍이 많아요. 미세한 구멍이 잔뜩 난 빨대로 음료를 마신다고 생각해봐요. 잘 안 될 겁니다. 주둥이는 스펀지에 더 가까운 것으로 밝혀졌지요."

나는 주방용 스펀지를 떠올렸다. 스펀지를 손으로 꽉 쥐고 물이 든 싱크대에 넣는다. 그 상태에서 서서히 손에 힘을 뺀다. 그러면 스펀지는 부피가 늘어나는 만큼 물을 빨아들인다. 이런 구조는 펌프질이나 빨아들이기가 필요하지 않다. 주방 조리대에 물을 쏟았다면 그 위에 스펀지를 그냥 올려놓기만 해도 물을 웬만큼 빨아들일 것이다.

레너트는 이 아이디어가 중요하다고 보았다. 곤충은 자기 체내에 받아들이려는 물질 '위에' 주둥이를 얹는다. 쏟아진 액체 위에 종이 타월을 얹는다고 생각해보라. 우리가 굳이 힘을 들이지 않아도 종이 타월이 알아서 액체를 흡수한다. 주둥이가 바로 이런 식으로 작용한다. 주둥이에 나 있는 극도로 미세한 구멍들이 물질을 흡수하면 짠! 물질은 주둥이 안에, 수송관 안에 이미 가 있다. 빨아들이는 힘은 따로 필요하지 않다.

이게 다 우리 모두 초등학교에서 배운 현상, 즉 모세관 현상 덕분이다. 내가 기억하기로는 3학년 때 배웠다. 나한테 모세관 현상은 무슨 마법 같았다. 당시 나는 중력 때문에 모든 물체는 아래로 떨어진다고 알고 있었다. 물체는 위로 올라가지 않는다. 그리고 지구에 존재하는 생명의 기본적인 인과론 패턴도 배워서 알고 있었다. 사물은 저절로 떠오르지 않는다. 스스로 중력에 도전하지 않는다. 하늘을 나는 연조차도 연줄을 붙잡는 누군가와 바람을 필요로 한다.

그런데 말이다, 선생님이 물이 가득한 비커 안에 가느다란 유리관을 넣었다. 이게 웬일인가, 물이 유리관을 타고 쭉 올라갔다. 3학년 때 같은 반이었던 친구들과 나는 깜짝 놀랐다. '이건 있을 수 없는 일이야!' 선생님은 기압에 대해서 설명하고 기압이 클수록 유리관 속의 물이 더 높이 올라간다고 했다. 그 설명을 듣고 나니 이해가 됐고 나는 다시 나의 기본 이론으로 돌아올 수 있었다. 중력은 작용하고 있었고 생은 다시 이치에 맞았다.

모세관 현상은 지구에서 한몫을 단단히 한다. 모세관 현상 덕분에 우리는 마른행주로 접시의 물기를 닦을 수 있다. 수분을 식물의 뿌리에서 잎으로 이동시키는 것도 모세관 현상이다. 모세관 현상이 없다면, 가령 세쿼이아 나무들도 없을 것이다.

동일한 힘이 꽃 속의 액체나 웅덩이의 물을 나비의 주둥이 속으로 옮겨준다. 물리적인 '빨기'는 필요 없다. 사실, 물리적인 힘은 전혀 필요하지 않다. 주둥이에 나 있는 구멍은 아주 미세하기 때문에 액체는 쉽게 구멍으로 들어간다. 과학 교실에서 가느다란 유리관 속의 물이 바깥쪽 비커 속의 물보다 더 높이 올라갔듯이 나비의 주둥이에 나 있는 작은 구멍들은 웅덩이의 액체를 주둥이 내부로 쉽게 이동시킨다.

기발하지 않은가.

그렇지만 (이게 아주 멋진데) 나비는 액체만 이 방법으로 체내에 받아들이는 게 아니다. 나비는 '건조한' 물질도 받아들일 수 있다. 여름에 산책을 나갔던 사람이라면 나비가 아주 메마른 지대, 가령 오솔길이나 보도나 바위에서 뭔가를 섭취하느라 애쓰는 모습을 보았을 것이다. 하지만 나비는 어떻게 하는 걸까? 촉촉해 보이는 것이라고는 전혀 없는데?

그렇다면 우리 눈에는 보이지 않지만 곤충은 명백히 파악한 그 무엇이 '있을' 법하다. 냄새를 풍기는 그 무엇. 여우, 코요테, 개가 싼 오줌이 남긴 얇은 염분막 같은 것. 우리는 이 귀중한 물질을 의식하지 못하지만 곤충은 민감한 더듬이로 쉽게 감지한다. 그러나 이 물질에는 수분이 없다. 어떻게 이용할 것인가?

연구자들은 곤충이 이 막에 주둥이를 올려놓은 다음 타액을 주둥이로 '내려보내고' 미세한 구멍으로 배출한다는 사실을 알아냈다. 타액으로 염분을 녹이고 다시 주둥이 속으로 흡수해서 내부 관으로 가져온다. 이것은 양방향 시스템이다. 1950년대의 조악한 공상과학영화들이 생각난다. 우주선이 지구에 착륙해서 빔을 쏜다. 예고도 없이 빔을 맞은 것들은 입자로 분해되었다가 우주선이 빔을 거둬들일 때 함께 빨려 들어간다. 주둥이가 딱 이렇게 작용한다.

하지만 잠시만, 이게 다가 아니다.

주둥이는 곤충이 무엇을 주로 섭취하느냐에 따라 종마다 기술적으로 차별화되었다. 나비의 주둥이는 아주 미세하게 조정된다. 나무의 수액을 먹는 나비의 주둥이는 꿀을 먹는 나비의 주둥이와 다르고 피를 먹는 나비의 주둥이와도 다르다.

꿀을 먹는 제왕나비의 주둥이 끝은 아주 부드러워 보인다. 날개를 접고 있으면 가랑잎처럼 보이는 북미네발나비(*Polygonia interrogationis*)는 나무의 수액을 먹고 산다. 이 나비의 주둥이 끝은 대걸레처럼 생겼고 실제로도 대걸레 같은 역할을 한다.

포유류의 피를 먹고 사는 흡혈나방의 주둥이 끝은 화살처럼 날카로운 돌기가 있어서 짐승이나 사람의 살을 쏜다. 곤충학자 제니퍼 재스펠은 자기가 직접 쏘여봐서 안다.[4] 어느 해 여름, 그녀는 논문에 필요한 나방을 채집하러 시베리아에 갔다가 어떤 나방을 보았다. 재스펠은 그 나방에 유리병을 씌워서 잡았다. 아시아 전역에 분포하는 그 흔한 나방이 피를 먹는다는 소문은 있었으나 이 곤충의 흡혈 행동을 관찰하고 확인한 사람은 아무도 없었다. 재스펠이 아는 한, 그 나방은 억울한 오명을 쓰고 있는 것일지도 몰랐다.

그녀는 유리병 속에 손가락을 넣어보았다.

나방은 주둥이로 재스펠의 손가락을 요리조리 탐색하기 시작했다. 그러고는 머리 근육을 써서 손가락 살을 쏘고 점점 파고들었다. 나방의 머리가 앞뒤로 왔다 갔다 했다. 주둥이에 솟은 미늘을 톱날처럼 쓰면서 나방은 손가락 조직에 점점 더 깊이 들어왔다.

"앞으로 밀었다 뒤로 당겼다 하더라고요. 바느질을 하는 것처럼요." 그녀가 나에게 말했다.

"아팠어요?" 나는 그렇게 물어보면서도 믿기지가 않았다. "왜 그랬어요?"

아프리카에서 오래 살았던 나는 사람 몸에 침범하려 드는 곤충들을 본능적으로 경계한다. 곤충이 내 몸을 파고들다니 정말 싫다. 내 경험상, 그런 곤충은 꼭 못된 짓을 한다.

"기분이 좋지는 않았어요. 좀 지나서는 아프기도 했고요. 나도 내가 왜 그랬는지 모르겠어요. 그냥 궁금했어요. 진짜 그게 다예요."

"또 그럴 거예요?"

"나도 몰라요. 보면 알겠지요."

재스펠이 이 말을 하는데, 목소리가 꿈을 꾸는 것 같았다. 그때 생각을 해도 정나미가 떨어지지는 않는 모양이었다.

나는 찰스 다윈을 비롯해 여러 유명한 과학자들이 곤충을 입에 넣는 바람에 죽을 뻔한 적이 있다고 얘기해주었다.

"적어도, 그런 면에서는 당신도 훌륭한 사람들과 마찬가지네요." 내가 말했다.

재스펠은 자기가 잡은 나방이 짐승의 살이 아니라 나무열매 따위를 먹고 살지도 모른다고 생각했다. 과일이나 열매의 두툼한 껍질을 뚫어야 해서 주둥이 끝이 톱처럼 발달했을 수도 있지 않나. 살을 파고드는 성향은 단지 적극적인 부수 효과인지도 모른다.

최근에 주둥이 끝에 미늘이 발달한 마다가스카르의 나방이 잠자는 새의 눈을 공격했다. 과학자들은 나방이 "갈고리, 미늘, 가시를 무기 삼아" 잠자고 있는 새의 눈꺼풀을 뚫고 주둥이를 "닻처럼 내려서" 눈물을 쪽쪽 빨아 먹었다고 설명한다. 음험하기도 해라. 그렇게 해도 새에게 무슨 해를 끼치는 것은 아닌지 새는 아무것도 모르고 계속 잔다. 그래서 과학자들은 새를 깨우지 않기 위해서 나방의 주둥이가 일종의 진통제나 항히스타민제 성분을 분비할 것이라 짐작했다.

꼭 새의 눈물만 먹는 것은 아니다. 태국에는 사람 눈물을 먹는 나방이 있다. 이 현상을 다룬 논문을 읽어봤는데 나방에게 당하는 "사람은 통증을 느낀다"[5]고 한다.

내 생각에도 그럴 것 같다.

하지만 왜 그런 나방과 나비는 눈물을 우선적으로 먹을까? 곤충학자의 피는 왜 먹을까? 나무 수액은 왜 먹을까? 나는 늘 나비는 꿀을 따먹는다고 믿었고 그 이상은 생각해보지 않았다. 하지만 내가 또 틀렸다.

꿀 외에도 나비목 곤충이 섭취하는 것들의 목록을 보면 그러한 신화가 깨지다 못해 어이가 없다. 아니, 살짝 역겹거나 아주 엽기적이기까지 하다. 똥, 썩은 식물, 새똥, 신선한 과일이나 썩은 과일, 부서진 꽃가루, 피, 썩은 살, 다른 나비목 곤충(죽은 곤충을 주로 먹지만 산 것을 잡아먹기도 한다), 애벌레, 수액, 인간의 땀, 소변, 밀랍, 벌꿀, 털.

이 곤충들도 우리와 마찬가지로 염분이나 단백질 같은 '건강 보조제'를 필요로 한다. 특히 암컷은 척박한 환경에서 살아남아 다음 세대가 될 알을 낳아야 하므로 더욱더 그렇다. 한편, 나비 연구가 데이비드 제임스는 어떤 종은 수컷이 더 이런 물질을 찾기도 하고 어떤 종의 암컷은 전혀 필요로 하지 않는다고 말한다. 애벌레는 가능한 한 양분을 잔뜩 먹어두고 미래를 위해 저장해야 한다. 하지만 성체는 오로지 자기가 쓰기 위해 양분을 필요로 한다.

늘 그렇듯 예외는 있다. 네 살배기 소년 매슈 레너트의 인생을 바꿨던 북미의 세크로피아나방(*Hyalophora cecropia*) 암컷은 성체가 된 후 아무것도 먹지 않는다. 암컷 성체의 유일한 임무는 교미를 통해 알을 낳는 것이다. 생존 기간도 일주일밖에 안 된다. 그래서 아예 주둥이가 없다. 쓰지도 않을 기관을 만드느라 에너지를 낭비할 필요가 있을까?

나비목 곤충이 바닥에 내려앉아 우리 육안에 보이지 않는 뭔가를 먹는 듯한 행동, 즉 흡수 행동(퍼들링, puddling)은 오래전부터 주목받았지만 과학자들을 혼란에 빠뜨렸다. 우리는 나비와 나방이 이 방법으로 어떤 액체를 체내에 받아들인다고 생각했지만 웅덩이(puddle)가 없는 곳에서도 흡수 행동은 관찰되었으므로 앞뒤가 맞지 않았다. 그래서 레너트와 그의 동료 피터 애들러, 콘스탄틴 코르네프는 최첨단 고성능 현미경으로 주둥이를 관찰하기 시작했다.[6] 흥미로운 구멍들을 발견한 것도 그 덕분이었다.

이 예기치 않은 지식의 발견은 사우스캐롤라이나의 자연에서 오후 내내 나비를 잡으러 돌아다녔던 두 소녀에게 힘입은 바가 크다.[7] 재료공학자였던 콘스탄틴 코르네프는 야외에서 뛰어노는 딸들을 지켜보고 있었다. 그는 나비를 좋아하는 딸들이 나비를 좀 더 자세히 관찰할 수 있도록 도와주었다. 그러다 자기도 호기심이 생겼다. 나비들은 어떻게 이처럼 다양한 먹이를 섭취할 수 있는 걸까? 나비들은 꿀도 먹고, 물도 먹고, 벌꿀처럼 잘 흐르지 않고 끈끈한 유체(流體)도 먹을 수 있는 듯 보였다. 어떤 방법으로 이처럼 각기 다른 먹이를 섭취하는 걸까? 빨대로 물이나 달콤한 꿀물은 마실 수 있다(당시 코르네프는 나비의 주둥이가 빨대라는 관습적인 생각을 그대로 따랐다). 하지만 꿀처럼 점도가 높은 액체는 그렇게 쉬이 마실 수 없다. 수액도 마찬가지다.

코르네프는 그 후 어떤 과학자도, 찰스 다윈조차도 제기한 적 없는 질문을 떠올렸다. '정확히' 무슨 일이 일어나는 걸까? 위대한 과학이 종종 이런 식으로 탄생한다. 겉으로 보기에는 단순하고 확실해서 아무도 굳이 생각해보지 않은 것에 비로소 초점을 맞추면서. 코르네프의 전공이 자연에서 발견한 물질을 모델 삼아 새로운 물질을 만들어내는 것이라는 점도 당연히 도움이 되었다. 그는 마이크로 수준에서 천연 소재를 생각해보는 훈련이 되어 있는 사람이었다.

코르네프가 전혀 다른 종류의 고민에 부딪히지만 않았어도 그의 호기심은 그냥 호기심으로만 남았을지 모른다. 여름 방학 두 주를 그의 연구소에서 보내겠다는 고등학생들이 바로 그 고민거리였다. 학생들은 연구 프로젝트에 참여하고 싶어 했다. 프로젝트를 2주 안에 끝내야 했다. 게다가 학생들은 아무도 한 적 없는 연구를 하고 싶어 했다.

참 어려운 주문이었다.

코르네프는 나비가 생각났다. 그가 당시 나비의 '빨아 먹기' 혹은 '마시기'라고 생각했던 과정을 학생들에게 촬영하라고 하면 어떨까? 농도가 각기 다른 설탕물을 한 방울씩 떨어뜨려 놓고 나비들 바로 옆에 카메라를 설치한다. 촬영한 것을 천천히 돌려보면 나비들이 어떻게 설탕물을 먹는지 제대로 관찰할 수 있을 것이다.

코르네프와 학생들은 그들의 생각과는 달리 나비의 주둥이 끝이 액체 속으로 들어가지 않는다는 것을 확인한 후 좀 더 자세한 내용을 알아보려고 논문들을 찾아보았다.

그런 논문은 없었다. '마시는 빨대' 신화는 지배적이었다. 다들 그러한 생각을 그냥 받아들였다. 코르네프는 생물학자 피터 애들러와 팀을 짰다. 그리고 매슈 레너트를 대학원생으로 받았다. 그들은 진화에 대해서 훨씬 더 깊이 생각하기 시작했다. 몸집이 비교적 작은 곤충이 그렇게 거대한 주둥이를 따라 액체를 이동시킬 에너지가 어디서 나올까? 도무지 말이 되지 않았다.

유체의 전달을 물리학적으로 따지면 다윈이 예측한 거대한 주둥이의 매나방은 먹이를 섭취할 수 없을 터였다. 여러분 키의 몇 배나 되는 긴 빨대로 음료를 마신다고 상상해보라. 그럭저럭 음료를 마신다고는 해도 그 노력에 드는 에너지가 음료 섭취에서 얻는 에너지보다 더 클 것이다. 순이익이 아니라 순손실이다. 경제성이라고는 없다.

연구 팀은 진화가 미세 물방울에서 답을 찾았다는 것을 알아냈다. 액체는 극소의 구슬 형태로 주둥이에 들어온다. 그 사이사이에 공기 방울이 흩어져 있다. 이렇게 개별 '포장' 상태로 액체를 옮기기 때문에 마찰이 크게 줄고 에너지가 덜 소요된다. 연구 팀은 이 혁신적인 아이디어를 인공 섬유에 적용하고 있다. 이렇게 자연의 해법을 모방함으로써 유전자 전달이나 상처 회복 같은 다양한 의학적 치료를 개선할 수 있다.

애들러, 코르네프, 레너트는 재스펠의 흡혈나방에도 관심을 보였다. 그 나방은 '정확히' 어떻게 재스펠의 피를 먹었을까? 혈액은 약간 끈끈하다. 살인 사건의 현장에서 피 웅덩이를 밟고 도망치는 사람을 추적하기란 그리 어렵지 않을 것이다. 물론 발자국도 남는다. 그렇지만 신발창에 묻은 피가 응고되면서부터 발소리가 나기 시작한다. 범죄 현장에서 벗어나는 당신의 발소리는 쉬이 귀에 들어올 것이다.

흡혈나방은 어떻게 하기에 살을 파고 들어가도 주둥이가 그 안에 처박히지 않는 걸까? 피 묻은 주둥이가 어떻게 들러붙지 않고 돌돌 말렸다 펴졌다 할 수 있을까? 더 궁금한 것도 있다. 액체가 들어오는 주둥이의 미세한 구멍은 어째서 피가 말라붙어 막히는 법이 없을까?

"혈액 흐름을 원활히 하는 유전 물질이 있지 않을까 싶어 타액의 분자 특성을 보고 싶었어요. 이 종에게 아주 잘 작용하는 뭔가가 꿀과 혈액 운반을 돕는 것 같아요. 아직 알아내야 할 것이 많아요. 어떤 구조적 변형이 외적으로나 내적으로 이렇게 원활한 작용을 끌어내는 걸까요?"[8] 재스펠이 말한다.

흡혈나방이 사용하는 어떤 성분, 어떤 화합물이 피가 주둥이에 들러붙지 않게 하는지도 모른다. 그렇다면 과학은 그 성분이 무엇인지 알아내야 한다. 단순한 호기심의 문제가 아니다. 혈액이 주둥이의 미세한 구멍으로 이동하는 비결을 알아낸다면 지금까지 알려지지 않았던 새로운 항혈액응고 성분을 발견할 것이고 의학 기술의 중대한 돌파구를 마련할 수 있다. 가령, 장시간 수술을 하는 외과의는 '끈끈한' 피 때문에 발생하는 곤란에 대처할 수 있을 것이다.

이러한 다양성 가운데 어떤 것은 인류에게 대단히 이로울 수 있다. 그리고 이 모든 다양성은 꽃식물이 널리 퍼진 결과다. "꽃식물이 나타나기 전까지는 주둥이가 몽당연필처럼 짧고 통통했을 겁니다. 당시에는 밖으로 드러나 있는 달콤한 액체나 물방울을 먹었을 테지요."[9] 레너트가 말한다. 꽃식물이 나타나면서 주둥이를 가진 날아다니는 곤충들은 화려한 나비로 진화했고 지금까지도 우리와 함께하고 있다. 진화의 역사라는 시각에서는 한순간에 일어난 일이었다.

그래서 나는 또 궁금증이 일어났다. 우리는 이 곤충의 오래전 역사에 대해서 얼마나 알고 있을까?

3. 1번 나비

> 나비처럼 섬세한 조직의 생물이 단단하게 굳은 진흙과 찰흙 속에서 식별 가능한 상태로 보존될 수 있으리라고 예상하기는 쉽지 않다.[1]
>
> — 새뮤얼 허버드 스커더, 『하늘의 연약한 아이들』

약 3,400만 년 전,[2] 솟아오르는 로키산맥의 동쪽 사면에서 강줄기가 북에서 남으로 골짜기를 따라 흘러내렸다. 강둑을 따라 우거진 붉은 삼나무는 지름이 3m나 되는 것도 흔했다. 숲은 60여 미터 높이에 지붕을 이루고 있었다.

이 자연의 대성당 안에서 나비들은 파닥거렸다.[3] 요즘 흔히 볼 수 있는 나비와 비슷하게 생긴 작은멋쟁이나비(*Vanessa cardui*)는 그 원시 세계를 누렸다. 그 외에도 다양한 나비목 곤충과 거미, 베짱이, 귀뚜라미, 바퀴벌레, 흰개미, 집게벌레와 수생 곤충이 있었다. 현재 아프리카에서 볼 수 있는 종의 두 배 크기인 체체파리가 야생의 삶을 괴롭혔다. 다른 곤충을 잡아먹는 매머드말벌(*Megascolia maculata*)은 수시로 나비목 애벌레를 덮쳤을 것이다. 그 세계에는 벌들도 날아다녔다. 사실 그 세계는 우리가 사는 세계와 여러 면에서 흡사했다.

포유류도 많았다. 발가락 세 개의 개 몸집만 한 말 히페리온이 있었고, 말의 친척뻘이지만 크기가 코뿔소만 하고 오래전 멸종된 브론토데어도 있었다. 오늘날의 돼지나 사슴과 멀게나마 이어져 있는 초식동물 오레오돈트도 그때는 있었다. 수천만 년 전에 멸종한 공룡의 후손인 조류가 하늘을 가득 메웠다. 시끄러운 새 울음소리와 나뭇잎 바스락대는 소리가 뒤섞였다. 주머니쥐는 여기저기 넘쳐나는 곤충을 배불리 잡아먹었다.

광범위한 출연진으로 구성된 식물계가 이 생명력을 지탱해주고 있었다. 그 세계에는 호두나무, 히커리나무가 있었다. 야자나무, 양치식물, 포플러나무, 버드나무가 강둑의 습지에서 자라고 있었다. 동물들은 옻나무, 까치밥나무 덤불을 뒤적거렸고 야생 사과나 콩 껍질을 먹었다. 딱총나무도 벌써 있었다. 당시의 기온은 오늘날의 샌프란시스코 기온과 대략 비슷했다.

하지만 생존은 쉽지 않았다. 언뜻 보기에는 낙원 같은 그 숲에서 멀지 않은 곳에는 주기적으로 불을 뿜는 활화산이 있었다. 바위와 광물이 녹아서 산비탈을 따라 흘러내리면 골짜기가 다 메워졌다. 액화된 잔해는 시멘트처럼 골짜기의 생물들을 감싸고 붉은 삼나무 아래서 단단하게 굳어졌다. 그렇게 쌓인 잔해가 45m까지 쌓이자 거대한 몸통의 나무들도 뿌리부터 질식해 죽어버렸다.

이처럼 지각이 불안정하던 시기에 한번은 화산에서 뿜어져 나온 물질이 산을 타고 내려가 강 건너에 이르렀다. 자연적 댐이 생겼다.

얕은 호수가 수백만 년 동안 지면을 덮었다.

늙고 애잔한 허먼 스트레커가 핀으로 꽂아 만든 표본에서처럼 날개를 활짝 펴고 호수의 수면에 내려앉았을 때만 해도 나비는 어쩌면 살아 있었을지 모른다. 만약 그랬다면 왜 도로 날아가지 않았을까? 세찬 바람이 나비를 호수에 패대기치기라도 했을까? 나비는 물의 표면 장력에 미약하게나마 저항했을까? 아니면, 뭔가 끈적끈적한 조류 매트의 물질에 처박혀 빠져나올 수 없었을까?

이유가 무엇이었는지는 모르지만 작은 나비는 온전한 모양 그대로 천천히 가라앉았다. 화산재가 계속 쌓이면서 나비를 뒤덮었다. 나비는 세포 하나하나 돌이 되었다. 그 특징이 얼마나 섬세하게 보존되었는지 천만 년이 지나서도 나비의 비늘가루 하나하나를 알아볼 수 있고 한때 화려했을 날개의 문양도 일부 알아볼 수 있다. 현대 기술은 언젠가 그 날개의 원래 색깔까지 보여줄 수 있을지 모른다.

이 근사한 나비 화석 외에도 다양한 화석이 그 호수에서 발견되었다. 오랜 세월 차곡차곡 쌓인 화산재와 유기물이 과학자들이 말하는 '페이퍼 셰일(paper shale)'을 형성했다. 페이퍼 셰일은 종잇장처럼 얇은 층으로, 지금까지도 그리 딱딱하게 굳어지지 않았다. 여러분이 조심스럽게 이 층을 부서뜨리면 호수 바닥에 보존된 생물의 모습을 아주 세세한 수준까지 볼 수 있다. 물고기의 비늘, 체체파리의 흡혈 기관, 곤충(아마도 애벌레?)이 파먹은 이파리의 구멍, (양치식물과 비슷하지만 훨씬 더 억센) 쇠뜨기의 줄기 마디의 세세한 모양, 꽃가루까지도. 그리고 오늘날 과학자는 꽃가루만 봐도 그게 어떤 종인지 알 수 있다. 호수에서 발견된 물고기, 수생 곤충, 식물 잎은 평범했던 반면, 비견할 데 없이 진귀한 발견들이 몇 가지 있었다.

나비〔지금은 화석네발나비(*Prodryas persephone*)라는 이름을 얻은 나비〕의 발견이 바로 그런 발견이었다. 이 나비를 발견한 여성, 이 나비에게 이름을 붙인 과학자, 우르르 구경하러 와서 마음을 빼앗긴 빅토리아 시대 사람들은 세세한 부분까지 명확히 살아 있는 화석의 상태에 경악했다. 왼쪽으로 살짝 구부러진 가냘픈 더듬이에는 오늘날의 나비처럼 혹까지 다 남아 있었다. 어떤 과학자는 이 나비의 주둥이도 남아 있으리라 짐작했으나 머리 아래쪽을 확인하려면 화석을 깨뜨려야만 했다. 언젠가는 신기술이 나와서 화석의 훼손 없이 나비의 머리 아래 휘감겨 있는 고리를 보여줄 수 있을지도 모른다.

이 화석네발나비는 지금의 미국 콜로라도주 플로리선트 마을 쪽에서 에오세(世)라고 하는 시기가 끝나기 직전에 살았다. 에오세, 공룡 멸종 이후인 이 새벽의 시간에 현대적인 포유류가 처음으로 지구에 출현했다. 이 시기는 5,600만 년 전에 시작되어 대략 3,400만 년 전에 막을 내렸다.

이 나비가 살던 때는 기온이 예외적으로 높고 비가 예외적으로 많이 내리던 시기의 끝자락이다. 당시 지구가 마치 세균 배양 접시처럼 온갖 종류의 새로운 생명체를 등장시키며 생물학 실험에 몰두했다. 최초의 말과 최초의 영장류, 그리고 오만 가지 새로운 포유류가 이때 나왔다.

당시는 꽃식물이 널리 퍼지고 번성하던 시기이기도 했다. 나비들도 꽃에 탐닉하면서 세계에 널리 퍼졌으려나? 가능성이 있는 얘기다. 우리가 알다시피 나비는 에오세 한참 전부터 있었고 백악기에는 공룡의 머리 주위에서도 팔랑팔랑 날아다녔다. 그렇지만 이 고온다습한 시기가 한층 더 살기에 좋지 않았을까? 그랬을 법하다. 다만, 증거는 없다. 나비 화석은 아주 드물다. 한쪽 날개 파편만 발견해도 펄쩍 뛸 만한 경사다.

그래서 플로리선트가 중요하다. 세계 어느 곳보다 식별 가능한 나비 화석이 가장 많이 발견된 곳이니까(12종은 될 것이다). 그러나 화석네발나비만큼 훌륭한 화석은 없다. 이 완벽한 화석을 제외하면 나머지는, 세계를 탈탈 털어도 날개 조각, 비늘가루의 흔적, 호박(琥珀)에 갇힌 자투리 수준에 불과하다.

플로리선트 나비는 하나뿐인 보석이다. 이 화석이 발견되었을 때 온 세계가 경탄했다.

나비가 호수의 표면에 내려앉은 그때로부터 수천만 년이 지났다. 세계는 추워졌다. 그러다 다시 따뜻해졌다. 지구에 홍적세 빙하기가 왔다가 물러났다.

어떤 나비는 기후 변화에 적응하여 따뜻한 여름 몇 주간만 날개를 펴고 돌아다니고 나머지 추운 시기에는 굴속에 안전하게 처박혀 지내는 방향으로 진화했다. 또 다른 종은 작전 기지를 좀 더 살기 편안한 지역으로 이전했다.

플로리선트 나비도 그중 하나로 보인다. 오늘날 이 나비를 볼 수 있다 해도 지금의 미국 콜로라도에서 보지는 못할 것이다. 훨씬 더 덥고 습한 열대 지역, 수천만 년 전의 플로리선트와 기후 조건이 비슷한 지역이라야 하지 않을까.

사람들이 처음으로 플로리선트 밸리에 도달했을 약 1만 5,000년 전,

그들은 돌이 되어버린 삼나무들을 보고 놀랐을 것이다. 허먼 스트레커가 살던 시대에는 유럽인들이 화석을 찾겠다고 거기까지 찾아갔다. 놀라운 발견을 했다는 소식은 대륙을 가로질러 머나먼 도시, 이를테면 뉴욕, 보스턴, 런던, 파리까지 퍼졌다. '세계의 불가사의' 같은 어린이책에는 나무 그림이 실렸다. 나도 어릴 때 연세 많으신 이모님에게 그런 책을 물려받았다. 너무 많이 읽어서 닳을 대로 닳은 책이었다.

과학자들은 삼나무 화석에 매료되었다. 1871년에 뉴욕주 코넬 대학교 소속 수집가 시어도어 미드[4]가 이 지역을 탐사하고 화석 여러 점을 동부로 가지고 왔다. 과학자들은 그 화석을 보고 쾌재를 불렀다. 소문이 퍼졌다. 몇 년 후, 최초의 과학 탐사단이 플로리선트에 도착했다. 그 후에도 몇 팀이 더 왔다.

고생물학자 커크 존슨은 그 지역이 "미국 고생물학의 성지"[5]였다고 말한다. 식물, 곤충, 그 외 자그마한 생물의 화석을 찾는 것쯤은 식은 죽 먹기였다. 철로가 놓였다. 1800년대 후반에는 사람들이 콜로라도 스프링스에서 플로리선트 밸리까지 연결하는 '와일드플라워 유람열차' 표를 사서 당일치기 모험을 즐기러 오곤 했다. 열차표를 산 사람들은 동식물 화석이나 삼나무 화석 파편을 기념품으로 가져갈 수 있었다.

사람들은 별의별 것을 다 가져갔다. 어떤 지주는 거대한 나무 몸통 화석 덩어리들을 가져다가 휴양지 벽난로를 지었다. 한 기업가는 삼나무 화석을 끊어내어 1893년 시카고 만국박람회에 갖다 놓으려고 했다. 이 시도는 톱이 화석에 박혀 꼼짝달싹하지 않는 바람에 좌절되었다. 그 삼나무 화석은 아직도 제자리에 있다.

한번은 월트 디즈니가 이곳에 왔다 갔다.[6] 그는 나중에 화석화된 삼나무 한 그루를 매입했다. 무게 5톤, 둘레 길이가 2.2m가 넘는 그 나무는 현재 캘리포니아 디즈니랜드에 있다. 아이스크림을 파는 골든호스슈 살룬 바로 옆이다.

초기에 탐사를 왔던 과학자, 관광객, 기업가 들은 나비 화석을 발견하지 못했다. 그 영광은 열세 살에 결혼해 칠남매를 낳은 그 지역 주민 여성에게 돌아갔다. 샬럿 코플런 힐은 1849년에 인디애나주에서 태어났지만 몇 년 후 가족과 함께 서부로 이주했다. 그녀는 1863년에 결혼했다. 부부는 1874년 12월에 플로리선트의 정부 공여 농지에 정착했다. 당시 샬럿는 스물다섯 살이었지만 이미 아이가 많았고 손자의 탄생까지 앞두고 있었으므로 나이에 비해 원숙했다.

샬럿 힐은 자기가 밟은 것의 가치와 중요성을 깨달았다. 부부는 1880년에 공여 농지에 대한 권한을 정식 요청했다. 소와 작물을 키우고 목장을 지었다. 그렇지만 샬럿 힐은 한참 전부터 옛 호수 바닥에 갇혀 있을 생태계에 호기심을 키워왔다. 삼나무 화석을 못 본 체할 수는 없었다. 아마 그녀는 기나긴 하루를 마치고 산책을 나가서 페이퍼 셰일에 끼어 있던 곤충이나 나뭇잎 화석을 종종 발견하곤 했을 것이다. 어쨌든, 나중에 과학 탐사단들이 밸리를 찾을 무렵에, 힐은 이미 자기만의 작은 고생물학 박물관을 가지고 있었다. 연구자들은 그녀가 "종이처럼 고운 셰일암에 거의 완벽하게 찍힌 곤충의 화석이 가득 담긴 박스를 층층이 쌓아둔"[7] 것을 발견했다.

연구자들은 당연히 침을 흘렸다. 힐의 작업이 어찌나 훌륭했던지 1883년에 어느 장미 화석(로사 힐리아이 *Rosa hilliae*)에 그녀의 이름이 붙었을 정도다. 연구자들은 그녀에게 크게 의지했다. 북미 고식물학의 개척자 레오 레스크뢰는 플로리선트에 한 번도 가지 않았지만 샬럿 힐에게 새로운 식물 화석을 공급받아서 연구했다. 하버드의 고생물학자이자 열성적인 나비 연구가였던 새뮤얼 스커더도 플로리선트를 잠깐 방문해서 힐의 작업을 보고는 직접 현장 탐사를 하지 않고 자기가 원하는 표본을 그녀에게 사들이는 편이 낫다고 결론 내렸다.

스커더는 자신의 연구에 힐이 공헌한 바를 결코 공개적으로 인정하지 않았다. 플로리선트 출신 고생물학자이자 샬럿의 열렬한 팬이었던 허버트 마이어는 그 점을 몹시 실망스러워했다.[8] 마이어는 그녀를 자신의 세계에 깊이 몰두했던 자수성가한 인물로 묘사한다. 그리고 농지 개간 일로 바빴던 그녀가 분명히 자녀들까지 보물찾기에 동원했을 것이라고 짐작했다.

당시에는 아무도 화석의 진짜 나이를 몰랐다. 단지 플로리선트가 '오래전' 생명의 흔적을 간직하고 있다는 것만 알았다. 하지만 그때도 이미 과학은 지구의 역사가 수십억 년은 될 것으로 짐작했다. 1908년에 고생물학자 시어도어 코크렐은 샬럿 힐의 땅을 마치 폼페이처럼 열렬히 묘사한 바 있다. "아주 오래전(백만 년 전이라고 하자) 골짜기에는 아름다운 호수가 있었다. 플로리선트 호수. 호수의 길이는 아마 대략 9마일(약 15km)에 달했지만 폭이 좁았고 숲이 우거진 물굽이가 여기저기 들쭉날쭉했다. 작은 섬들에는 키 큰 붉은 삼나무와 다른 수풀이 무성했다. 페니모어 쿠퍼와 그가 쓴 가죽 스타킹 이야기의 주인공이나 좋아할 법한, 딱 그런 곳이었다."[9]

지금은 백만 년이라고 해봐야 엊그제 같다. 누군가가 코크렐에게 39km² 면적의 그 호수 바닥이 3,400만 년 됐다고 말해줬다면 그는 믿지 못했을 것이다. 그렇게 어마어마한 시간을 상상할 수 있는 사람은 당시에 거의 없었다.

고생물학자이자 살아 있는 나비라면 사족을 못 썼던 하버드의 새뮤얼 스커더는 화석을 받고서 자신이 엄청난 상을 받았다는 것을 알았다. 그 나비는 "비늘가루를 묘사할 수 있을 만큼 완벽하게 보존되어"[10] 있을 뿐 아니라 아메리카 대륙에서 처음 보는 종류였다. 1889년에 그는 『플로리선트의 나비 화석』을 발표했고 그로부터 10년 후에는 『하늘의 연약한 아이들』이라는 어린이책을 통해 그 화석에 대해서 이야기했다. 최소한 어린이 독자 한 명은 그 책을 읽은 후 고생물학자가 되었는데 그가 바로 프랭크 카펜터다. "그 책에 콜로라도 플로리선트 셰일에서 발견한 나비 화석 그림이 있었어요. 나비가 날개를 활짝 편 그림에 색깔 표시가 되어 있었지요. 그날 퇴근하고 돌아오신 아버지께 나는 나중에 곤충 화석을 연구하는 사람이 되고 싶다고 말했습니다."[11] 카펜터는 북미에서 고곤충학 분야를 이끄는 전문가 중 한 사람이 되었다.

1837년에 보스턴에서 태어난 스커더는 열여섯 살에 매사추세츠 서부 언덕의 윌리엄스 칼리지에 다니기 전까지만 해도 나비광이 아니었다. 아버지는 웬만큼 성공한 사업가였고 형은 선교사였다. 과학자가 될 생각은 꿈에도 없었지만 나비가 모든 것을 바꿔놓았다. 윌리엄스에서 만난 학생이 그에게 인근에서 수집한 나비 표본 상자를 보여준 것이다. 스커더가 처음 그 색채를 보았을 때 그의 뇌 시각 경로에서 뉴런들이 얼마나 뜨겁게 불타올랐을지 나는 그저 상상만 할 뿐이다.

스커더는 훗날 이렇게 썼다. "꿈을 꾼 게 아니었다. 그렇게 아름다운 것들이 집에 있을 수 있다고는, 혹은 그처럼 다양한 종류를 한 곳에서 볼 수 있으리라고는 결코 상상도 못 했다." 스커더는 그 상자를 보고 나서 곧바로 자기도 수집을 시작했다. 하루는 아주 귀하고 아름다운 나비를 잡고서는 기쁨을 주체하지 못해 셰익스피어를 인용하기까지 했다.

스커더는 윌리엄스 칼리지를 마치고 하버드로 넘어가 생물학자 루이 아가시의 제자가 되었고, 스승의 반진화론 사상에 깊이 물들었다. 스커더는 나중에 미국의 곤충 고생물학파의 초석을 놓았다. 그는 샬럿 힐이 발견한 나비에게 '프로드리아스 페르세포네(*Prodryas persephone*)'라는 독자적인 속명과 종명을 붙여주었다. 그리고 그 화석을 나무테 상자에 넣고 분류 번호 '1'을 달았다. 스커더는 그 나비를 무척 자랑스러워해서 1893년에 런던까지 가져가 왕립곤충학회에 전시했다.

그렇지만 희한하게도 어느 시점에서는 그 화석을 단돈 250달러에 팔려고 했던 것 같다. 1887년노에 발행된 《너 캐나디언 엔토몰로지스트 The Canadian Entomologist》 120쪽에 이런 광고가 있다. '나비 화석 팝니다.' 그 내용은 이렇다. "곧 있을 뉴잉글랜드 나비에 대한 작업을 예증하기 위해 보존 상태가 매우 훌륭한 콜로라도 프로드리아스 화석을 250달러에 내놓습니다.(……) 전 세계적으로 나비 화석은 20점이 안 되는데 특히 이 화석은 가장 보존 상태가 완벽합니다."

이 제안은 미스터리에 싸여 있다. 스커더는 왜 그런 보물을 팔려고 했을까? 아무도 모른다. 허버트 마이어는 그가 화석의 일부만 팔려고 했을지 모른다고 말한다.[12] 어쩌면 스커더는 돈이 필요했을 것이다. 지금은 그런 물건에 대해서 기록이 다 남지만 빅토리아 시대에는 고생물학의 세부 목록을 꼼꼼하게 챙기지 못했다.

화석을 팔려고 했던 이유가 뭐였든 간에, 판매는 이루어지지 않았다. 스커더의 화석은 그것이 한때 살았던 곳에서 3,000km 이상 떨어진 매사추세츠 케임브리지에 있는 하버드 대학교 지하 금고에 무사히 보관되어 있다. 지금도 분류 번호 1번이다.

샬럿 힐의 발견으로부터 150년이나 지난 후, 나는 그 '프로드리아스'에 경의를 표하기 위해 하버드에 갔다.

수많은 사람의 영혼에 와닿았던 그 명망 높은 나비는 내가 보았던 가장 청결한 화석 저장고에 안전하게 보관되어 있었다. 대부분의 화석 박물관과 저장고는 해묵은 먼지 구덩이다. 할머니의 다락방이 생각난다고 할까. 하지만 하버드의 화석 저장고는 완전 새것이었고 티끌 하나 없이 깨끗했다.

나는 확인차 아무도 안 볼 때 집게손가락으로 한번 쓸어보았다. 내 생각대로였다. 청결하기가 병원 수준이었다.

가이드 역할을 해준 리카르도 페레스데 라 푸엔테는 바르셀로나 출신의 멋쟁이 과학자였다. 우리는 지하 통로를 걸어가, 설치된 지 얼마 안 된 유리문을 통과해 잠겨 있는 캐비닛들을 쭉 따라갔다. 그 줄의 시작 부분에 있는 첫째 캐비닛 안 맨 위에 1번 나비가 있었다.

스커더가 플로리선트에서 하버드로 들여온 나비들은 이런 식으로 영광을 누리고 있었다. 가장 중요한 플로리선트 나비 옆자리는 2번 화석이 차지했고 그 줄을 따라 쭉 그런 식으로 배치되어 있었다.

천성상 뭔가를 우상처럼 떠받들지 못하는 나는 회의적인 반응을 보일 준비가 되어 있었다. 그렇지만 페레스데 라 푸엔테가 캐비닛을 열고 표본을 꺼낸 순간, 나도 나 자신에게 놀랐다. 그 상황에 걸맞은 경외심이 일어났던 것이다.

화석네발나비는 오래전 제작된 유리 덮개가 있는 나무 상자 속에 그대로 있었다. 우리는 성(聖)유물 다루듯 그 상자를 다루었다. 나는 유리 너머 나비 화석을 보고 감탄했다. 그러고 나서 우리는 다음 방으로 가지고 갔다.

내가 상자를 떨어뜨리면 어떡하느냐고 재미없는 농담을 하자, 상대는 예의 바른 웃음으로 응수했다. 그래서 내가 그런 바보 같은 짓을 하면 안 된다는 것이 분명히 알게 되었다.

우리는 현미경으로 화석을 들여다보았다. 비늘가루까지 관찰할 수 있었다. 날개를 가로지르는 날개맥(vein)도 선명하게 보였다〔우리 인간이 생각하는 혈관(vein)이 아니라, 산소를 전달하고 날개를 탄탄하게 하는 구조다〕*. 머리에서 뻗어나가는 수염 같은 산섬유도 보였다.

나는 나비 주위의 돌을 긁어낸 흔적을 보는 게 좋았다. 곱고 얇은 덮개에서 화석을 천천히, 끈기 있게 끌어낸 솜씨는 가히 예술가의 경지였다. 이 화석을 끌어내는 작업은 굉장히 흥분되면서도 무시무시했을 것이다. 그 예술가(샬럿 힐?)는 외과 수술 뺨치게 섬세하고 정확한 손놀림으로 귀한 보물을 뒤덮은 물질을 제거해야 했으리라. 그녀의 손이 조금만 둔했어도 나비의 일부가 떨어져 나갔을 것이다. 나비의 양쪽 날개에는 작은 꼬리가 있었다. 오늘날의 호랑나비 날개 꼬리만큼 크지는 않았지만 분명히 눈에 띄었다. 한쪽은 온전히 남아 있었다. 다른 쪽은 끝이 약간 떨

---

* 영어의 'vein'에는 '날개맥', '혈관'이라는 의미가 있다.

어져 나가고 없었다. 이 화석을 취급했던 사람의 실수였을까?

나는 안정적인 손놀림으로만 이 보석을 발굴할 수 있었겠다고 한마디 했다. "세상에는 절대로 손을 떨면 안 되는 직업이 두 가지 있지요. 신경외과의사와 곤충학자요." 페레스데 라 푸엔테가 대꾸했다.

"원래는 무슨 색이었을까요?" 나는 옛 세상에서 살아 움직이는 이 나비를 보고 싶다는 갈망과 그럴 수 없다는 아쉬움을 그 물음으로 표현했다.

"고생물학은 불확실한 것투성이지요. 그리고 불확실성을 끌어안는 것이 이 학문의 가장 아름다운 부분이고요."

나중에 그는 덧붙였다. "이 나비는 이 분야에 지대한 영향을 미쳤어요. 하나의 보석이 다른 보석들의 발견을 이끄는 경우였지요. 그런 게 인생이지요. 과학도 그렇게 굴러가고요. 아름다운 개념이지요."

전 세계에서 지금까지 기술된 나비 화석들 가운데 거의 3분의 1이 플로리선트에서 나왔다. 지금까지 공식 명명된 것만 적어도 12종이다. 어떤 과학자는 플로리선트 호수 바닥을 "곤충의 폼페이"[13]라고 일컬었다.

그러나 이 일대는 1960년대 주택 개발로 거의 훼손될 뻔했다.[14] 플로리선트 밸리는 휴양지로서 완벽했다. 사냥과 낚시를 즐길 만한 곳, 녹음이 우거진 등산길, 말을 타고 갈 수 있는 오솔길, 수영을 하거나 보트를 탈 수 있는 호수가 다 있었다. 밸리 남단 자그마한 땅에 목조 가옥이 들어서기 시작했다. 투기꾼들이 냄새를 맡고 몰려들었다.

그사이에, 1959년부터 국립공원관리청이 이 일대를 국가 천연기념물로 지정해야 하는지 알아보기 위해 실사를 시작했다. 1960년대 초에 나온 보고서는 화석층을 보호해야 한다는 의견을 피력했다. 실은 20세기 초부터 계속 논의되었던 사항이지만 그때까지 아무 조치도 없었던 것이다. 이제 작은 땅뙈기에 들어서기 시작한 작은 집들이 경각심을 불러일으켰다. 고식물학자 해리 맥기니티는 연방 공직자들에게 그 땅이 농사에는 그리 적합하지 않지만 "아득한 옛날부터 이어온 지구의 역사의 한 페이지로서 헤아릴 수 없는 가치가 있고 (……) 이런 건 어디에도 없습니다"[15]라고 말했다.

어느 옹호론자가 플로리선트 밸리가 "경제의 유혹"이 되었다고 우려를 표했다. 환경보전론자들과 과학자들이 가세했다. 그중에는 『모래군의 열두 달 A Sand County Almanac』의 저자 알도 레오폴드의 딸이자 고식물학자인 에스텔라 레오폴드도 있었다. 연방 토지 보호 상정안은 위원회에서 통과되지 못한 상태였다.

토지 보호 옹호론자들은 설득력 있게 말했다. 화석층에 주택을 짓는다면 "지질학이라는 책을 불사르는 짓"이 될 거라고, "사해 문서*로 생선 싸기"[16] 혹은 "로제타 스톤으로 옥수수 빻기"**[17]를 할 셈이냐고.

이 표현들은 제대로 먹혔다. 신문들이 이 이야기를 일면 기사로 다루었다. 위대한 정치만평가 팻 올리펀트는 스나이들리 위플래시를 닮은 부동산 개발자가 불도저를 몰고 전설적인 거인 나무꾼 폴 버니언처럼 생긴

---

* 사해 문서(死海文書): 1947년 이래 여러 차례에 걸쳐 사해의 서북쪽 연안에 있는 쿰란(Qumran) 지구의 동굴 등지에서 발견된, 히브리어로 된 구약 성경. 기원전 3세기에서 기원후 1세기 무렵까지의 것이다.

** 로제타 스톤(Rosetta Stone): 기원전 196년에 세워진 고대 이집트의 비석. 상형문자, 민간 문자, 그리스 문자가 새겨져 있어 이집트 문자 해독의 열쇠가 되었다.

환경변호사가 그에 맞서는 그림을 실었다. 1969년 7월 20일 《뉴욕 타임스》의 기사 「보호받지 못하는 미국의 화석층—정부의 플로리선트 매입 실패」에서 한 과학자는 "이 주제에 대한 대체 불가능한 책은 우주를 통틀어 단 한 권만 있다"고 했다. 《덴버 포스트》도 그해 여름에 「여전히 정체 중인 플로리선트 프로젝트」를 헤드라인으로 뽑았다.

그럼에도 불구하고 그 여름이 끝날 무렵 불도저들이 들이닥쳤다. 여자들과 아이들이 피크닉 바구니와 침낭을 들고 나타났다. 자기들의 몸으로 불도저들을 에워쌀 요량이었다.

이상하게도 불도저들은 꿈쩍도 하지 않았다. 불도저 기사들은 희한하게도 공짜 술을 마실 수 있는 도로변 바에서 시간을 보내고 있었다. 어떻게 그런 일이 일어났는지는 지금까지도 모른다. 어쩌면 그 기사들은 여자들과 아이들과 직접 부딪히고 싶지 않았을 것이다. 몇 다리 건너 아는 이들이 그 기사들에게 술이나 더 마시라고 설득했는지도 모른다.

투기꾼들이 어쨌든 밀어붙이려고 준비를 하던 때, 연방의 결정이 떨어졌다. 플로리선트는 국가 천연기념물로 지정되어 개발이 제한되었다. 1969년 8월 20일, 환경변호사 출신으로 사실상 미 환경보호청의 설립자였던 리처드 닉슨 대통령이 플로리선트 화석층을 국가 천연기념물로 지정하는 법안에 서명을 했다.

다른 현장에서도 비슷한 화석들이 나왔다. 그 근처에 대중에게 개방된 사유지가 있다. 플로리선트 화석 채굴장에는 언덕 비탈에서 잘라낸 셰일 판들이 피크닉 테이블에 놓여 있다. 어린이들은 한 시간에 10달러를 내면 이 판들을 부수고 겹겹이 분리하면서 혹시 그 안에 생명의 흔적이 남아 있는지 살펴볼 수 있다.

아주 드물게, 정말로 신기한 것이 여기서 나타난다. 진짜 값진 것은 당연히 당국에 제출해야 하지만 나중에라도 아이는 최초 발견자 자격으로 그 종에 자기 이름이 붙는 것을 볼 수 있다. 화석 채굴장에는 학교에서 체험 학습을 많이 온다. 한 아이가 셰일 판을 열었다가 고스란히 남아 있던 새 화석을 발견했다.

콜로라도주에서 다른 곳, 가령 북쪽이나 서쪽으로 더 가면 더 오래된 화석들이 나온다. 5,000만 년 전의 것으로 추정되는 그린 리버의 화석들은 플로리선트에서 발견된 것들과 마찬가지로 셰일층에 끼어 있다.[18] 하지만 비슷한 점은 그걸로 끝이다. 나비임이 분명한 화석들이 발견되긴 했지만 그것들은 훨씬 파편적이고, 오늘날의 오대호처럼 수백만 에이커에 달하는 넓고 얕은 호수 도처에서 발견되고 있다. 그린 리버 화석층은 유타주, 와이오밍주, 콜로라도주에 걸쳐 있다.

이 같은 사정으로 우리는 나비가 5,000만 년 전에도 보기 드문 생물은 아니었다는 사실을 알게 됐다. 그리고 덴마크에서 발견된 호박에 갇힌 나비 화석을 연대 추정한 결과, 5,600만 년 전에도 나비는 있었다는 것을 알게 되었다. 그러나 나비가 과연 언제부터 지구에 있었는지 제대로 아는 사람은 아무도 없다.

고생물학자들은 대체로 1억 4,000만 년 전에 최초의 꽃식물이 등장하면서 나비의 진화가 이루어졌을 것으로 짐작한다. 나비와 꽃의 파트너십 연구 전문가 콘래드 라밴데이라는 꽃이 등장하기 전까지는 나비가 그리 널리 퍼지지 않았을 것으로 가정한다. "최초의 꽃식물은 사발 모양이었어요. 그래서 딱히 주둥이가 길어야 할 필요가 없었습니다." 그러다 서서히, 수백만 년에 걸쳐, 꽃과 나비 주둥이 사이의 특화된 페어링이 발달했을 것이다. 다윈은 이 페어링이 극단적인 수준까지 나아간 경우를 주목한 것이다.

꽃들이 등장했을 때 나방은 이미 5,000만 년 동안 지구에 살고 있었다. 라밴데이라와 동료 학자들은 그 증거가 되는 나방 화석을 찾았다. 중국의 암석층에서 발견된 이 나방은 1억 6,000만 년 전 것으로 보인다. 당시의 나방들은 이미 원시적 형태의 주둥이를 가지고 겉씨식물에서 이루어지는 가루받이의 달콤한 부스러기를 먹었다. 근처에 소나무, 사이프러스나무, 삼나무가 있는 사람이라면 다들 알겠지만 봄철에 이 나무들에서 꽃가루가 어찌나 심하게 날리는지(우리 집 뜰의 꽃가루는 황갈색이다), 주위의 모든 것을 뒤덮는다(나의 선홍색 토요타 프리우스도 그 꼴이 된다).

대부분은 그냥 버려지는 꽃가루를 이렇게 푸짐하게 생산하려면 에너지가 많이 든다. 꽃은 이 단계에서 훨씬 발전한 재생산 전략이다. 더욱이 꽃은 1,000만 년 이상에 걸쳐 고도로 발달해왔다. 따라서 꽃가루 매개충도 발달해왔다.

특정 꽃-곤충 쌍은 '충실한 가루받이'라고 한다. 이 표현에서 혼인 관계를 떠올리는 것은 우연이 아니다. 어떤 종의 꽃이 어떤 특정한 종의 나비나 나방을 유혹하면 훨씬 더 에너지를 절약하면서 성공적으로 수정에 도달할 수 있다.

꽃이 나비를 유혹하는 것은 새롭지 않다. 4억 년 전에 최초의 곤충이 출현한 이래로, 식물은 줄곧 자신의 요구를 충족하기 위하여 다양한 곤충을 유혹해 적어도 "13회"는 주둥이의 길이를 늘리게 만들었다고 라밴데이라는 지적한다. 그는 이 관계가 적대적이기는커녕 당사자들의 합의에 따른 것으로 짐작했다.

"나비와 호스트 역할을 하는 식물 사이의 관계 상당수가 과거에는 적대적인 것처럼 생각되곤 했지요. 하지만 지금은 진정한 상리 공생*으로 밝혀졌답니다." 라밴데이라가 나에게 말해주었다. 날 이롭게 해줘, 그러면 나도 널 이롭게 해줄게.

따라서 다윈의 마다가스카르 난-나방 쌍도 우연이 아니라는 얘기다. 오히려 순진한 곤충에게 식물이 거듭 써먹는 실행 전략으로 봐야 한다.

어쨌든, 꽃들이 늘 온순한 지배자는 아니다. 어떤 난은 벌을 자기 소굴로 끌어들이기 위해 잔인한 속임수도 마다하지 않는다. 가장 야하게 보이는 난은 그렇게 보이려고 '작정한' 것이다. 수벌들에게 시각적으로 혹할 만한 단서를 보내면 수벌들이 날아와서 특정한 구애 행동을 한다. 여기서 그 행동을 설명하지는 않겠으나 수벌이 그 행동을 끝내고 아주 만속한 모습으로 온몸에 꽃가루를 묻힌 채 날아간다는 점만 밝혀둔다.

예일대 피보디 자연사박물관 화석연구소에서 수전 버츠와 나는 호박 속에 보존된 나비 화석 몇 점을 살펴보았다. 우리는 이미 무엇이 나비를 나비로 만들고 나방을 나방으로 만드는가에 대해서 한바탕 토론하고 이 박물관의 풍성한 그린 리버 곤충 컬렉션을 보러 이동한 참이었다.

그 후 버츠는 호박 컬렉션을 꺼내서 보여주었다. 호박은 나무 수지(樹脂)가 오랜 세월 굳어지고 압축된 것으로 수천 년 동안 인류의 사랑을 받아왔다. 다소간 희귀한 물질로, 전 세계에 20여 곳뿐인 호박 광산에서

* 상리 공생(相利共生) : 서로 이익을 주고받는 공생의 한 양식.

대량 채취한다. 그중 몇 곳은 역사가 깊다. 빙하기에 살았던 사람들은 상아나 사슴뿔로 조각상을 만들었던 것처럼 호박으로 말이나 다른 동물 모양을 만들곤 했다. 폴란드에서 4,000년 전 것으로 추정되는 말 조각상이 나왔고 영국 스톤헨지*에서도 호박 공예품이 여러 점 나왔다. 중국의 장인들은 수천 년 전부터 복잡하고 교묘한 호박 세공품을 만들어왔다.

그렇지만 호박은 고생물학자들에게 전혀 다른 가치가 있다. 그것은 과거의 생물을 3차원으로 보여줄 수 있는 특별한 보존재다. 나무의 몸통을 따라 수지가 흘러내릴 때 마침 그 자리에 있던 나뭇잎, 씨앗, 꽃가루, 곤충, 그 외 무엇이라도 묻혀버릴 수 있다. 이로써 놀라운 오브제가 우리에게 전해진 것이다. 현재의 카자흐스탄 영토에서 발견된 2.5cm 길이의 입체적인 솔방울 호박 화석은 1억 4,000만 년 전 것으로 공룡의 지배가 한창이고 꽃식물이 지구에 나타나기 시작한 세상의 모습에 대한 단서를 던져준다. 이 솔방울은 오늘날 볼 수 있는 것과 크게 다르지 않다.

공룡의 시대가 끝나갈 무렵 꽃나무들은 한때 소철과 침엽수가 지배했던 지역들까지 뒤덮었을 것이다. 어떤 곳에서는 이 새로운 나무들에서 흘러나온 수지가 생태계 전체를 담아냈다. 도미니카공화국의 호박 광산들은 풍부하게 넘쳐나는 생명의 형태들을 보여주었다. 대략 2,500만 년 전에 살았을 무수히 많은 딱정벌레, 섬세한 실잠자리, 뿔매미라고 하는 곤충들, 흰개미 떼, 파리 떼, 온갖 종류의 나비와 나방까지. 수전 버츠는 한때 곤충이 들어 있는 도미니카공화국산(産) 호박 반지를 끼고 다

* 스톤헨지(Stonehenge) : 영국의 솔즈베리 근교에 있는 고대의 거석 기념물. 기원전 1900년에서 기원전 1500년경에 구축된 것으로 추측된다.

냈다. 그녀가 남편과 신혼여행을 갔을 때 구입한 반지였다. 안타깝게도 호박은 잘 망가진다. "호박 장신구는 지질학자에게는 영 좋지 않은 선택이에요." 버츠가 말했다. 그 반지는 그녀가 지질 탐사 도구를 사용하는 바람에 부서졌다고 한다. 지금은 단단하고 잘 부서지지 않는 백금 반지를 끼고 다닌다.

우리는 현미경으로 탄자니아에서 발견된 400만 년 된 나비 호박 화석을 들여다보았다. 400만 년 전이면 초기 원시 인류가 저 들판을 걸어 다니다가 발가락이 세 개인 말 히페리온을 만났을 시절이다.

"눈도 볼 수 있어요." 우리가 곤충을 들여다보고 있을 때 버츠가 말했다. "더듬이가 머리에 붙어 있는 부분, 머리가 가슴에 붙어 있는 부분 보이지요? 다리도 보일 거예요. 동그란 원 같은 것 보여요? 이게 주둥이가 말려 있는 거예요. 그래요, 바로 여기에 감겨 있죠."

시간 속에 얼어붙은, 한 바퀴, 두 바퀴, 세 바퀴, 네 바퀴 감겨 있는 모양이 쉽게 식별되었다. 마치 오래전 사라진 세계를 직접 볼 수 있는 마법의 수정 구(球)를 들여다보는 기분이 들었다.

나비는 한눈에 봐도 나비였다. 그만큼 오늘날 볼 수 있는 나비와 다르지 않았다. 그 생각을 하니 400만 년이 그리 오래전도 아닌 것 같았다.

다른 곳과 마찬가지로 예일대 컬렉션에서도 나비 화석은 (화석 조각조차도) 아주 드물었다. 대략 1만 7,000개 곤충 화석 중에서 나비목은 61개뿐인데 그나마 대부분 나방인지 나비인지 알아보기 힘든 상태다. 버츠는 그린 리버 화석층에서 가져온 얼마 안 되는 나비 표본을 꺼내서 보여주었다. 은퇴한 지질학자이자 예일대 자원봉사자였던 짐 바클리가 콜로라도주 북서쪽에서 채취한 화석들이었다. 그 화석들은 1번 나비처럼 완벽하지 않고 파편적이지만 훨씬 더 오래된 것, 세상에서 가장 오래된 나비 화석에 거의 (정확히는 아니지만) 필적한다(최근에 알려진 가장 오래된 나비 화석은 발트해에서 채취한 호박 화석으로 5,600만 년 전 것이다).

바클리는 개인적으로 화석 채굴장을 소유하고 있는데 아주 추운 겨울날 아니면 탐사가 일상이었다. 그곳은 가끔 영하 6~12도까지 내려간다. 그는 자기가 찾은 곤충 화석을 전부 예일에 보냈다. 그는 6,000개 이상의 표본을 기증했는데 그중 나비는 극소수였다.

"따로 남겨둔 것도 있겠죠, 아마?" 내가 물었다.

버츠는 우리가 제안한 모험을 예일-바클리-윌리엄스 탐사단이라고 일컬었다. 아주 그럴싸하게 들렸다.

우리는 7월 1일 아침 댓바람부터 콜로라도 강가의 경치 좋은 공원에 모였다. 모두 일곱 명이었고 나이는 6살부터 66살까지 각양각색이었다. 강은 아름다웠지만 아침 9시에도 날씨는 푹푹 쪘다. 우리는 자동차에 잔뜩 끼어 타고 북쪽으로 달렸다. 13번 고속도로를 타고 기온이 훨씬 서늘한 론 고원으로 갔다.

고속도로를 타고 조금 올라가 전혀 매력적이지 않은 지점에서 바클리가 길 한쪽에 차를 세웠다. 계단처럼 저 아래까지 이어지는 셰일이 수만 제곱킬로미터는 되어 보였다. 탑처럼 우뚝한 절벽 아래에는 더 많은 셰일이 있었다. 아니, 갈수록 더 많아 보였다.

전직 탐사전문가는 넓적한 노란색 기계를 가져와 노크하듯 절벽을 두들겼다. 셰일이 작은 조각으로 갈라져 우수수 떨어졌다. 불판처럼 뜨거운 바위 위에 앉아 셰일 파편을 하나하나 조사하고 층을 분리해가면서 안에 뭐가 있는지 살피는 것이 우리 일이었다. 고대 로마에 대한 총천연색 옛날 영화가 생각났다. 그 영화에서 운 나쁜 포로들은 뙤약볕이 내리쬐는 로마의 언덕에서 끝없는 노역을 해야만 했다.

그건 정말 기운 빠지는 일처럼 보였다.

바클리, 버츠, 그리고 곧 옥스퍼드로 진학할 예정인 동료 그웬 앤텔은 아주 즐거워하는 눈치였다.

주목할 만한 화석들이 나타나기 시작했다. '나마저도' 곤충 화석을 찾았다.

나는 좋은 화석이 이렇게나 많아서 놀랐다고, 그렇지만 나는 나비를 찾고 싶다고 했다.

짐 바클리는 왠지 모르지만 기분이 좋아 보였다.

"집에 갈 시간입니다."

바클리의 작은 목상 집은 전부는 아닐지라도 '거의' 전부 고생물학 사랑에 할애되어 있었다(그는 아내와 함께 살고 있었다). 그는 10메가픽셀 카메라가 장착된 초고성능 붐 스탠드 현미경을 가지고 있었다. 표본 하나당 초점을 달리하면서 사진을 5~20컷 찍었고 사진을 겹쳐서 합성하는 소프트웨어를 이용하여 균일한 한 컷으로 만들었다.

사방에 선이 늘어져 있었고 작업대 위의 마시다 만 물병들, 가족사진, 가이드북, 참고서적, 종교 서적, 그리고 물론 자욱한 돌먼지가 눈에 띄었다.

"저녁 먹고 뭐 보여줄게요." 바클리가 말했다.

사람들이 그날 발견한 것들에 대해서 토론을 하려고 왔다. 그래서 우리는 조그만 탁자 주위에 비좁게 끼어 앉아 닭고기구이, 샐러드, 맥주를 먹기 시작했다. 파티가 끝나고 바클리와 나는 작업실로 돌아갔다.

바클리가 서랍 하나를 열었다.

거의 완벽하게 보존된 나비목 곤충의 날개가 그 안에 있었다. 날개의 날개맥뿐만 아니라 무늬도 일부 알아볼 수 있었다.

어째서 5,000만 년 전에 살았던 곤충을 오늘날의 비전문가도 이렇게 쉽게 알아볼 수 있을까? 그런 궁금증이 일었다. 5,000만 년 전의 말 화석을 처음 보았을 때는 개나 고양이 같다고 생각했다. 포유류는 한눈에 보기에도 상당한 진화를 거쳤다. 그런데 나비는 왜 그대로일까?

"곤충은 완벽하기 때문이에요. 걔들은 진화할 필요가 없어요." 그웬 앤텔이 웃으면서 대답했다.

"절지동물은 최초의 육상동물이지요. 현존하는 동물의 4분의 3은 곤충이고요. 곤충은 수억 년이나 지구를 지배해왔어요. 여기서 뭘 더 개선하겠어요?"

물론 그웬은 일종의 농담을 한 것이었다.

다음 날 나는 1번 나비 화석의 옛 묫자리에 경의를 표하러 가기 위해 운전대를 잡았다. 플로리선트 국가 천연기념물은 현재 이 지역의 오래된 시간과 최근의 역사를 동시에 설명하는 광범위한 관광 안내소 역할을 하고 있다.

방문자 센터에서 맨 먼저 눈에 띈 것은 푯말이었다. "과학은 단순한 사실이 아니라 진행 중인 과정이다." 한마디로, 그 푯말은 어째서 진화가 아직도 하나의 '논(論)'인가를 알려준다. 진화가 부정확하기도 하고, 우리의 이해 역시 아직 불완전하다. 변화의 이유와 방식에 대한 이해가 변화

그 자체와 마찬가지로 계속해서 변하고, 언제나 발전해간다.

방문자 센터에는 '화석네발나비'를 예술적으로 표현한 작품이 있었다. 그림 속에서 나비 날개는 불그스름한 색이고 앞날개 가장자리에 세 개의 검은 점이 있었다. 그리고 앞날개와 뒷날개 모두 흰색 구획이 있었다. 앞날개에 박힌 것보다 작은 세 개의 검은 점이 뒷날개 가장자리를 돋보이게 했다.

자랑스러운 보스턴 토박이 새뮤얼 스커더의 "아메리카에서 발견된 가장 아름다운 나비"라는 말이 인용되어 있었고, '화석네발나비'는 날개맥이 뚜렷이 보이기 때문에 오늘날의 제왕나비와 마찬가지로 네발나비과(Nymphalidae)에 속한다는 정보가 나와 있었다.

벽에는 오래전 사라진 호수의 옛 모습을 상상한 1878년도의 지도가 있었다. 화석화된 빅 스텀프 지역과 '미스터 힐스'에 화살표 표시가 있었다(화석을 발견한 사람은 분명히 샬럿 힐이었는데도 그녀는 인정받지 못했다. 남자들이 찾아오면 그녀는 자리를 피해 식료품 저장실에 들어가 있었을지도 모른다). 방문자 센터 뒤쪽, 보안이 철저한 캐비닛 속에는 오늘날의 꿀벌과 거의 똑같이 생긴 곤충 화석이 거의 완벽한 상태로 보관되어 있었다.

명예의 전당에는 샬럿 힐 탄생 160주년 기념 케이크 사진이 걸려 있었다. 케이크 중앙에는 화석네발나비의 실루엣이 꽤 섬세하게 그려져 있었다. 샬럿 힐이 마땅히 누려야 할 명예를 회복시켜주겠노라 결심한 이 지역 출신 고생물학자 허버트 마이어는 그녀의 후손들을 이 기념식에 초대했다. 열세 살에 결혼한 이 개척자 여성에 대해서 들어보지도 못한 사람이 하나둘이 아니었다.

마이어와 나는 이야기를 좀 나누고 나서 박물관 야외 구역을 함께 거닐었다. 우리는 얼마 안 남은 붉은 삼나무 화석을 둘러보고 화석화된 그루터기 틈새로 새로운 침엽수가 자라 나온 지점에서 대화를 마무리했다.

"이랬어야 했어요." 내가 말했다.

"이랬어야 했지요." 그가 동의했다.

우리는 만족했다. 하나의 생명이 다른 생명으로부터 자라나고 있었다. 진화는 변화이지만 연속성이기도 하다.

4. 섬광과 눈부심

나비의 날개는 진화의 법칙이 딱 한장에 컬러 인쇄된 유일한 곳이다.[1]

— G. 에벌린 허친슨

식물 종과 동물 종 사이의 파트너십의 중요성에 생각이 미쳤던 사람은 찰스 다윈만이 아니었다. 사실 (지금은 생태학이라고 하는) 이 개념을 처음 발견한 사람은 다윈이나 빅토리아 시대의 다른 유명인이 아니라 17세기에 살았던 10대 소녀다.

마리아 지빌라 메리안은 나비목 애호가로서 이름을 날리고, 용기로 찬사를 받고, 예술적 기량으로 숭배받고, 과학적인 엄정함으로 존경받았을 것이다.[2] 오늘날 찰스 다윈이 추앙받는 것처럼 말이다. 그다음에는 잊히고 세월의 안개 속에 파묻혔을 것이다. 그녀는 여성의 삶이 극도로 열악했던 17세기 유럽에서 살았다. 메리안과 힐은 둘 다 열세 살 어린 나이부터 성년의 삶을 살았다. 그러나 샬럿 힐이 그 나이에 양육과 돌봄에 종사했던 반면, 마리아 지빌라 메리안은 평생에 걸친 애벌레, 나비, 나방, 그리고 그들의 생존을 가능케 했던 식물에 대한 연구를 시작했다.

메리안은 인류사에서 가장 놀라운 시대 중 한 시대를 살았다. 그 괴이한 시대는 나쁜 꿈 같고 초현실적이었으나 진보적이고 미래파적이었으며 고도로 기술적이고 완전히 흥겹기도 했다. 어떤 이에게는 유럽에서의 삶이 끔찍하기만 했을 것이다. 또 어떤 이에게는 유럽의 문화가 역동적이고 흥미진진했을 것이다.

30년 전쟁(1618~1648년)은 종교와 민족주의 양쪽 모두에서 유럽 대륙을 싸움에 몰아넣고 800만 유럽인의 목숨을 앗아갔다. 유럽은 매우 불안정해졌다. 하지만 그와 동시에 신기술이 출현하고 국제 무역이 싹트면서 역사상 처음으로 가용 소득이 있는 중간 계급이 확대되었다. 교육이 대중에게 열렸고 반응은 압도적이었다. 과학 공개 강연은 좌석이 꽉 차서 서서 들어야 할 때도 많았다. 여성도 이런 강연에 참석할 수 있었다.

17세기 초만 해도 그런 분위기가 아니었다. 1600년에 수학자 조르다노 브루노는 지동설을 주장했기 때문에 로마에서 화형을 당했다. 1600년에 출간된 예수회 신부 마르틴 델 리오의 『마술에 대한 조사』는 당대 기준으로 베스트셀러가 되어 집단 광기와 마녀사냥에 불을 지폈다. 결과적으로 이 세기에만 5만 명이 처형을 당했다. 여성들에게 위험한 시대였다. 이 집단적 악의의 희생자는 대부분 여성이었다.

그래도 이성의 시대가 도래하고 있었다. 선구적인 기술은 인류가 새로운 시각(가령 사실에 입각한 방식)으로 세계를 바라볼 수 있게 했다. 한없이 작은 것의 세상을 들여다볼 수 있게 하는 렌즈가 바로 이 혁명의 최전선에 있었다. 손에 들고 다니면서 곤충을 밀착 관찰할 수 있는 도구인 '벼룩 안경'을 가진 사람은 꽤 많았다.

사람들은 물방울을 들여다보면서 이전에는 볼 수 없었던 단세포 생명체를 볼 수 있었다. 그러한 생명체는 세계 내 세계를 계시했다. 그때까지만 해도 우리 인류는 아메바 같은 '극미(極微) 동물'의 존재를 전혀 알지 못했다. 파장은 계속되었다.

대대적인 문화 격변 속에서 지식이 유행하게 되었다. 1600년의 유럽은 '의심할 수 없는 확신의 시대'의 전형이었다. 하느님은 엄격한 위계 서열을 정해놓았다. 가난하게 태어났다면 그것이 주님의 뜻이다. 순종하라, 배를 곯더라도 악한 마음을 품지 말고 그저 천국에서 받을 상을 기다리라. 악착같이 위로 치고 올라가려고 하는 것은 죄였다.

왕들은 신적인 존재였다. 모두가 그렇게 알고 있었기 때문에 증명이 필요 없었다(왕비들도? 글쎄, 그들은 그렇게까지는 아니었다). 스칼라 나투라이(scala naturae), 문자 그대로 '자연의 사다리' 혹은 아리스토텔레스의 존재의 대사슬(Great Chain of Being)이라는 '자연의 질서'가 모든 생물을 '가장 낮은 것'에서 '가장 높은 것'까지 분류해놓은 까닭이다. 지구상에 존재하는 어떤 생물은 다른 생물과 비교하여 우위에 있거나 하위에 있다.

이러한 위계 서열은 백과사전적으로 상세했다. 예를 들어, 조류는 포유류보다 하위에 있다. 조류 안에서도 맹금류는 썩은 고기를 먹는 새 위에 군림했고, 썩은 고기를 먹는 새는 (다리가 없는) 벌레를 잡아먹는 새보다 우위에 있었으며, 벌레를 잡아먹는 새는 (다리가 있는) 곤충을 먹는 새보다 윗길로 쳤다. 개는 제법 높은 지위를 누렸으나 야생적이고 자유롭고 힘이 세며 위험하기까지 한 사자만큼 높은 지위는 아니었다. 여성은 사자보다 아주 살짝 위였으나 당연히 남성보다는 훨씬 아래였다. 남성은 천사 바로 아래 서열을 차지했고, 천사 위에는 신이 있었다.

곤충은 이 사다리에서 지극히 낮은 곳, 식물과 산호 바로 위였다.

그런데 나비는 예외였다.

나비는 특별했다. 나비는 숭배받았고 자연의 사다리에서 다른 곤충보다 상위에 독자적인 자리를 차지했다. 그 이유는 저항할 수 없는 눈부신 섬광 같은 아름다움 때문이기도 하고 부분적으로 나비의 미스터리 때문이기도 하다. 나비는 숨겨진 장소에서 자연 발생적으로 나타나 홀연히 하늘나라로 날아가는 것 같았다. 나비는 신의 축복을 받은 것처럼 보였다.

반면, 애벌레는 벌레였다. 벌레는 극악의 멸시를 받아도 마땅했다. 자연의 사다리에서 애벌레의 위치는 아주아주 낮았다. 애벌레는 끈적끈적하고 역겹다. 원시적이다. 셰익스피어의 글을 보자. 위대한 시인은 변호사들을 멸시하면서 "가짜 애벌레"라고 불렀다. 그는 자기가 질색했던 정치 고문들을 "영연방을 뜯어 먹는 애벌레들"이라고 불렀다. 그런 정치인들이 초록이 무성한 잉글랜드의 대지를 갉아먹는다고 보았기 때문이다.

이러한 나비 대 애벌레의 차별을 이해하려면 유럽인들이 애벌레와 나비가 전혀 무관하다고 생각했다는 사실을 아는 것이 매우 중요하다. 그것이 보편적인 앎으로 통했다. 오늘날 우리가 보기에 믿을 수 없을 만큼, 사람들은 특정한 종류의 애벌레가 만드는 특정한 번데기와 나중에 거기에서 나오는 특정한 나비와 연결해 생각하지 않았다.

"사람들이 유충을 그와 관련된 성체와 연결했다면 새로운 동물이 출현할 만큼 엄청난 변화가 있었다는 것도 생각할 수 있었겠지요."[3] 곤충학자 마이클 엥겔이 설명한다.

아무도 애벌레와 나비를 '연구'하지 않았기 때문에 이 잘못된 믿음은 유지될 수 있었다. (비단은 수 세기 동안 만들어져왔으므로) 사람들은 누에나방의 생애 주기를 이해하고 있었지만, 모든 나비목 곤충이 그러한 생애 주기를 갖는다고 추정하지는 못했다.

1600년에 살았던 사람들에게 나비의 마법은 구역질 나고 찐득찐득한 번데기의 그 무엇과 관련된 듯한 것에서 홀연히 등장한다는 바로 그 점이었다. 나비의 출현이 알, 번데기, 어엿한 날벌레로 이어지는 일련의 변화 과정임을 이해하고 '모든' 나비가 그 과정을 거친다는 것을 알아내는 것은 "심히 복합적인 도전"[4]이었다고 매슈 코브는 말한다.

과학은 알에서 나온 애벌레가 나비가 된다는 진실을 발견함으로써 유럽 문명이 '스칼라 나투라이(scala naturae, 자연의 사다리)'라는 문화적 속박에서 벗어나도록 도왔다. 그러한 속박 대신에, 생물의 상호 의존적인 '망(net)' 개념이 싹트기 시작했다.

그 개념을 완성한 사람이 바로 마리아 지빌라 메리안이었다.

나비 번데기를 잘라보면 구역질 나고 유독한 액체가 주르르 흘러나온다. 혹은, 적어도 구역질 나고 유독한 것처럼 보이는 액체가 흘러나온다고 해야 할 것이다. 하지만 아직은 한참을 기다려야 한다. 화려한 나비가 눈부신 자태를 뽐내며 서서히 껍데기를 벗어나는 모습을 보려면 말이다. 1600년 당시에 이러한 현상은 요사스러운 수작의 증거였다. 주술이나 마법이나 지하 세계의 장난질로밖에 생각되지 않았다.

나비가 마법적이라는 믿음은 우리 인류만큼 오래되었다. 그리스어 '프시케(psyche)'는 '나비'와 '영혼'이라는 두 가지 뜻이 있다. 고대 그리스인들은 나비가 '무덤'에서 튀어나와 알 수 없는 곳으로 신비로이 훨훨 날아가는 것처럼 인간의 영혼도 지상의 속박에서 벗어나 하늘나라로 훨훨 날아간다고 믿었다.

다른 한편으로, 애벌레들은 "악마의 벌레들"로 통했다. 사제이자 시인인 존 던은 1624년작 『명상』에서 "뱀과 독사, 사악하고 독을 품은 생물들, 벌레와 애벌레, 세상을 게걸스럽게 먹어치우려는 것들"이라고 혹평했다.

이 같은 오해는 자연 발생설에 대한 확고한 믿음 때문이었다. 모두가 자연 발생설을 당연하게 받아들였다. 구더기는 썩은 고기에서 저절로 나온다. 더러운 속옷과 밀을 유리병에 넣어두면 자연적으로 쥐가 생길 것이다. 매슈 코브는 "경우에 따라서는, 배웠다는 사람들마저도 인간 여자가 토끼나 고양이를 낳을 수 있다고 생각했다"[5]고 말한다. 셰익스피어는 악어가 나일강 진흙에서 저절로 생겨났다고 썼다. 썩어가는 소의 사체에서 벌들이 마법처럼 나타났다. 그 세기가 낳은 인물이자 태양 주위를 도는 지구의 타원 궤도를 계산해낼 만큼 똑똑했던 요하네스 케플러조차도 애벌레가 나무의 땀에서 자연 발생한다고 썼다.

세계가 변동적이라는 믿음에는 그에 상응하는 결과가 있었다. 울링카 루블랙은 『천문학자와 마녀』에서 케플러가 자기 어머니의 사형 집행을 막기 위해서 연구를 미루어야 했던 사연을 이야기한다. 케플러의 어머니는 송아지가 죽을 때까지 타고 다니고 고양이로 둔갑했다는 죄목으로 기소되었다.

나는 루블랙에게 케플러도 마법을 믿었는지 물어보았다.

"케플러가 그런 것을 믿지 않았다는 증거는 없습니다. 그 시대 사람들은 다 그랬지요."

아무도 안전하지 않았다. 모두가 의심스러웠다.

이 마법적 사고의 세계에서 대단히 이성적이고 예술적 재능이 넘치는 마리아 지빌라 메리안이 태어났다. 그녀의 명쾌한 사고, 근면, 끈기는 거의 그 자체가 자연 발생적인 기적이었다. 배운 것 없이 집안일과 요리만 떠안은 처지에서도 그녀는 나비를 너무나 사랑했기 때문에 자연사에 새로운 기준을 세우고 17세기의 가장 중요한 과학적 혁신, 곧 세심한 관찰의 전형이 될 수 있었다. 1647년, 메리안이 프랑크푸르트암마인에서 태어났을 때만 해도 사실을 주의 깊게 살피는 태도는 그렇게 흔하지 않았다. 사실상 '과학적 방법'이라는 것은 존재하지 않았다.

메리안은 열세 살에 애벌레와 사랑에 빠졌다. 애벌레가 부당한 비난을 당하고 있었는데도 말이다. 그녀는 애벌레를 멸시하기는커녕 아주 예쁘다고 생각했다. 그녀가 보니 상당수 애벌레는 아주 충실해서 특정 식물만 먹고 다른 식물은 아무리 널려 있어도 거들떠보지 않았다. 메리안은 애벌레가 알에서 나오는 것부터 시작해서 여러 번 허물을 벗으며 성장하다가 번데기가 되는 것까지 추적 관찰했다. 그리고 각각의 애벌레가 번데기를 거쳐 특정한 나비가 된다는 것을 알아차렸다.

그녀의 획기적 발견은 과학계를 변화시켰다. 메리안은 주의 깊은 기록으로만 그치지 않았다. 그녀는 자신이 본 것을 제대로 그리고 색칠함으로써, 사진술이 나오기 이전인 그 시대에 발견된 것들에 대해서 매우 요긴한 시각 자료를 제시했다. 시각적으로 매우 훌륭한 이 수채화 묘사는 그녀의 관찰에 과학적 증거를 제공했다. 메리안은 애벌레, 나비, 나방을 50년 이상 연구하면서 자연 발생이 엉터리라는 상당히 실질적인 증거를 끈기 있게 제시했다. 그녀는 자연계가 질서 있고 합리적이며 그 세계 내의 파트너십은 일관되고 신뢰할 수 있다는 것을 보여주었다. 그 파트너십 관계는 결코 위험하지 않았다.

메리안의 연구 자료는 지금까지 남아 있다. 그녀는 여성이라는 이유로 기성 출판물에 연구를 실을 수 없었으므로 자신의 글과 그림 모두를 처음에는 독일에서, 나중에는 암스테르담에서도, 자비 출판했다. 이 책들은 학문적 엄정성과 예술적 아름다움에 힘입어 즉시 베스트셀러가 되었다.

메리안은 여성이라는 이유로 연구 후원금도 받지 못했지만 딸 한 명만 데리고 자기 돈으로 유럽 최초의 서반구 학술 탐사를 떠났다. 그녀는 1717년에 사망할 때까지 과학계에서 유일무이한 존재로서 존경받았다.

이 모든 것이, 나비 사랑 덕분이었다.

메리안의 행동이 17세기 여성으로서 상궤에서 벗어났다고 한다면 완곡한 표현일 것이다. 들판과 정원을 거닐며 애벌레를 줍는 것만으로도 이상한 여자, 심하게는 마녀로 몰릴 위험이 있었다. 내가 위험을 과장한다고 생각하지 말라. 다윈이 『비글호(號) 항해』에서 들려준 남미 서해안 감옥의 독일인 과학자 이야기를 떠올려보라. 이 과학자는 애벌레를 자기 집으로 가져갔는데 거기서 나비가 나왔다는 이유로 사악한 마법을 부린다고 오해를 받아 감옥에 갇혔다. 그것이 19세기, 그러니까 메리안이 살았던 때로부터 200년 후의 일이다.

하지만 메리안은 잘 빠져나갔다.[6] 우리가 아는 한, 그녀는 마법을 부린다고 고발당하거나 여자답지 못한 행동을 한다고 재판에 회부된 적이 없다. 오히려 그녀는 '미네르바 여신'에 비견되었고 그녀의 작업은 '경이롭다'는 말을 들었다. '지칠 줄 모르는 근면' 또한 찬양받았다. 프랑스 곤충학의 아버지 르네앙투안 페르숄 드 레오뮈르는 그녀의 "참으로 영웅적인 곤충 사랑"을 찬양해 마지않았다. 그녀가 세상을 떠나던 날, 표트르 대제는 암스테르담 작업장에서 그녀의 작업 대부분을 구입해 갔다.

메리안의 연구는 이후 여러 시대에 걸쳐 반향을 일으켰다. 린네는 분류학을 확립하면서 메리안의 저서들을 활용했다. 19세기에 위대한 나비 연구가 헨리 월터 베이츠는 그의 고전『아마존강의 자연주의자』에서 과거에 조롱당했던 메리안의 발견이 사실임을 확인해주었다. 새뮤얼 스커더 같은 미국 빅토리아 시대의 나비 연구가들도 그녀를 상찬했다. 20세기에는 유명한 소설가이자 나비 연구가였던 블라디미르 나보코프가『말하라, 기억이여』에서 메리안을 자신의 유년기에 지대한 영향을 미쳤던 인물로 꼽았다.

최근에는 미술사가 고빈 알렉산더 베일리가 메리안을 "과학사에서 가장 비범한 인물 중 하나"[7]라고 했다. 박물학자 데이비드 애튼버러는 2007년 예일 대학교 출판부에서 출간한『놀랍고 드문 것들』에 메리안의 작품을 실었다.[8] 1995년, 역사학자 나탈리 제몬 데이비스는『주변의 여성들』에서 그녀를 "개척자", 최초의 생태학자로 칭했다. "호기심 많고, 의욕적이며, 자기를 감추고, 다재다능하며, 종교와 가정의 변화 속에서도 한결같은 열렬함으로 자연의 연결성과 아름다움을 추구했다."[9] 생물학자인 케이 에서리지는 메리안이 "전례 없는" 일을 했다고 치하하면서 그녀가 "자연사의 새로운 기준을 정립한" "중대한 공헌"을 했다고 덧붙였다.

그녀가 죽은 지 거의 300년이 된 2014년, 마리아 지빌라 메리안 학회가 설립되었다. 2016년에는 원본이 출간된 지 300년도 넘은 책을 독일의 한 박물관이 복사본으로 다시 출간했다.

나도 그 책을 한 권 샀다. 책장을 넘기면서 그 아름다움과 섬세함에 경외심이 들었다. 그렇지만 마리아 지빌라 메리안이라는 사람에 대해서는 금시초문이었다.

나는 더 알고 싶어졌다.

메리안은 부유한 가정에서 태어나지는 않았지만 다른 이점을 톡톡히 누렸다. 그녀의 가족은 프랑크푸르트에서 예술가로 활동하면서 인쇄 및 출판 일을 하고 있었다. 프랑크푸르트는 근사한 곳이었고 변화의 찰나에 있는 자치 자유 도시였으며, 책과 지식인 계급의 중심지였다. 메리안은 어렸을 때부터 출판 예술을 배웠다. 지금도 유명한 프랑크푸르트 도서박람회는 그녀가 태어난 당시 이미 한 세기 이상 역사와 전통을 이어오고 있었다. 책은 그녀에게 삶의 한 방식이었을 것이다.

유화는 금지되었으므로(남자들만 유화를 그릴 수 있었다) 메리안은 수채화로 꽃을 그리기 시작했고 자신이 자연에서 보았던 색을 그대로 재현하기 위해 안료를 섞어서 색을 내는 데는 달인이 되었다. 당시 곤충을 정확히 보여주고자 고심하는 예술가는 거의 없었으나 그녀는 그렇게 했다. 그녀는 세상의 아름다움을 가능한 한 충실하게 모방하고 싶었다. 자신이 사용하는 붉은색 안료가 꽃잎이나 나비의 비늘이나 애벌레의 색깔과 정확히 일치하기를 원했다.

아버지의 작업장에서 메리안은 판매용 꽃 카탈로그를 손으로 그리고 색칠하는 작업을 거들었다. 어쨌든 당시는 튤립 마니아(Tulip mania) 시대였다. 꽃을 파는 것은 큰 사업이었고, 고객들이 무슨 꽃을 사는지 알려면 카탈로그에 정확한 삽화를 실어야 했다. 메리안이 아버지가 출판하는 과학서 제작을 도왔다는 것에는 의심의 여지가 없다. 그녀는 아마 그중 일부를 읽었을 것이고 책에 대해서 오가는 논의도 들었을 것이다. 자기 집안의 작업장에서 저자들을 직접 만났을지도 모른다.

17세기의 과학 논쟁은 생물의 기원에 관한 것이었다. 생명은 언제부터 생겼을까? 자연 발생설이 틀렸다면 생명은 어디서 나오는 것일까? 어떤 과학자들은 모든 생명, 심지어 인간마저도 닭과 마찬가지로 '알'에서 태어난다고 주장했다. 그들은 마술이나 연금술이 개입하지 않는다고 했다. 이 주장은 기존 질서에 엄청난 타격을 입혔다. 이로부터 200년 후 찰스 다윈의 진화론이 그랬던 것처럼 말이다.

메리안은 나비목 곤충의 생애 주기에 대해서 세계 최고의 전문가가 되었다. 다른 사람들은 개별 종을 연구했을 뿐 메리안처럼 체계 전체를 통찰하지 못했다. 그녀는 철두철미한 지식에 힘입어 (1) 나비가 짝짓기를 하고, (2) 알을 낳고, (3) 알에서 특정 애벌레가 부화하고, (4) 그 애벌레가 특정 식물을 섭취하고, (5) 예측 가능한 시간 후에 애벌레가 번데기가 되고, (6) 역시 예측 가능한 시간 후에 특정한 나비가 나타났다는 것을 증명할 수 있었다.

우리한테는 참 별것 아닌 일이지만 1600년대 사람들에게 신뢰할 만한 생애 주기를 그림으로 보여준다는 것은 획기적인 일이었다. 생의 광기에는 체계성이 있었다. 메리안의 애벌레 묘사는 타의 추종을 불허했다.

그녀는 믿음직스럽기 그지없는 손의 소유자였음이 분명하다. 몇몇 그림에는 애벌레의 각 마디에 난 털까지 꼼꼼하게 그려져 있다. 메리안은 당시 사용되던 확대경과 원시적 '현미경'을 써서 처음으로 애벌레의 정교하고 세부적인 면까지 관찰했다.

발표하지 않는 연구는 의미가 없다. 그래서 서른두 살에, 이미 결혼해 두 아이를 두고 있던 그녀는 자기 저서를 출간하기로 결심했다. 1679년에 『애벌레의 놀라운 변태와 애벌레가 먹는 이상한 꽃』이라는 제목으로 나온 이 책은 대성공을 거두었다. 책을 사고 싶다는 독자들이 쇄도했다.

메리안은 이 책의 '들어가는 글'에서 "나는 일반적으로 모든 애벌레는 그 전에 곤충들이 짝짓기를 함으로써 생성된 알에서 나온다는 것을 분명히 말할 필요가 있다고 생각한다"고 썼다. 그리고 그 증거를 풍부하게 제시했다. 그녀의 애벌레 책 첫째 권에는 예시만 50개가 나온다. 둘째 권, 셋째 권의 예시를 합치면 150개에 달한다.

현재 남아 있는 원서의 사본은 많지 않지만 뉴욕 자연사박물관에서 그중 한 권을 소장하고 있다. 연구사서 마이 라이트마이어가 친절하게 사본을 보여주었다.

일반적으로 이 약해빠진 작은 책들은 풍파를 잘 견뎌내지 못했다. 라이트마이어는 박물관의 소장본을 보여주기 위해 자기가 수술용 장갑을 끼고 책장을 넘겨주겠다고 했다.

우리 둘 다 한 페이지 한 페이지의 기적을 관찰하기 위해 얼굴을 바짝 들이밀었다. 우리는 정교하고도 선명한 판화에 혀를 내둘렀다.

각 식물은 세세한 부분까지 공들여 표현한 티가 완연했다. 애벌레가 뜯어 먹은 잎 그림을 보면 특정 애벌레가 손상을 입힌 특정 식물의 잎을 정확하게 표현하고 있었다. 어떤 그림들에는 잎이 다 뜯어 먹히고 잎맥만 덩그러니 남아 있었는데 그 또한 특정 종의 애벌레가 특정 식물 종에 남긴 흔적을 그대로 표현하고 있었다.

애벌레가 탈피한 후 다음 탈피한 때까지의 기간인 영기(齡期)에 대한 묘사도 기가 막혔다. 메리안은 충분히 시간을 들여 곤충의 몸에 있는 모든 점을 재현해냈고 물감 안료에 대한 지식을 십분 활용하여 자연색에 거의 흡사한 색을 냈다. 그녀는 초록색 애벌레를 그리면서도 살아 있는 표본에서 본 것과 똑같은 금빛 점을 줄지어 찍었다.

더욱 주목할 만한 점은, 이 다양한 생물을 '콘텍스트' 안에서 보여주었다는 것이다. 그녀는 모든 것을 전체로 표현했다. 알이 어떻게 생겼는지 알면 알을 아는 그대로 보여주었다. 애벌레가 다양한 탈피를 거치면서 색이 변하면 메리안은 그것을 있는 그대로 보여주었다. 그녀는 어느 단계의 애벌레가 정확히 어떻게 잎을 뜯어 먹었는지 제대로 보여주었다. 그녀는 번데기도 자주 보여주었다. 그녀는 같은 종 나비의 암컷과 수컷이 다르게 보이는 걸 알면 둘 다 있는 그대로 묘사했다.

이처럼 정교한 미술도 드물었다. 하지만 이처럼 놀랍도록 철저하고 정확한 정보는 아예 존재하지도 않았다. 생물학자이자 과학사가인 케이 에서리지는 메리안에 대해서 광범위한 저술을 남겼는데 그중에 2010년도에 발표한 「마리아 지빌라 메리안과 자연사의 변신」이라는 논문이 있다. 이 논문 제목이 모든 것을 말해준다. 에서리지는 메리안이 "특정 생물군에 대해서 장기 연구를 실시한 최초의 자연학자 중 한 명"임을 시사한다.

역사학자 나탈리 제몬 데이비스는 『주변의 여성들』에서 애벌레 책의 한 대목, 즉 벚나무를 이용하는 나방을 묘사한 대목을 번역해 메리안의 유려한 글을 감질나게나마 독자들에게 소개했다. 메리안은 아주 어렸을 때부터 그 나방을 보았고 그 색깔에 매혹당했다고 설명한다. "신의 은총"으로 "애벌레의 변태"를 발견했을 때, 마침내 어느 애벌레가 그녀가 오랫동안 사랑했던 나방이 되는지 정확히 알게 되었을 때, 메리안은 이렇게 썼다. "너무나 기뻤고 소원을 성취한 만족감은 형용할 수조차 없었다."

그녀는 자신의 기쁨을 묘사할 수 없었으므로 그 대신 나방의 애벌레를 환희에 들떠 묘사했다. "애벌레들은 봄날의 싱그러운 어린 풀처럼 예쁜 초록색을 띠었고 귀여운 검은 줄무늬가 등을 따라 나 있었다. 그리고 각 마디에도 검은 줄이 있었는데 거기에 아주 작은 흰 구슬 같은 것이 진주처럼 윤이 났다. 그중에는……."

얼마나 황홀하던지 그녀는 100개도 넘는 단어들을 더 늘어놓았다.

메리안은 남편을 떠나 우여곡절 끝에 진보적이고 번성하는 도시이자 예술·과학·계몽적 사유의 중심지가 된 암스테르담에 정착했다. 암스테르담의 부유한 수집가들은 그녀에게 자기들이 수집한 나비를 보여주었다. 지금도 나비 팬들에게 사랑받는 중앙아메리카와 남아메리카의 근사한 모르포나비(morpho) 표본을 이때 처음 보았다. 그녀는 그 표본들을 귀히 평가했지만 좌절감도 느꼈다.

죽은 나비들은 무의미해 보였다. 그 나비들의 콘텍스트는 무엇이었을까? 그 나비들은 어떤 식물을 먹었을까? 수명은 얼마나 되었을까? 실제로 날아다니는 모습은 어땠을까? 애벌레들은 어떻게 생겼을까? 얼마나 오랫동안 번데기로 있었을까? 그녀는 궁금해 미칠 것 같았다. 답이 필요했다.

그리하여 1699년, 메리안은 작품을 팔아 연구비를 마련해서는 스물 한 살 먹은 딸 하나만 데리고 남아메리카 수리남행 배에 올랐다. 그녀의 나이 '쉰두 살'이었다. 독신 여성은 말할 것도 없고, 어떤 유럽인도 그런 일을 한 적 없었다. 서반구에 가는 유럽인들은 대부분 일확천금이 목적이었다. 그 외 사람들은 어쩔 수 없이 강제로 갔고, 더러 왕과 국가의 명을 받들기 위해서 가는 사람들도 있었다.

메리안은 단지 호기심을 채우러 갔다. 찰스 다윈의 비글호 항해가 그러했듯이 위대한 과학 탐사는 미래를 제대로 공략한다. 아무도(정말이지, 단 한 명도) 아무런 후원 없이 그저 과학적 의문의 답을 찾기 위해서 독자적으로 현장 연구를 하겠다고 대서양을 건너가지는 않았다.

역사학자 데이비스는 그녀를 "고집쟁이"라고 했지만 이런 식으로 위험을 무릅쓰는 행동은 단순히 고집으로 볼 게 아니다. 수리남 현장 조사는 험난하기 그지없었다. 딸이 옆에서 애벌레를 채집하고 사육하고 성체가 될 때까지 성공적으로 관찰하는 과정을 도왔다 해도 힘들기는 마찬가지였다. 메리안은 수리남에서 5년은 있으려 했다. 하지만 2년 만에 말라리아에 걸려 죽다 살아나자 고국으로 돌아갈 마음이 들었다.

이 현장 연구를 통해 1705년에 발표한 책 『수리남 곤충의 변태』는 유럽을 강타했다. 오늘날 할리우드 블록버스터 영화가 물량 공세를 펼치듯, 이 책은 물리적으로도 거대해서 가로 35cm, 세로 66cm에 달했다. 메리안은 자신이 보았던 경이를 제대로 표현하려면 한 페이지가 극단적으로 커야 한다고 생각했다.

최초의 출간본들은 그녀가 손수 일일이 꼼꼼하게 색칠한 것이다. 네덜란드 국립도서관에서 초기 판본 중 하나를 소장하고 있는데 이 책을 자기네 컬렉션의 "대표작"이자 "문화적 보물"이라 일컫는다. 안타깝게도 메리안이 손으로 그린 이 판본들은 대개 해체되어 낱장으로 판매되었다. 한편, 중류 계급은 색을 칠하지 않은 흑백 보급판을 훨씬 저렴한 가격으로 구입할 수 있었다.

메리안이 나비목 곤충의 생애 주기에 매혹을 느낀 것은 어쩌면 은밀한 소망의 표현이었을지도 모른다. 이런 생각이 그렇게까지 허황된 생각은 아닐 것이다. 그녀는 내심 변화를 간절히 바랐을 테니까. 메리안은 주부가 될 운명으로 태어났다. 하지만 그녀는 타고난 과학자이기도 했고 으레 통용되는 앎을 받아들이기보다는 호기심을 좇아 진리를 찾아 나섰다. 그녀는 자신이 되어야 하는 사람이 됨으로써 결국은 승리했다. 곤충 고생물학자 마이클 엥겔은 이렇게 썼다. "만약 메리안이 자신의 삶을 그렸다면 분명히 그 삶은 그녀가 사랑하는 곤충들의 삶을 모방했을 것이다. 계몽주의의 여명기에 여성에 대한 기대를 완전히 바꾸어놓은, 그녀 자신의 변태를 나타낸다는 점에서."[10]

에서리지는 그녀의 작업이 "점점 불어나는 지식의 흐름에 영향을 끼쳤을 뿐만 아니라 존재 자체로 주류의 흐름마저 바꿔버린 지류"[11]라고 말한다. 메리안은 나비뿐만 아니라 지구에서 가장 큰 타란툴라와 같은 괴물 곤충과 파인애플, 수박, 잘 익은 석류처럼 먹음직스러운 열매가 열리면서 유럽에는 없는 멋진 식물을 보여주는 흥미진진한 그림을 많이 그렸다. 그녀의 그림에는 개구리, 도마뱀, 뱀, 새가 있었다. 치명적인 뱀과 맞붙어 싸우는 악어도 있었다. 유럽인들은 짜릿하니 기분 좋은 공포를 느꼈다.

"나는 어려서부터 곤충 연구를 시작했다." 책은 이렇게 시작한다. "그런 까닭에 사람들과 어울리지 못하고 이 연구에 매달려왔다. 그림의 기법을 연습하고 살아 있는 곤충을 잘 그리고 색칠하기 위해서 나는 내가 발견할 수 있는 모든 것을 벨럼지(紙)에 꼼꼼하게 그렸다. 프랑크푸르트암마인에서부터 그랬고, 나중에는 뉘른베르크에서도 그랬다."

그녀의 열광적인 묘사 중에서 특히 모르포나비를 다룬 대목을 보자. "나는 수리남에서 이 노란 애벌레에게 석류잎을 먹였다. 4월 22일에 애벌레는 들러붙어 회색 번데기가 되었고 5월 8일에 이 아름다운 나비가 나왔다. 파란색과 은색을 띠고 갈색 테가 있으며 흰색 반달무늬가 흩어져 있었다. 날개 뒷면은 갈색이고 눈은 노란색이다. 이 나비들은 매우 빠르게 날아다닌다."

그다음에는 새로운 기술의 사용에 관한 이야기가 나온다.

"확대경으로 이 파란색 나비를 보면 마치 파란색 타일을 지붕에 질서정연하게 깔아놓은 것 같고, 공작 깃털처럼 넓직하고 눈부신 광채를 띠는 깃털들 같다."

"이것을 묘사하는 것은 불가능하기 때문에 주의 깊게 살펴볼 가치가 있다."

나비 날개의 아름다움에는 기본적인 것이 있다. 마크 로스코나 잭슨 폴록 같은 20세기 화가들의 작품이 그렇듯, 나비 날개의 강렬하고 빛나는 색채는 우리의 신경 경로를 단순하고 직접적이며 원초적인 방식으로 자극한다. 우리는 그 색을 응시한다. 두 번, 세 번, 네 번 다시 본다. 우리는 정확히 무엇을 보는 걸까? 계속 변하는 색들을 고정적으로 파악하기란 불가능하다.

메리안도 마찬가지였던 모양이다. 그녀는 모르포나비의 "경이로운 광택"에 홀렸지만 좌절감도 들었다. 아무리 노력해도 자신이 본 것을 그대로 재현할 수가 없었다. 잡히지 않는 것이야말로 그 아름다움의 정수(精髓)였다.

나비의 '정서'(나비의 본성, 변화무쌍한 색, 나비의 주관적 측면)는 핀으로 꽂아놓을 수 없다. 오히려 나비는 슈뢰딩거의 고양이 같다. 모르포나비를 날지 못하게 고정해두면 그 묘하게 일렁이는 반짝임이 사라져버린다. 날개의 다채로운 색깔은 무지개의 색깔보다 더 빨리 달아난다. 한순간 나비는 초록색으로 보인다. 다시 보니 보라색이 돈다. 그다음에는 검은색으로 보인다. 그러다 다시 짙은 파란색이 돌아온다. 보는 사람의 각도가 바뀔 때마다 색이 달라 보인다.

우리는 텔레비전과 컴퓨터 화면을 들여다보고 살기 때문에 끊임없이 쏟아지는 섬광과 눈부심에 웬만큼 익숙하다. 이 화면들 역시 우리의 선천적 신경 경로에 호소한다. 이제 메리안이 살았던 시대를 다시 생각해본다면 그녀가 느꼈을 희열이 이해가 간다. 오만 가지 화면이 인간의 삶을 지배하기 전이었으니 그러한 시각적 경험은 극히 드물었다.

현대 문화 속에서 색채의 홍수를 질리도록 경험하는 우리조차도 모르포나비를 보면 여전히 넋이 나간다. 어떤 나비관에 가든지 모르포나비가 그곳에서 가장 인기가 있을 것이다. 이제 겨우 걸음마를 하는 아이들도 이 나비를 보면 얼마나 열심히 따라가는지 모른다. 그들도 그 나비를 '원하는' 까닭이다.

모르포나비 서식지 숲 위를 날아다니는 조종사들은 수십 미터 높이에서도 이 나비를 정확히 찾을 수 있다. 모르포나비 수컷의 독특한 파란색 날개에서 화려하고도 강렬한 빛이 나기 때문이다(암컷의 날개도 파란색이지만 수컷의 날개 색처럼 두드러지게 튀지는 않는다). 예일대 소속의 조류학자이자 나비 애호가 리처드 프럼은 안개가 짙게 낀 3월의 어느 아침에 페루 안데스산맥 동쪽 산자락, 잉카 제국의 도시 쿠스코 바로 아래쪽에 갔던 일을 얘기해주었다.

"모르포나비들에게는 아주 황홀한 고도였지요." 날이 갑자기 더워지고 안개가 걷히자 플래시몹이 펼쳐졌다. 프럼의 머리 몇십 미터 위에서 돌연히 수십 마리 나비가 날아오르기 시작했다. 머리 위 여기저기서 섬광과 빛이 불쑥 터졌다 사라졌다 했다.[12]

메리안이 스캐닝 전자 현미경을 사용할 수 있었다면 뇌의 시각 경로에 큰 충격을 주는 모르포나비의 유광*이 그녀의 짐작처럼 색소에서 나오는 것이 아니라 비늘가루 자체의 구조에서 나온다는 것을 알았을 것이다. 메리안은 물리학의 희생자였다. 모르포나비의 영롱하고 초월적인 아우라는 결코 수채화로 재현될 수 없었으니 말이다.

파란색은 이상한 색이다. 흔히 볼 수 있는 색(파란 하늘, 파란 바다)인데도 파란 '색소'는 일반적이지 않다. 메리안이 살던 시대만 해도 파란색을 쓰고 싶어 하는 예술가는 그야말로 막대한 대가를 치러야 했다. 이 색상은 구하기가 어려운 탓에 가격이 극도로 높았다. 보통은 준보석에 해당하는 청금석(靑金石)에서 추출했다.

* 유광(乳光): 물체 내부에 들어온 빛이 산란되어 나타나는 산광(散光)의 하나. 물체 내부의 밀도가 고르지 않거나 그 밖의 원인으로 굴절률이 고르지 않을 때에 생긴다.

자연에서 볼 수 있는 파란색은 대개 색소가 아니라 우리가 바라보는 사물의 표면 구조에서 비롯된다. 파란 눈을 들여다볼 때도 마찬가지다. 파란 눈동자에는 파란색 색소가 없다. 그 대신, 파란색에 해당하는 파장의 빛만 제외하고 나머지 대부분의 빛을 흩어버리는 구조가 있는 것이다.

일상에서 '구조색(structural color)'을 경험하는 가장 흔한 경우는 비눗방울에서 색이 이동하고 변하는 것처럼 보일 때다. 비눗물에다가 동그란 고리가 달린 막대를 넣었다 꺼낸 후 비눗방울을 불어보라. 비눗방울이 떠다니는 동안 표면의 색이 어떻게 이동하고 변하는지 지켜보라. 그렇게 구조색 현상을 즐겨보라. 빛의 구조적 산란에서 비롯되는 색들은 우리의 시각 뉴런에 상당한 충격을 준다.

하늘이 파랗게 보이는 이유는 대기 중의 결정 구조 때문이다. 새파란 하늘은 우리의 주의를 사로잡고 기분을 확 살려준다. 오래전 여름 버몬트주 남동쪽에서 겪은 일이다. 그린 마운틴의 하늘은 따분하기 그지없었다. 내가 나를 주체하지 못한 것은 구름과 안개비 그득한 그 하늘 때문이었다. 저 멀리 파란 하늘 한 조각이 보였고, 나는 무작정 차에 올랐다. 주를 가로질러 뉴욕주 경계까지 달려갔다. 나는 그 한 조각 파란 하늘을 결코 잡을 수 없었다.

모르포나비를 처음 보았을 때도 비슷하게 기분이 살아났다. 순수한 흥분이 확 올라왔고 그 후에는 신나면서도 탐욕스러운 기쁨을 느꼈다. 나는 '더 많은 것'을 원했다. 나비가 주술이라도 걸었는지 나는 그 파란색 날개 앞에서 꼼짝할 수 없었다. 파란색이 더욱더 선명하고 화려하며 거의 살아 숨 쉬는 것처럼 보였다. 정확히 무슨 색이라고 딱 집어 말할 수 없었다. 비눗방울 같은 파란색이 계속 춤추듯 일렁이고 있었다. 초록에 좀 더 가까웠던가? 더 어두운 색이었나? 실은 검은색도 약간 감돌았던가? 그것의 빛깔은 진동하고 있었다.

이제는 밝혀진 바, 이것은 자연이 의도한 반응이다. 상대가 그 섬광과 눈부심에 시선을 빼앗길수록 나비는 도망칠 시간을 번다.

미켈란젤로는 현재 피렌체 우피치 미술관에 걸려 있는 작품 「성(聖)가정」에서 비슷한 효과를 얻어냈다. 마리아 옷자락의 파란색은 진동하고 아른아른 빛난다. 나는 이 작품을 보고 확 사로잡히는 느낌을 받았다. 모르포나비를 보았을 때처럼, 버몬트주를 가로지르면서까지 파란 하늘을 쫓아갔을 때처럼. 마치 최면술사가 내 눈앞에서 시계를 좌우로 흔들어 보이는 것 같았다.

모르포나비의 현란한 빛깔의 비결은 비늘가루의 모양에 있다.

나비목 곤충에게서 획기적 요소인 비늘가루은 날개뿐만 아니라 몸통과 다리도 덮고 있다. 성체가 번데기(나비의 경우) 혹은 고치(나방의 경우)에서 발달하는 동안, 세포 하나가 쪼개어져 두 개가 된다. 이 세포들은 나중에 (1) 비늘가루를 잡아주는 받침구멍(socket)이 되거나 (2) 비늘가루가 된다.

날아다니는 나비에서 우리가 보는 비늘가루는 죽은 것이다. 하지만 바로 그 비늘가루가 번데기 안에서는 살아 있는 세포였다. 세포가 정상적으로 갖춰야 할 핵, 세포질, 기타 등등이 전부 유연하고 다층적인 세포막에 잘 싸여 있었다. 비닐봉지에 담긴 액체에 뭐가 둥둥 떠 있다고 상상해 보자. 우리의 신체가 바로 그러한 세포들로 이루어져 있다.

나비가 발달하는 과정에서 세포는 죽는다. 세포 내 구성 요소들은 사라진다. 그래도 세포막은 남는다. 한때 비닐봉지처럼 형태가 잘 변할 수 있던 표면이 굳어진다. 하지만 그 전에 빛을 일반적이지 않은 방식으로 반사하는 구조를 형성하고 나서 비로소 굳어지는 것이다.

나비목에 속하는 종들은 대부분 이렇게 죽은 비늘가루 속이 비어 있다. 비늘가루는 지붕에 이어놓은 널판처럼 나란히 줄을 맞춰 질서 정연하게 날개에 배치되어 있다. 메리안도 모르포나비 날개의 비늘가루가 질서 정연하다고 언급한다. 그래서 우리는 그 시대의 기술이 적어도 그 정도까지는 볼 수 있게 해주었구나, 라고 안다.

날개의 비늘가루는 키틴으로 이루어져 있고 크기가 극도로 작다. 키틴은 긴 사슬 형태의 다당류로 이루어진 단단한 물질이다. 육안으로는 티끌이나 가루처럼 보인다. 나비의 비늘가루는 아주 작기 때문에 나비목 곤충을 다루는 이들은 폐 질환 방지 차원에서 비늘가루를 들이마시지 않도록 마스크를 착용한다.

비늘가루는 날개에 단단히 고정되어 있지 않다. 비늘가루가 많이 떨어져 나간 나비 날개는 투명해 보일 수도 있다. 과학자들은 나비가 날 때 비늘가루가 떠오르도록 돕는 기능을 할지도 모른다고 생각했다. 그렇지만 비늘가루가 많이 떨어져 나간 나비도 여전히 잘만 날아다닌다. 어떤 나비가 늙고 지친 것처럼 보인다면 아마 비늘가루를 많이 잃어 밋밋하고 위축되어 보이는 나비일 것이다.

비늘가루의 형태와 층을 이루는 패턴은 종마다 다르다. 어떤 종의 비늘가루는 머리카락처럼 길쭉하고 또 다른 종의 비늘가루는 구식 카누의 노처럼 생겼다.

나비 날개의 비늘가루는 용도가 다양하다. 일단 몸에서 쉽게 떨어져 나가기 때문에 방어적 가치가 있다.[13] 끈끈한 거미줄에 걸리더라도 비늘가루를 스르르 '벗어던지면' 어렵잖게 도망칠 수 있다. 철조망에 옷이 걸려서 움직일 수 없다면 옷을 벗어놓고 빠져나가면 되는 거다.

나비 비늘가루의 색은 주의를 집중시킬 때뿐만 아니라 눈에 띄지 않게 숨을 때에도 도움이 된다. 모르포나비가 날개를 활짝 펴면 아른거리며 빛나는 파란색이 시선을 확 끈다. 햇살 아래 눈부시게 날아다니는 이 나비를 못 보고 지나칠 수는 없다.

하지만 나비들은 사실 이 방법으로, 확연히 보임으로써, '숨는다.' 충격과 공포를 활용하는 기법이다. 비늘가루에서 반사되는 불안정한 빛은 혼란을 자아낸다. 우리의 눈은 정확히 무엇을 보고 있는지 파악하지 못한다. 나비를 잡기 위해서 두 번, 세 번, 네 번 다시 봐야만 하는 것은 우리만은 아니다. 나비를 잡아먹는 새도 깜짝 놀라서 시선을 제대로 집중하지 못할 수 있다. 그렇게 집중이 흔들린 순간을 이용해 나비는 얼마든지 도망칠 수 있다.

모르포나비에게는 색과 관련된 또 다른 방어 도구가 있다. 이 나비가 가랑잎 더미에 내려앉아 날개를 접고 있으면 배경에 완전히 묻혀서 눈에 띄지 않는다. 날개 밑면에는 칙칙한 갈색, 황갈색, 검은 비늘가루가 있기 때문이다. (공작 수컷 꼬리의 눈꼴 무늬와도 매우 비슷한) 눈꼴 무늬도 퍼져 있다. 눈꼴 무늬가 무려 다섯 개일 때도 있는데, 이는 '머릿수가 많을수록 안전하다'는 원칙을 활용한, 새들에 대한 경고다. 이 아래쪽에는 파란색이라고는 없다. 그래서 모르포나비가 나무껍질에 붙어 쉬고 있으면 거의 보이지도 않는다. 접힌 날개 반대쪽에 숨어 있는 경이로운 색채를 짐작조차 할 수 없을 만큼.

이러한 '이중인격' 선택지를 가지고 있는 나비는 많다. 나뭇잎나비(*Kallima inachus*)는 날개를 접고 가만히 쉬고 있으면 말라비틀어진 나뭇잎과 놀랍도록 흡사하다. 이 녀석이 날개를 펴면 얘기가 완전히 달라진다. 파란색이 햇살을 받아 번쩍번쩍 빛을 발하고 넓적한 줄무늬는 야한 주황색이다. 나비의 기본적인 예술 철학은 이러하다. 숨어 있기가 안 통하면 차라리 노골적으로 튀어보자. 마리아 지빌라 메리안 이후 두 세기 동안 이 두 얼굴 전략은 진화론 논쟁의 중심에 섰다. 다윈주의자들은 이 전략을 진화론의 증거로 보았지만 반(反)다윈주의자들은 나비의 복잡다단한 아름다움은 신이 설계한 것일 수밖에 없다고 주장했다.

마리아 지빌라 메리안이 당대의 기술로 결코 볼 수 없었던 것은 나비 비늘가루 표면의 미세한 디테일이었다. 이 디테일을 과학은 최근에야 파악했다. 나비 날개 비늘가루에 조예가 깊은 전문가 집단에서 이 발견은 대단한 뉴스가 되었다. 실제로 이들은 컴퓨터 속도와 에너지 효율에서 양자적 도약을 이뤄내고자 하는 공학자들과 협업해서 이 디테일을 연구했다.

니팸 파텔은 텍사스에서 자랐다. 나비 수집은 여덟 살 때부터 했다. 내가 방문했을 당시 그는 30년 연구 이력을 쌓고 5만 개 이상의 표본을 수집하여 빅토리아 시대 수집가들의 빅 리그 반열에 올라가 있었다. 2018년, 파텔은 명망 높은 해양생물연구소 소장으로 초빙되어 버클리에 있는 캘리포니아대학 연구소를 떠나게 되었다. 해양생물연구소는 내가 사는 곳에서 가까운 매사추세츠주 우즈홀에 있었다. 그는 수락 조건으로 140년이나 된 이 연구소에 자신의 나비 컬렉션을 수납할 현대적 관사를 지어달라고 했다. 그리고 이 조건이 받아들여지지 않으면 자신도 초청을 거절할 수밖에 없다고 했다.[14]

파텔은 발생학 전문가다. 생물이 어떻게 알에서 태어나 성체가 되는가를 연구한다. 그런 면에서 그는 마리아 지빌라 메리안의 과학적 후손이다. 파텔의 연구소는 모르포나비의 발달을 이해하기 위해 수년간 연구에 매진했다. 그곳의 연구자들은 곤충의 날개가 성숙해가는 과정을 지켜볼 수 있는 방법을 찾아냈다. 저속 촬영 동영상은 '원(原)날개(proro-wing)'가, 이 나비가 날아다닐 때 우리가 볼 수 있는 그 빛나는 날개로 변하는 과정을 보여주었다.

파텔이 최근 몰두하는 것 중 하나는 아름다움의 물리학에 대한 생각이다. 이는 내가 우즈홀을 방문했을 때 그가 직접 말한 것이다.

"빛에서 재미있는 속임수들이 일어나거든요." 그는 나와 함께 걸어가면서 말했다.

그러고는 비눗방울 효과와 무지개색을 언급했다. 나도 기름에 도는 광택에서 비슷한 것을 보았다고 한마디 거들었다.

이어서 파텔은 크리스마스트리 그림(적어도 나비에 미친 과학자들이 현재 '크리스마스트리'라고 하는 것의 그림)을 보여주었다. 파텔의 연구소와 세계 각지의 연구소에서 연구자들은 모르포나비의 비늘가루를 가로로 자르는 데 성공했고 전자 현미경을 써서 이 비늘가루가 소나무 윤곽을 연상시키는 특수하고 질서 정연한 형태를 띤다는 것까지 알아냈다.

(정확하고 정연하며 섬뜩하리만치 정밀한 나노 수준으로 현존하는) 이 소나무 구조가 색을 만들어낸다. 이 대담하고 절묘하며 기이한 사실을 이해하려면 비늘가루가 원래 세포 내 구성물을 포함하는 유연하고 살아 있

는 물질이었다는 것을 기억해야 한다.

세포막이 모양이 잘 변하는 비닐봉지 비슷하다는 사실을 떠올려보자.[15] 나비는 이 '비닐봉지', 즉 세포막을 빛을 아주 특수한 방식으로 반사하는 특정 모양으로 만들었다. 물리력은 비늘가루 세포 내 단백질을 사용해서 세포막을 예측된 형태대로 수축시키고 구부러뜨렸다.

나는 예일 대학교의 리처드 프럼과 이 문제에 대해서 이야기했다.

"모르포나비의 경우, '쓰레기 봉지'에 길고 삐죽한 이랑이 형성되면서 표면에 주름이 잡히기 시작하지요." 그가 말했다.

나는 이 희한한 현상에 걸맞은 비유를 생각해내려 했지만 실패하고 말았다. 특정 모양 없이 이리저리 변하는 살아 있는 세포막이 나노 수준에서 윤곽이 정해진 딱딱한 죽은 구조가 될 때 일어나는 일은 내가 아는 그 무엇하고도 비슷하지 않다.

대부분의 나비 종에서는 세포막이 죽으면 비늘가루가 이랑을 형성한다. 골판지처럼 생긴 강철 지붕에서 볼 수 있는, 균일하고 반복적이며 질서 정연한 이랑을 생각하면 된다. 이러한 반복적 구조가 빛을 조작하기에 유리하다. 그러다 이 이랑 자체가 구부러지거나 늘어지거나 하면서 소나무 모양이 된다.

햇빛은 모르포나비의 비늘가루에 부딪혀 주위로 반사되는데 이때 다양한 파장이 '날아가거나' 흩어진다. 단 하나의 파장(파란색에 해당하는 파장)만 효과적으로 반사되어 관찰자의 눈에 보일 수 있게끔 되어 있다.

이것이 우리가 이 색상을 그토록 짜릿하게 느끼는 이유다. 이 파란색은 '순수하다. 잡색이 섞이지 않았다. 깨끗하다. 싱그럽다.' 색소에서 유래한 색은 이런 성질을 지니지 않는다. 이 파란색에 비하면 거의 칙칙해 보일 수도 있다.

여러분은 이런 생각이 들 것이다. 그래, 알게 된 건 좋아, 하지만 핵심이 뭔데? 왜 막대한 시간과 돈을 써가면서 이런 세세한 것까지 알아내야 해? 이러한 연구에는 미학적인 이유뿐만 아니라 실용적인 이유도 있다. 모르포나비 비늘가루의 구조를 알아내면 수많은 인명을 구할 수도 있다는 것이 밝혀졌다.

우크라이나 출신의 물리학자 겸 화학자 겸 생물학자이자 전자공학의 귀재이기도 한 라디슬라브 포티레일로는 대기 중 유해 가스를 감지할 수 있는 증기 선별 센서를 고안했다. 그의 연구는 천식 환자를 돕는다든가, 화산에서 배출되는 잠재적으로 유해한 기체를 감지한다든가, 지하철에서 배출되는 독성을 감지한다든가 하는 다양한 종류의 실용적 목적에 적용될 수 있다.

포티레일로는 이 센서를 다양하게 개발했지만 정작 자신은 그것들을 그리 좋아하지 않았다. 저렴하고 작동이 잘 안 되든가, 너무 비싸고 무겁고 휴대성이 떨어지든가 둘 중 하나였기 때문이다. "신발 상자나 노트북을 호주머니에 넣고 다닐 수 없잖아요." 그는 내게 그런 식으로 설명했다.

맞는 말이었다. 나도 그 점에는 동의해야 했다.

그는 시중에 이미 더 작은 센서가 나와 있기는 하지만 성능이 떨어진다고 말했다. 천식을 앓는 사람이 이 센서에 알람이 들어와서 기겁했는데 실은 치즈 냄새처럼 강렬하지만 전혀 유해하지 않은 향을 감지한 것일 수도 있다.

그는 크고 무거운 센서만큼 성능이 좋으면서 소형 센서만큼 휴대가 용이한 것을 만들고 싶어 했다. 그러다 모르포나비 비늘가루의 모양에 대한 동료 과학자의 강연을 듣고 통찰한 바가 있었다. 포티레일로는 딱히 나비를 좋아하지 않았으므로 비늘가루에 대해 생각해본 적도 없었다. 하지만 강연을 듣다가 번쩍하고 아이디어가 떠올랐다. 그 동료 과학자는 소나무 모양의 단면도를 보여주었다.

포티레일로의 표현을 그대로 빌리자면 "생체에서 영감을 얻었다(bio-inspired)." 그는 나비 비늘가루의 '디자인 룰'을 따다가(고마운 진화 같으니) 자신의 디자인에 적용했다. "나비에서 영감을 받은 새로운 구조를 비교해보니 놀랍게도 그게 훨씬 낫더라고요." 그는 설명했다. "우리는 비늘가루의 디자인을 따왔어요. 그 후에는 자연에서 얻은 영감에서 더 나아갔고요. 그러한 영감은 우리의 생각을 여러 가지 다른 방향으로 촉발했지요."

다른 나비 종들은 '쓰레기 봉지' 기법으로 또 다른 여러 형태와 구조색을 만들어낸다. 최근에 과학자들은 쨍한 금속성 초록색으로 보이게끔 형태가 잡히는 비늘가루에 특히 관심이 많다. 나비 날개 비늘가루에서 이 특별한 모양이 발견되자 전 세계는, 적어도 과학계에 한해서는, 상당한 충격에 휩싸였다.

'이론적으로는' 수십 년 전부터, 이미 1970년부터 생각되었던 구조다. NASA 소속 물리학자 앨런 쇼언은 새로운 경량 소재를 만들기 위해 수년간 수학적 고찰을 집중적으로 거친 후 '자이로이드'라는 획기적인 아이디어를 내놓았다. 이것은 아주 근사한 개념이다. 쇼언이 생각한 자이로이드는 괴상한 수학적 표면이다.[16] 이 3차원 결정 구조가 에너지의 거의 무한한 흐름을 가능케 한다.

자이로이드가 어떤 모양인지 떠올리고 싶다면 3차원 벌집을 상상해보라. 그 3차원 벌집에서 무한히 연결된 미로를 지나 어느 한 '유닛'에서 다른 유닛으로 미끄러지듯 이동할 수 있다고 생각해보라.

쇼언은 자이로이드를 필요에 따라 확장 가능한 고도의 기하학적 오브제로 이론화했다. 자이로이드는 표면 소재를 최소한으로 사용하기 때문에 경제적으로 요긴할 수 있다. 쇼언이 생각했던 자이로이드는 한없이 작은 것에서 아주 큰 것까지 다양한 규모였다. 쇼언은 강력하면서도 가벼운 신소재가 필요한 우주여행이라는 관점에서 자이로이드를 생각했다.

그의 아이디어는 자리를 확고히 잡았다. 샌프란시스코 과학관, 일명 엑스플로라토리움은 아이들이 타고 올라갈 수 있는 인체 크기의 자이로이드를 만들었다. 기술 기업들은 더 나은 태양 전지와 통신 시스템을 만들고 싶어서 쇼언의 아이디어를 연구했다. 이 아이디어는 순전히 인간의 창의성에서 비롯된 것, 혁명적인 것으로 여겨졌다.

그런데 실은 '진화적인' 것이었다.

나비는 수천만 년 전에 자이로이드를 생각해냈다. 초록색 부전나비는 비늘가루 표면을 자이로이드 형태로 만들어 빛의 흐름에서 특정 파장의 빛만 분리해냈다. 나머지 파장들은 전부 사라진다(말하자면 사방팔방으로 흩어진다). 우리 눈에 남겨진 것은 이 유일무이한 에너지 파장이고 우리 눈은 이 파장을 근사한 금속성 초록색으로 인식한다.

자이로이드는 본질적으로 광필터다. 마리아 지빌라 메리안의 시대에는 뉴턴의 프리즘이 있었다. 하지만 자이로이드는 햇빛을 일곱 빛깔 무지개로 분리하는 대신 특정 빛깔만 빼고 나머지를 무효화하는 필터다.

어느 연구 팀은 부전나비의 자이로이드를 "자연에서 가장 대칭적이고 복잡하며 질서 정연한 구조 중 하나"라고 했다. 오스트레일리아의 다른 연구 팀은 이미 이 나비의 자이로이드를 모방하여 인공 3차원 구조를 만들었다.[17] 그들은 언젠가 납땜 보드를 조작된 빛 에너지 채널로 대체하여 이 구조를 컴퓨터 기술에 맞게 개발할 수 있으리라 기대한다. 또한 위조 방지 로고를 개선하기 위해 이 연구를 적용하는 이들도 있다.

이런 이야기가 너무 복잡하게 들려서 개별 종들이 서로 다른 색으로 진화하기까지 영겁의 세월이 걸렸으려니 짐작할지도 모르겠다. 하지만 색상 변화가 거의 즉각적으로 일어날 수도 있다는 것이 밝혀졌다. 예일대 연구 팀은 2014년에 나비가 실로 눈 깜짝할 사이에(진화의 시간으로 말하자면 그렇다는 얘기다) 색을 바꿀 수 있다는 것을 알아냈다.[18] 이 팀은 아주 칙칙한 갈색 날개를 가진 나비를 취해서 같은 종이지만 날개에 보라색이 약간 도는 개체와 교배했다. 겨우 1년 만에(보라색과 보라색 교배로 여섯 세대를 거친 후) 칙칙한 갈색은 마음을 들뜨게 하는 보라색으로 변했다.

비늘가루의 색이 계절마다 달라지는 경우도 있다. 사바나에 사는 아프리카갈색나비(*Bicyclus anynana*)는 연중 어느 한 시기에 밝은색 눈꼴무늬를 보인다. 이 나비의 애벌레는 색이 아주 칙칙한데 여섯 달의 건기 동안 생존하기에는 그 점이 유리하다. 동물의 구조색 사용은 정말로 경이롭기는 하지만 수억 년 전부터 일어났던 일, 자연에서는 다소 평범한 일일 수도 있다. 일부 과학자는 공룡이 근사한 털 색을 내기 위해 색소와 구조색을 함께 사용했을지도 모른다고 생각한다.

그래서 이 모든 것이 찰스 다윈과 그의 생각에 동의한 혁명적인 과학자들과 무슨 관계가 있다는 건가?

5. 나비가 찰스 다윈을 곤경에서 구하다

나비들이 눈처럼 내리고 있었다.[1]

— 찰스 다윈, 『비글호 항해』

찰스 다윈은 메리안에 대해서 알고 있었다. 그의 방대한 편지에서 그녀를 언급한 적은 없지만 적어도 그녀의 작품 하나를 수록한 백과사전을 소장하고 있었다. 다윈이 태어난 무렵, 메리안이 유럽 전체에 전파한 지식은 널리 수용되었다. 다윈의 동료 중에도 메리안을 존경한다는 이들이 여럿 있었다.

젊은 날의 다윈은 영국 정부의 탐사선에 몸을 싣고 5년간 지구를 두루 돌아다녔다. 비글호는 1832년과 1833년에 그를 남아메리카 해안의 여러 지역에 데려다주었다. 다윈의 아버지는 아들이 탐험을 하면서도 이런저런 비싼 물건을 이용할 수 있을 만큼 두둑한 돈을 지원했다. 메리안과 달리 다윈은 보살핌을 잘 받았다.

다윈은 평생 나비에 별로 관심을 두지 않았다. 학생 때도 다른 소년들이 나비를 잡을 때 그는 딱정벌레를 찾으러 다녔다. 그는 탐사 여행에서도 다른 유럽인들과 달리 나비목 곤충에는 미적지근하게 반응했다. 1832년에 다윈은 리우데자네이루 인근의 숲에 가서 "크고 빛나는 나비가 느적느적 날고 있는" 모습을 보았다고 썼다. 이 글은 나비광의 황홀경과 거리가 멀다. 그가 더 젊었을 때 바위 밑에서 특이한 딱정벌레를 찾아내고 황홀해했던 반응과 비교해도 영 아니다.

다윈의 부족한 관심은 나중에 세 명의 유럽 탐험가가 보완하고도 남았다. 이 세 사람은 모두 빅토리아 시대 나비 수집광이었다. 나비 날개 패턴에 대한 이들의 연구는, 다윈의 진화론이 자연이 지구에서 작용하는 방식을 사실적으로 기술했음을 보여주는 동시대 현실 세계 최초의 증거였다. 이 과학자들은 진화가 부단한 과정이라는 것을, 먼 과거에 일어난 일이지만 현재에도 작동하며 미래에도 계속 작동할 일이라는 것을 보여주었다.

1839년에 발표된 다윈의 세계 일주기 『비글호 항해』를 읽고 흥분했을 뿐 아니라 알렉산더 폰 훔볼트의 모험기, 미국의 나비 중독자 윌리엄 헨리 에드워즈의 모험기에도 심취했던 두 젊은이가 자연사 표본 수집을 업으로 삼기로 작정하고 1848년에 영국에서 남아메리카로 항해를 떠났다.

앨프리드 러셀 월리스는 스물다섯 살이었고, 헨리 월터 베이츠는 서른세 살이었다. 둘 다 한때는 중산층이었지만 집안이 어려워져서 힘들어했다. 둘 다 초보적인 교육밖에 받지 못했지만 과학계에서 유명한 이름을 남길 운명이었다. 그렇게 될 수 있었던 가장 큰 이유는 그들이 나비에 단단히 매혹되었기 때문이다. 두 사람은 영국 레스터의 공공 도서관에서 만나 금세 친해졌다. 그들은 같은 책을 읽었고 서로의 과학적 관심사를 토론했다. 두 사람 다 미래가 밝지는 않았다. 베이츠는 양품점 견습생이었다. 게다가 1848년은 혁명이 유럽 전역을 휩쓴 해였다. 둘 다 차라리 해외에서 하는 모험에 운을 거는 편이 낫다고 생각했다.

월리스와 베이츠는 남아메리카에 도착해 첫해에는 함께 채집 활동을 했고 그 후에는 따로 활동했다. 월리스는 1852년에 영국으로 돌아갔다. 애석하게도 그가 수집한 표본은 항해 중에 배에서 화재가 일어나는 바람에 대부분 소실되었다. 간신히 구조된 월리스는 영국에 돌아가면 두 번 다시 해외로 나가지 않겠노라 맹세했다. 하지만 그로부터 얼마 지나지 않아 말레이 제도로 건너갔고 거기서 압도적으로 아름다운 어떤 나비를 만났다. 그는 그 나비를 만나고서 감정적으로 어찌나 동요했는지 그날 온종일 스트레스성 두통에 시달렸다.

동양에서 그는 말라리아로 의심되는 병에 걸려 몸져누웠다가 어떤 생각을 떠올렸다. 그 생각은 훗날 「변종이 원형에서 끝없이 멀어지는 경향에 대해서」라는 논문에서 전개될 것이다. 이 논문은 기본적으로 월리스가 자기 힘으로 끌어낸 진화론이다. 그가 인도네시아의 고립된 어느 섬에서 이 논문을 쓴 때는 1858년이다. 다윈의 『종의 기원』은 족히 일 년은 지나서 나왔다.

다윈과 월리스는 서로 모르는 사이였지만 동일한 문제를 연구해왔던 것이다. 생물 종은 정해져 있고 불변하는가(변화할 수 없는가)? 아니면 오랜 시간에 걸쳐 진화하는가(변화하는가)? '자연의 사다리'는 불변성을 요구했다. 모든 것에는 제자리가 있었다. 반면, 진화는 경직성보다 유연성과 부단한 변화를 허용했다. 모든 것이 상호 의존적이라면 타고난 '우위'

는 성립하지 않는다.

베이츠는 남아메리카에서 11년을 보내고 1859년에 영국으로 돌아갔다.[2] 메리안의 첫 항해로부터 160년 후의 일이다. 1859년은 놀라운 해였다. 서양 문화의 근간을 뒤흔들 변화의 발판이 마련된 해라고 할까. 메리안의 시대에 시작된 과학 혁명이 드디어 오늘날의 세계를 창조할 비약적인 발전을 이루었다. 무명의 뉴잉글랜드인 모지스 파머가 세계 최초의 전구를 켰다. 보스턴 북쪽의 작은 집에서 그는 아내를 위해 벽난로 위의 장식 선반에 전구를 설치했다. 전기로 움직이는 지구의 첫걸음이었다. 존 브라운은 하퍼스페리의 연방 정부 무기고(武器庫)를 급습함으로써 훗날 미국의 노예제를 종식시킬 전쟁의 포문을 열었다. 찰스 디킨스는『두 도시 이야기』에서 부자들이 가난한 이들의 요구에 대해 고심하지 않으면 장차 위험한 시대가 오리라 경고했다.

그리고 다윈은 '자연의 사다리' 원칙을 마침내 끝내버릴 책『종의 기원』을 발표했다. 그래서『종의 기원』은 그때까지 출간된 모든 책 중에서 가장 정치적으로 불안정하고 변덕스러운 부류에 속했다. 종이 자기가 살아가는 시대에 적응하고 진화할 수 있다면 어떻게 자연의 위계 서열이라는 것이 있을 수 있단 말인가? 그리고 자연의 위계 서열이 없다면 사회는 어떻게 조직되었단 말인가? 진화론자들이 더러 악마와 손잡은 인간 취급을 받았던 것도 이해가 간다. 마리아 지빌라 메리안의 과학은 1859년에 비로소 그 진정한 잠재력에 도달했다. 생명이 위계질서가 아니라 연결망이라면 누가 누구를 지배한단 말인가? 통치권이 신이 부여한 것이 아니라면 누가 무슨 자격으로 행동 기준을 세운단 말인가? 어떤 이들에게는 다윈이 문명을 낭떠러지로 몰고 가는 피리 부는 사나이처럼 보였다. 적의는 금세 구체적으로 드러났다.

신실한 종교인이자 곤충학자였던 토머스 버넌 울러스턴은 『종의 기원』 서평에서 종은 신이 창조한 그대로 불변한다고 주장했다. 그는 '나비들'의 존재가 다윈이 틀렸다는 증거라고 했다. "이를테면 어떤 나비들의 색조(일개 예술가의 솜씨를 초월하여 채색의 법칙에 걸맞게 절묘한 기술로 혼합된 색조)처럼 완벽하고 경이로운 것이 생물의 어떤 부분의 변화와의 단순한 상관관계에서 비롯되었으리라고는 도저히 생각할 수가 없다."[3]

그런데 울러스턴의 생각대로 되지 않았다.

나비들은 불변하기는커녕 진화론의 대표적인 예가 되려는 참이었다. 다윈은 울러스턴의 적의에 몹시 심란해했다.[4] 둘은 동료로서 그 문제를 여러 번 토론한 적도 있었다. 다윈은 나비를 증거로 든 울러스턴의 비판을 개인적 공격으로 받아들였다. 그는 표 내지 않는 배신자였고 다른 사람의 신앙을 매우 기꺼이 존중했다. 『종의 기원』은 『자본론』보다도 혁명적인 저서였지만 다윈은 성격상 마르크스 같은 혁명가가 아니었다.

다윈은 그저 사유와 논리적 결론을 좋아하는 사람이었다. 그가 등장하기만 해도 사람들이 박수를 보낼 만큼 존경받았던 생애 말년에도 그는 그렇게 각광받는 것보다 지렁이 연구를 더 좋아했다. 지렁이는 그의 마지막 출판물의 주제였다. 나는 다윈이 살았던 집인 다운 하우스를 둘러보다가 지렁이 실험이 여전히 그의 땅을 어수선하게 어지럽히고 있는 것을 보았다. 다윈은 마지막 순간까지 과학탐구자이자 한량이자 작가였다. 그의 마지막 책 제목은 『지렁이의 작용에 의한 옥토 형성: 지렁이의 습관 관찰 The Formation of Vegetable Mould, Through the Action of Worms:

With Observations on Their Habits』이다.

이 제목도 참 장황하다.

논쟁이 과열되자 자칭 "다윈의 불독"이었던 다혈질 토머스 헨리 헉슬리 같은 젊은 과학자들이 다윈을 옹호하고 나섰다. 그러나 다윈 자신은 늘 안고 살았던 건강 문제를 해결하려고 온천으로 피신했다(그는 사랑하는 딸의 때 이른 죽음을 결코 극복하지 못했다). 그는 이 전투가 끝나기를 바랐다.

그런 일은 일어나지 않았다. 다윈이 수(水)치료를 마쳤을 무렵, 논쟁은 되레 더 활활 타올랐다.

그때 헨리 월터 베이츠와 나비들이 다윈을 구하러 왔다.

1861년 3월, 베이츠는 다윈에게 편지를 썼다. 그는 어떤 종 나비가 날개 색을 다른 종 나비의 날개 색과 비슷하게 바꾼다는 증거를 가지고 있다고 했다. 베이츠는 이 나비가 포식자에게 잡아먹히지 않기 위해서 그러는 것 같다고 추측했다. "이 주제를 입증할 수 있는 사실을 방대하게 확보했습니다."[5] 베이츠는 편지를 마무리하면서 이렇게 썼다. "그중에는 충격적으로 흡사한 경우도 더러 있습니다. 내게는 그런 것이 변함없는 경이와 짜릿한 기쁨의 원천입니다."

"입증할 수 있는 사실!" 다윈의 눈이 번쩍 뜨였을 법하다. 그에게 꼭 필요한 것이었으니까. 만약 다윈이 빅토리아 시대 나비 수집가 무리에 속해 있었다면 나비에 관한 진실을 진즉에 알았을 것이다. 하지만 그가 나비에 관심이 없었기 때문에 베이츠가 사실을 짚어주어야 했다. 베이츠는 서반구에서 "눈속임 옷"[6](다윈의 표현이다)을 입는 나비 무리를 발견했다.

베이츠 자신은 이 무리를 "위조" 나비라고 일컬었다.

기본적으로 이 나비들은 사기꾼 예술가다. 이 나비들은 자기가 아닌 다른 것인 척한다. 베이츠는 남아메리카에서 11년을 살면서 나비목 곤충을 비롯해 자신이 관찰한 모든 것을 심층적으로 기록했다. 그는 자신이 특정 유형의 나비들이 떼 지어 날아다니는 광경을 자주 보았던 것에 주목했다. 그리고 그 나비들이 전부 다 같지는 않다는 것도, 다수를 차지하는 종과 매우 흡사하게 생긴 다른 종이 섞여 있다는 것도 알아차렸다. 그런데 개체 수가 적은 이 다른 종은 기이하리만치 다수 종과 색깔이 비슷했다.

다수 종은 포식자에게 먹잇감으로 적합하지 않은 것으로 밝혀졌다. 이 종의 나비를 덥석 물었던 포식자는 도로 뱉어버리든가 죽어버렸다. 베이츠가 알아보니 소수 종은 포식자의 먹잇감이 될 만했다. 그렇지만 포식자는 다수 종과 소수 종 모두를 먹지 않았다. 요컨대, 소수 종은 속임수를 쓰고 있었다. 먹기 안 좋은 다수 종에 묻혀 지냄으로써 생존하고 있었던 것이다.[7]

우연의 일치일까?

베이츠는 그렇게 생각하지 않았다.

그는 다른 곳에서도 매우 맛있는 나비 종이 포식자의 입맛에 맞지 않는 종으로 위장하여 살아남는 경우를 찾았다. 결과적으로 어떤 나비는 다른 나비 동료의 도움을 받아 아주 빨리, 불과 몇 세대 만에, 날개 색을 바꿀 수 있다는 것도 알았다. 마리아 지빌라 메리안이 200년 전에 이미 보여주었듯이 콘텍스트가 핵심이었다.

"나는 내가 자연이 새로운 종을 제조하는 실험실을 얼핏 보았다고 생각합니다."[8] 베이츠는 이렇게 썼다.

다윈은 신이 나서 동의했다.

울러스턴의 선언을 접한 상황에서 이 진실은 다윈에게 무척 달콤했을 것이다. 그는 베이츠에게 논문 발표를 권했다. 논문이 「아마존 골짜기의 한 곤충상*에 대한 기고」[9]라는 다소 밋밋한 제목을 달고 나왔을 때 다윈은 자기 이론에 증거를 제공하는 이 주요한 글을 과학계의 선도자들이 놓칠까 봐 전전긍긍했다.

다윈은 이 특징 없는 제목을 상쇄하기 위해 서평을 기고하여 동료들을 놀라게 했다. 다윈은 평소 논문 서평 따위를 쓰는 사람이 아니었다. 하지만 그 논문이 "언제나 쏟아져 나오는 학술 문헌들 속에서 간과될지"[10] 모른다고 우려하여 특별히 서평을 썼던 것이다.

다윈의 권위를 등에 업었으니 베이츠의 논문은 간과되지 않았으리라. "주요 논제는 어떤 나비가 다른 무리에 속하는 나비를 이상할 정도로 닮아가는 현상이다. 이 곤충이 행하는 위장을 제대로 파악하려면"[11] 논문에 포함된 "아름다운 전면 삽화들"을 보기만 하면 된다고 다윈은 말했다. "수백 킬로미터를 여행하라." 그러면 "흉내쟁이 종과 흉내 당하는 종의 또 다른 예"를 보게 될 것이라고 열변을 토했다(흉내쟁이 종이란 진짜 유독한 나비를 따라 색을 바꾼 사기꾼 나비를 말한다).

"흉내쟁이 종과 흉내 당하는 종은 늘 같은 지역에 산다. 모방자가 자신이 따라 하는 원형과 멀리 떨어져 사는 경우는 결코 본 적이 없다." 다윈은 이어서 이렇게 말한다. "그러면 우리는 당연히 알고 싶어진다. 왜

---

* 곤충상(昆蟲相) : 한 지방에 분포하는 곤충의 분포상.

어떤 나비 혹은 나방은 곧잘 자신과 자못 다른 종의 옷을 따라 입는가? 왜 자연은 우리 자연과학자들이 당황스럽게 체면을 버리고 무대의 속임수를 쓰는가?"

다윈은 물론 답을 알고 있었다. "변화의 법칙 때문이다!"

그 말인즉슨…… '진화' 때문이다.

소수파 곤충은 비늘가루 색을 바꿈으로써 더 나은 생존 기회를 누린다.

다윈이 입맛을 다시는 소리가 들리지 않는가.

이제 어쩔 거냐, 울러스턴!

찰스 다윈은 모든 면에서 앙심을 깊이 품는 사람은 아니었지만 이 승리에 의기양양해하고 싶은 마음은 어쩔 수 없었다. 다윈이 이전에 얼마나 격렬하게 공격당했는가를 생각한다면 이 정도 잘못은 봐줘야 할지도 모른다.

다윈은 또한 진화를 예기치 않게 현재에도 볼 수 있다는 사실을 발견하고는 기뻐했다. 그는 이것을 예상하지 못했다. 원래 그는 이렇게 썼다. "시간의 손이 기나긴 세월의 흐름을 표시할 때까지 우리는 서서히 진행되어가는 이 변화를 전혀 볼 수가 없다." 그는 진화는 "항상" 아주 느리게 작용한다고 믿었다. 그러나 베이츠, 월리스, 그 외 여러 사람의 얘기를 듣고 나서는 "항상"을 "대체로"로 바꿨다.

나 개인적으로는 다윈이 그 점을 기뻐했으리라 생각한다.

시민 과학자들도 일단 주목하기 시작하자 이런 유의 의태(擬態, mimicry)의 예를 많이 찾아냈다. 무해한 종이 위험한 종의 색상을 따라 하는 베이츠적인 의태는 아주 일상적인 것으로 밝혀졌다. "나비는 진화의 가장 우아하고 실용적인 증거가 될 운명이었다."[12] 다윈의 전기 작가 재닛 브라운은 이렇게 썼다.

세 번째 자연과학자 겸 방랑자는 유럽의 요한 프리드리히 '프리츠' 뮐러다.[13] 그는 남아메리카의 숲에서 또 다른 경이로운 유형의 의태를 발견했다. 뮐러는 먹잇감으로 적합지 않은 두 종류의 나비가 '서로' 날개 색과 패턴을 바꾸어 점점 흡사해진다는 것을 알아냈다. 달리 말하자면, 그들은 타협을 한 것이다. 머릿수가 많을수록 안전하다는 원칙에 입각해 두 종류의 나비가 일종의 상호 보호 집단을 구성했다고 생각하면 이해가 쉽다. 포식자가 둘 중 어느 한 종류만 먹더라도, 종에 상관없이 겉모양이 흡사한 다른 나비는 이후에 포식자의 희생양이 될 확률은 낮아진다. 뮐러는 바로 이 점을 보여주었다.

다윈은 다시 한번 기뻐했다. 그는 처음에는 이 주제를 다룬 뮐러의 책을 개인적으로 참조하려고 독일어에서 영어로 번역을 의뢰했다. 그다음에는 대중이 읽을 수 있도록 영국의 한 출판사에 출간 지원금을 댔다. 그는 "곤충 포식에 대한 보호를 빙자한 조직적 위조"[14] 운운하면서 이 발견이 빅토리아 사회를 전율하게 했다고 말했다. "동물계에서 많은 부분이 위조에 의해 굴러가는 것 같다."

지금은 비늘가루 색, 털 색, 머리카락 색이 대개 유전자로 결정된다는 것을 안다. 유전자가 발현하거나 발현하지 않았다는 차이가 있을 뿐이다. 때로는 그냥 온도의 문제다. 또 어떨 때는 무리와 섞여 비슷해지느냐 무리 속에서 확 튀느냐의 문제다.

하지만 기억하자. 다윈이 살던 시대에는 아무도 유전자에 대해서 알지 못했고 때로는 단순한 생물학적 변화조차도 이해하지 못했다. 진화가 얼마나 빨리 변화를 불러오는가를 보여주는 예 중 내가 아주 좋아하는 한 예는 조류의 세계에서 온 것이다. 찰스 R. 브라운과 메리 봄버거 브라운은 내브라스카주 남서부에서 과속 차량에 치여 죽은 삼색제비(*Petrochelidon pyrrhonota*)에 대한 데이터를 30년간 수집했다.[15] 그들은 이 기간에 삼색제비의 개체 수가 계속 줄어드는 것을 확인했다. 그런데 30년 이후에는 삼색제비의 개체 수가 늘어나기 시작했다. 그런데 살아남은 제비들은 변했다. 날개가 몇 밀리미터 정도, 대략 0.1인치(약 2.5mm) 정도 짧아진 것이다. 날개 길이가 약간 변한 것만으로도 제비들은 갑자기 달려오는 자동차를 더 빨리 피할 수 있게 되었다.

현대에 일어난 나비목 소진화(小進化, microevolution)의 일례로 가장 유명한 것은 영국 후추나방의 날개 색 변화다.[16] 공업 도시가 되기 전인 1800년대 초 맨체스터에서 이 나방은 밝은색에 거무스름한 점이 찍혀 있었다(그래서 '후추'라는 이름이 붙었다). 이 날개 색은 나방이 밝은색 지의류나 나무껍질에 앉아서 쉬고 있을 때 눈에 잘 띄지 않는 위장 효과가 있었다. 산업이 폭발적으로 발달하고 매연으로 이 지역 공기가 더러워지자 밝은색 후추나방은 사라졌다. 후추나방은 검댕투성이 나무껍질에 앉아도 눈에 잘 띄지 않게 거무스름해졌고 이렇게 변화된 종이 흔해졌다. 그러다 반(反)공해법이 통과되어 공기가 다시 맑아지자 도로 밝은색 후추나방이 대세가 되었다.

겨우 몇 년 전에야 유전학자들은 이 신속한 변화가 어느 한 유전자의 특정한 변이에서 비롯된다는 것을 알아냈다. 다윈과 다른 과학자들은 어마어마하게 복잡하게, 거의 기적처럼 생각했던 일(나비의 날개 색 변화)이 오히려 단순하다는 것을 지금의 우리는 안다.

사실, 색 변화는 일반적이라고 해야 할지도 모른다. 최근 예일대학교 연구소에서는 '사팔뜨기뱀눈나비(Squinting bush brown, *Bicyclus anynana*)'라는 딱 어울리는 이름이 붙은 종을 장시간 끈기 있게 키웠다. 갈색이지만 살짝 파란색이나 보라색이 도는 개체들을 꾸준히 짝지어 교배했더니 여섯 세대 만에 보라색 줄무늬가 있는 갈색 나비들이 태어났다. "나비들은 이렇게 새로운 색깔로 진화하기가 놀랄 만큼 쉬운가 봅니다."[17] 연구자 안토니아 몬테이로는 국영 라디오 방송에서 이렇게 말했다.

애벌레도 위장과 모방의 귀재다. 자기가 먹이로 삼는 식물의 가랑잎과 흡사한 색을 취하는 애벌레는 차고 넘친다. 또 다른 애벌레들이 흉내 내는 것으로는 새똥, 나무의 잔가지, 바위, 나무껍질, ……. 이 목록은 끝이 없다.

예일대의 애벌레 전문 연구자 래리 골이 기주식물(寄主植物)에 올라앉은 애벌레 사진을 내게 보여준 적이 있다. '왈도를 찾아라' 연습 문제도 아니고, 그는 나에게 사진에서 애벌레들을 찾아보라고 했다. 나는 단 한 마리도 찾지 못했다.

그렇지만 완전히 상이한 전략을 구사하는 애벌레도 있다. 나비처럼 섬광과 눈부심을 이용하는 전략을.

여덟 살 먹은 손녀 엘레나가 우리 집 앞마당에서 그 한 예를 찾아냈다. 8월 중순에 그 애는 (지금은 우리 집 앞마당을 온통 차지하고 있는) 나비 정원을 살금살금 돌아다니다가 연두색 바탕에 노란 뱀눈 무늬가 있는 큼지막한 애벌레를 발견했다. 번데기가 되기 전 최종 단계까지 자란 스파이스호랑나비(spicebush swallowtail, *Papilio troilus*) 애벌레였다. 쉽게 눈에 띌 만큼 자란 애벌레는 뱀눈과 흡사한 무늬만으로도 대부분의 포식자들을 능히 따돌릴 수 있을 것이다.

나는 그 눈을 보고 소스라치며 확 물러났다.

하지만 엘레나에게는 그 수법이 통하지 않았다.

그 애는 뱀을 좋아한다.

베이츠와 월리스는 을씨년스러운 리버풀에서 햇빛 찬란한 남아메리카로 그들을 데려간 대서양 횡단선에서 내리고는 완전히 다른 세상에 떨어졌음을 알았다. 베이츠는 남아메리카에서 (자주 궁핍에 시달리고 여러 번 중병에 걸리는 등) 고생을 많이 했지만 그곳에는 짜릿한 흥분이 있었다. 쌀쌀한 날씨는 결코 그립지 않았다. 그는 남미 대륙으로 건너온 초기부터 한없이 많은 종류의 나비 구경에 심취했다. 영국에는 나비의 종이 다양하지 않았지만 남아메리카에서는 이따금 단 하루에도 100여 종의 나비를 볼 수 있었다.

베이츠의 기력과 자제력은 놀라울 정도였다. 사람의 뇌는 더운 곳에서 느려지고 느슨해져서 쉬엄쉬엄 일하게 마련이다. 하지만 베이츠는 매주, 매달, 페이스를 그대로 유지하는 생활을 11년이나 했다. 그는 때때로 자기 같은 유럽 문화권 사람들과 어울리기도 했지만 대체로 혼자서 일하든가 친하게 지내는 현지 토착민들과 일했다.

베이츠는 영국에 돌아올 때까지 거의 1만 5,000종의 표본을 수집했는데 그중 8,000종은 그때까지 학계에 알려지지 않은 것이었다. 그중 상당수는 그가 고국으로 돌아가기 전에 먼저 영국으로 보내두었다. 칼리테아 바테시(*Callithea batesii*)라고, 그의 이름인 베이츠(Bates)를 딴 나비도 있다. 베이츠 역시 마리아 지빌라 메리안처럼 유혹에 사로잡혀 표본 수집을 위해 목숨을 돌보지 않은 적이 한두 번이 아니었다. "나는 매일 여타의 표본들 외에도 눈부시게 아름다운 나비들을 한 상자씩 모았어. 항상 새로운 것이 추가돼. 태양의 무시무시한 열기와 죽을 것 같은 피로에도 불구하고 얼마나 즐거운지 몰라."[18] 그는 형제에게 이렇게 썼다.

메리안처럼 베이츠도 죽도록 병을 앓다가 가까스로 살아났다.

그리고 메리안처럼 모르포나비의 아름다움에 중독되었다.

"이 거대한 나비들이 두세 마리씩 열대 아침의 잠잠한 공기를 가르며 높이 나는 모습은 그야말로 장관이다. 내가 보니 날개를 자주 파닥거리지 않고도 상당히 먼 거리를 날 수 있어서 날갯짓은 한참 간격을 두고 한 번씩만 한다." 그는 회고록에서도 이렇게 말한다.

2부

현 재

6. 어밀리아의 나비

이것들은 노래는 못하지만 훨훨 날아다니는 꽃들이다.[1]

— 로버트 프로스트

2016년 가을, 다섯 살 여자아이 어밀리아 제부섹은 몇 번째인지도 모르게 눈을 가리지 않도록 머리를 빗어 넘겼다. 예감이 있었기에 가만히 기다리고만 있을 수 없었다. 마침내, 때가 됐다. 그녀는 팔을 번쩍 들고 자신이 차지한 상을 놓아주었다.

비옥한 오리건주의 윌래밋 밸리, 짙은 청색 하늘을 배경으로 아이의 나비는 주저했다. 그러다 이윽고 날개를 폈다. 가까운 나뭇가지로 날아가서는 방향을 잡았다. 나비는 짧은 생애에서 처음으로 자신이 날아가도록 운명 지어진 세상을 가늠했다. 그 세상에서 나비는 과학에서, 그리고 인간의 마음속에서 가장 좋은 모든 것을 궁극적으로 상징하게 될 터였다.

위대한 생물학자 어드워드 O. 윌슨은 『지구의 절반』에서 "지구를 달리는 작은 것들을 바라보라"[2]고 했다. 나는 그 책을 읽을 때 윌슨의 우아한 문장을 단순한 시적 허용으로 여겼다. 지구를 달리는 것이 우리 포유류를 가리킨다고 생각했다. 포유류는 누구라도 볼 수 있지 않나.

2년간 나비를 추적해보고 이 글을 쓰는 지금, 그가 무슨 말을 하려 했는지 알겠다. 어밀리아의 제왕나비는 재능 있고, 유연하게 행동할 줄 알며, 영리했다. 그 나비는 특별한 연구 프로그램에 동원되었지만 그 이상으로도 가치가 있었다. 0.5그램밖에 나가지 않는(종이 클립보다 가벼운) 주황색과 검은색의 이 나비는 수천 년 전부터 아름다움으로 인류를 사로잡은 날개 달린 것 중 하나다.

이동에 필수인 더듬이는 머리카락 몇 가닥 굵기밖에 안 된다. 새의 깃털과 대등한 기능을 하는 날개의 비늘가루는 아주 미세해서 일단 날개에서 떨어져 나오면 먼지처럼 보일 뿐이다. 그렇지만 비늘가루는 매우 교묘하게 형성되어 있어서 전자 빔을 쏘아서 상을 관찰하는 현미경으로만 그 놀랍도록 복잡다단한 구조를 드러낼 수 있다.

어밀리아의 나비는 아주 연약하고 미미해 보였다. 실은, 그렇지 않았다. 이 특수한 곤충은 놀라운 일을 해낼 수 있다. 이 나비의 눈이 번쩍 뜨이는 위업은 제왕나비의 행동에 대한, 더 넓게는 곤충의 세계에 대한 우리의 이해를 근본적으로 끌어올렸다. 우리 인간의 세상은 이 나비에게서 얻은 배움으로 한 걸음 더 앞으로 나아갈 것이다.

하지만 그건 다 미래의 이야기다. 나비는 당장 번데기 밖에서의 생활에 적응하기도 바빴다. 나비는 가까이서 비빌 언덕을 찾은 후 날개를 펴서 천연의 태양광 패널을 만들고 체온부터 끌어올렸다.

그러고는 높은 곳으로, 완전히 공기 중에 몸이 뜰 때까지 따뜻한 바람을 타고 날아올랐다. 날개가 진동하는 동안, 나비의 복잡한 두뇌와 그 안의 운항 나침반은 신비스럽게도 애벌레 시절의 경험을 여전히 간직하고 있었다. 따라서 이 나비는 친척뻘 되는 나비들, 뚜렷한 목표 없이 이 꽃에서 저 꽃으로 노니는 여름 제왕나비들과는 다른 모습을 보이고 다르게 행동할 것이다.

어밀리아의 나비는 조금 더 색이 진하고, 조금 더 크고, 조금 더 장거리 비행에 적합했다. 직계 가족 나비들과는 달리, 캘리포니아 해안을 쭉 따라갈 수 있는 신체적 역량을 갖추고 있었다. 나비는 거의 곧바로 임무 수행에 나섰다.

목적지에 도착한 나비는 이주하는 제왕나비들이 으레 그렇듯 '월동(越冬)'이라고 하는 과정을 거치게 된다. 추위에도 따뜻하게 지내기 위해서 수천 마리의 다른 제왕나비들과 함께 나뭇가지에 군집하는 것이다.

2월 말까지 겨우내 이어지는 이 기간에 나비는 거의 먹지도 않고 제 몸에 축적된 지방으로 버틴다. 봄이 오면 보금자리를 떠나 꿀과 밀크위드가 풍부한 식물을 찾아 나서고 그런 식물에다가 알을 낳는다. 그 알에서 나온 나비가 북쪽으로 좀 더 날아가고, 또 거기서 알을 낳는다. 그런 식으로 서너 세대가 이어지면서 다시 가을이 올 때까지 여행은 계속될 것이고, 나비의 후손들은 이러한 이주를 똑같이 되풀이할 것이다.

남서쪽으로 향하는 동안, 나비의 무의식적인 목표는 바로 이것이었다. 우리 눈에는 보이지 않는 빛과 색의 미묘한 차이를 볼 수 있도록 미세하게 조정된 나비의 기묘한 겹눈은 드넓고 비옥한 계곡을 굽어보았다. 나비는 경이롭게도 습생 초원을 이용하기 딱 좋게 진화되었다. 부모 나비들이 따뜻한 여름 공기 속에서 마음 놓고 들꽃과 밀크위드를 누리던 곳이었다. 나비들은 짝짓기를 했고, 알을 낳았고, 죽었다. 성체 나비로 생존하는 기간은 기껏해야 한 달이다.

이 나비는 다르게 살 수도 있었다. 태양의 각도와 짧아진 낮 시간, 나비 자체의 생물학적 구조는 좀 더 긴 생애도 감당할 만했다. 몇 달을 살 수도 있었다. 하지만 '장수 세대'에 속하는 이 나비에게는 아주 특별한 책임이 있었다. 종의 생존에 대한 책임 말이다.

나비는 수천 년간 제왕나비들이 날아간 그 길을 택하고는 남풍을 타기 위해 높이 날아올랐다. 그러나 이 나비의 여행은 머나먼 조상들의 여행과 완전히 일치하지는 않았다. 나비가 태어난 세상은 그때와 달라도 너무 달랐다. 당시에는 북아메리카 최초의 인류가 살았다. 1만 5,000년도 더 된 과거에 사냥과 채집을 주로 하던 인간 말이다. 모든 인간이 그렇듯 그 과거의 인간도 땅에 그들의 흔적을 남겼지만 그 방식은 어디까지나 제한적이었다.

지금은 거대한 고속도로가 계곡을 가로지른다. 꿀이 풍부한 들꽃 천지와 습지는 농장의 단일 경작지, 포도원, 크리스마스트리 재배지, 개암나무 한 가지만 키우는 과수원 등으로 대체되었다. 나비의 조상들이 한껏 누렸던 지대는 이제 존재하지 않는다.

다행히 어밀리아의 나비는 융통성 있는 행동을 유전적으로 타고났다. 계곡의 환경은 대폭 변해버렸지만 이 나비는 여전히 자기 뇌에 새겨져 있는 옛 신호들을 이용해 목적지까지 날아갈 수 있다. 이것이 진화의 탁월함, 다윈의 표현을 빌리자면 진화의 '위대함'이다. 어밀리아의 나비는 생존 기술이라는 면에서 탁월하기 그지없다.

하지만 이 나비는 다른 방식으로도 탁월할 것이다. 그 방식이 이 하찮아 보이는 작은 생물에게 완전히 현대적인 역할을 부여했다. 어밀리아는 나비의 날개에 무게가 거의 없는 폴리프로필렌 꼬리표를 달았다. 엄지손톱보다 작은 꼬리표에는 누구든 이 나비를 보게 되거든 이 제왕나비 모니터링 프로젝트를 맡은 생물학자에게 나비가 발견된 위치에 대해서 알려달라고 쓰여 있었다. 이메일 주소도 나와 있었다.

꼬리표는 제 역할을 했다. 그후 몇 달 동안 다양한 이들이 어밀리아의 나비를 스마트폰 따위로 찍어서 프로젝트 책임연구원 데이비드 제임스에게 이메일로 보내주었다. 곤충학자는 그 나비의 이야기를 공유해주었다.

단순한 수준에서 보자면 제왕나비의 생애 주기는 모든 나비와 나방의 생애 주기와 같다. 마리아 지빌라 메리안이 수백 년 전에 보여주었듯이 암컷은 알을 낳고, 알에서 애벌레가 큰다. 애벌레는 알을 깨고 나와 먹이를 먹기 시작한다. 시간이 지날수록 애벌레는 몸집이 튼실해지고 여러 번 허물을 벗는다. 이 탈피와 탈피 사이의 중간 단계를 영(齡, instar)이라고 한다. 그 후 애벌레는 '퓨파(pupa)'라고도 하고 '크리살리스(chrysalis)'라고도 하는 번데기가 된다. 나비의 번데기와는 달리 나방의 번데기는 '고치(cocoon)'로 몸을 감싸고 있다. 때가 되면 곤충은 본격적으로 날아다니는 존재로 은신처를 박차고 나온다.

하지만 이건 어디까지나 일반 규칙이다. 이 곤충 집단에만 대략 2만 종이 있는데 각 종은 자기가 사는 생태계에 정교하게 적응한다. 실제로는 동일 종 내에서도 개체마다 사는 방식이 다를 수 있다.

제왕나비가 그 대표적인 예다. 북아메리카에는 특히 두 종류의 제왕나비가 많이 산다. 로키산맥의 동쪽에 사는 제왕나비와 서쪽에 사는 제왕나비가 그것이다. 일반적으로 서쪽에 사는 나비 집단은 겨울에 남부 캘리포니아 해안으로 이주한다. 동쪽에 사는 나비 집단은 남쪽으로, 때로는 멕시코까지도 내려간다. 하지만 같은 집단 안에서도 어떤 나비들은 이동하는 반면, 다른 나비들이 이동하지 않는다. 장거리 이동을 하는 암컷 나비는 대개 알을 낳지 못한다. 전에는 '절대로' 못 낳는다고 했지만 몇 년 전에야 비로소 이 신화가 뒤집혔다. 환경 조건이 따라주면 장거리 비행을 하는 암컷도 알을 낳을 수 있다.

제왕나비는 '잡초 같은' 종이다. 이건 모욕이 아니라 칭찬이다. 그만큼 강인하다는 뜻이다. 어떤 종은, 가령 이 책에서 나중에 살펴볼 꼬마부전나비(*Cupido minimus*)는 주어진 환경에 너무 딱 맞게 적응하기 때문에 시스템이 아주 조금만 교란당해도 종의 생존 자체가 위태로워진다.

제왕나비는 그렇지 않다. 제왕나비는 생존에 강하다. 플로리다 같은 남부 지역에는 일 년 내내 장거리 이동을 하지 않고 잘만 사는 제왕나비들이 있다. 쿠바, 멕시코, 스페인, 괌, 오스트레일리아에도 제왕나비들은 있다. 오스트레일리아에는 계절이 바뀔 때 이동을 하는 제왕나비가 있는가 하면, (심지어 같은 집단에 속하는데도) 이동을 하지 않는 제왕나비도 있다. 과학자들도 왜 이런 현상이 일어나는지 확실히는 모른다. 하지만 이 책의 뒷부분에서 그들이 매년 이 의문의 답에 가까이 가고 있다는 것을 보게 될 것이다.

그렇지만 제왕나비가 생존하려면 '밀크위드(Milkweed, *Asclepias*)'라는 식물만큼은 타협의 여지 없이 충족되어야 한다. 이것을 먹어야 하기 때문에 절대적 요건이 된다. 밀크위드 없이는 제왕나비도 없다. 제왕나비에게는 다행스럽게도 세계에는 대략 200종의 밀크위드가 있다. 우리는 으레 뽑아버려야 할 잡초로 여기는 이 억센 식물들이 얼마나 아름다운 꽃을 피우는지 모른다. 빛깔도 단순한 흰색에서부터 강렬한 주황색, 빨간색, 노란색, 분홍색까지 다양하지만…… 제왕나비가 필요로 하는 것은 밀크위드의 꽃이 아니다.

나비가 원하는 것은 잎의 독 성분이다.

나는 1976년 8월 호 《내셔널 지오그래픽》 표지에 보도된 후로 수십 년간 회자된 제왕나비 이야기를 알고 있었다.[3] 해마다 가을이면 주황색 나비 수천만 마리가 북아메리카 대륙의 북쪽 여러 지점에서 멕시코를 향해 남쪽으로 날아가다가 멕시코에서 갑자기 서쪽으로 방향을 틀어 1만 2,000피트(약 3,660m) 높이의 봉우리로 날아 올라간다. 그곳에서 월동하기 위해서 말이다. 때로는 너무 많은 나비가 빽빽하고 무겁게 무리를 지은 탓에 나뭇가지가 무게를 감당하지 못해 부러지기도 한다.

나비들은 그렇게 서로 오밀조밀 달라붙어 온기를 유지하면서 겨울을 나다가 2월 말에는 멕시코의 평원으로 내려온다. 꿀을 먹고 밀크위드에 알을 낳고 다시 북쪽의 여러 곳으로 흩어지기 시작한다. 《내셔널 지오그래픽》에 실린 이야기는 꽤 오랫동안 지구에서 화젯거리가 되었다. 그건 불가능한 일처럼 보였다. 그렇게 작고 약한 곤충이 수천 마일이나 비행을 한다고? 어떻게 그럴 수 있는 걸까?

예쁜 날개와 신기한 비행보다 더 많은 것이 있음을 내가 막 알게 되려는 찰나였다. 나는 더 알고 싶었기 때문에 어밀리아와 그녀의 동료 연구자들을 만나러 웨스트 코스트로 향했다.

• • •

캘리포니아는 이따금 사람의 영혼을 시험하려고 특별히 만들어진 땅 같다. 홍수, 화재, 산사태, 지진, 지독한 가뭄, 그보다 더 지독한 눈사태. 대대적인 잡목림의 화재가 수천 에이커를 휩쓸고 간다. 산 중턱이 돌연히 송두리째 무너져 내리기도 한다.

캘리포니아에 가보지 못하고 이런 자연재해를 뉴스로만 접한 사람이라면 도대체 왜 그런 고장에서 사는지 의아할 것이다. 적어도 나는 2017년 2월의 어느 실망스러운 날에 그런 의문을 품었다. 그때는 어밀리아의 나비가 여행에 나선 지 몇 달 후였다.

일반적으로 겨울비는 하와이에서부터 캘리포니아로 건너와 소위 '파인애플 익스프레스'라고 하는 습한 대기 흐름을 따라 서쪽으로 뻗어나갔다. 캘리포니아주에 습기를 전달하는 것이 이 특급 열차의 특급 임무이건만 최근에는 기후 체계가 제 임무에 태만했다. 결과적으로 캘리포니아주는 2016년에 극심한 가뭄을 겪었다. 생명이 있는 것은 모두 다 고통받았다. 녹지는 번성할 수 없었고 동물들이 이 때문에 스트레스를 받았다. 인간은 위생적으로 문제가 있지 않은 이상 세차를 삼가고 화장실 물 내리는 것도 생략하는 등 최대한 물을 아끼라는 권고를 받았다.

이듬해에는 비의 신들이 전년의 인색함을 보상하기로 작정한 듯했다. 폭우가 위험하리만치 내처 이어졌다. 나는 궁금했다. 나비들에게는 어떤 일이 일어날까? 캘리포니아 수자원청의 통계에 따르면, 그해는 북부 캘리포니아에서 사상 최고의 강우량을 기록했고 캘리포니아주 전체 강우량으로 보아도 역대 2위였다. 비와 관련된 자연재해는 한두 가지가 아니었다. 내가 캘리포니아에 가 있는 동안에도 샌프란시스코에서 북쪽으로 150마일(약 240km) 지점에 있는 오로빌 댐〔770피트(약 235m)로 미국에서 가장 높은 이 댐은 말 그대로 '흙'으로 만들어졌다]의 일부가 무너지는 바람에 그 아래쪽에 살던 주민 20만 명이 밤중에 긴급 대피해야 했다.

어밀리아의 나비는 이러한 날씨를 어떻게 잘 버텨냈을까?

A4853번 꼬리표를 단 나비는 여행을 시작한 지 19일 만에 샌프란시스코 노스 비치에 나타나 5층 건물의 옥상 정원에서 버베나와 란타나로 포식을 했다.[4] 그 건물의 입주자 리사 데 앤젤리스는 나비 동영상을 찍으면서 왠지 나비가 비틀거리는 것 같다고 생각했다. 그러다가 제왕나비의 날개에 달린 작은 꼬리표를 발견하고서 영상을 확대해 이메일 주소와, 프로젝트 담당자에게 나비를 관찰한 내용을 알려달라는 요청을 읽었다. 먹이를 섭취하는 나비 동영상이 곧 데이비드 제임스의 메일함에 도착했다.[5]

그때까지 나비는 470마일(약 760km)을 비행했으니 하루에 25마일(약 40km) 조금 안 되게 날아간 셈이다. 나는 이 사실을 알고 기가 막혔다. 그 나비가 그렇게 '방향을 잘 잡을' 거라고는 생각해보지 못했다. 그것은 한 가지에 초점이 맞춰진 생명체였다. 제임스는 A4853번이 장시간 비행에도 불구하고 상태가 아주 좋아 보인다고 생각했다. 나비들은 그렇게 긴 여행을 하면 날개가 너덜너덜 찢기고, 광택 없이 늘어지고, 새 부리에 삼각형으로 뜯겨나간 흔적이 역력했는데 어밀리아의 제왕나비는 여전히 기운차 보였다.

꼬리표를 단 나비를 발견한다는 것은 흔치 않은 사건, 행복하고도 상서로운 우연이다. 어밀리아와 그녀의 어머니는 22마리의 나비를 날려 보냈지만 사람들에게 목격된 나비는 이 한 마리뿐이었다. 제임스의 프로젝트에 자원한 참여자들은 2012년부터 2016년까지 무려 1만 4,000마리의 제왕나비를 날려 보냈지만 그중 다시 목격된 나비는 60마리에 불과했다.

이 노스 비치에서의 목격은 각별한 도움이 되었다. 꼬리표를 단 나비들은 대개 죽어서 땅바닥에 떨어진 채 발견되었기 때문이다. 제임스는 꼬리표를 단 나비가 산 채로 발견되어 기뻤다고 했다. 그는 기쁜 일은 거기까지일 줄 알았다.

그의 오산이었다. 23일 후, 모니터링 자원봉사자 존 데이턴은 샌프란시스코 남쪽 샌타크루즈의 라이트하우스 필드 해변에서 그 나비가 다른 1만여 마리 나비들과 함께 사이프러스나무에 앉아 쉬는 모습을 보았다. 흥미로운 사실이었지만 그걸로 끝이 아니었다. 11월 25일, 오리건주에 사는 앨리스 타운센드가 내추럴 브리지스 주립공원에서 몇 마일 떨어진 지점에서 어밀리아의 나비를 목격했다.

그 장소는 희한한 선택으로 보였다. 내추럴 브리지스는 원래 제왕나비들에게 인기 있는 월동 근거지였지만 최근 몇 년은 1,000마리 남짓이나 겨울을 나러 올까 말까 했다. 제왕나비의 수가 전반적으로 줄어든 것일까? 아니면 무슨 일이 일어나서 그곳이 더는 유용한 근거지가 아니게 된 걸까?

오리건주 남서부 로그 밸리의 헌신적인 모니터링 요원 중 한 명이었던 타운센드는 몇 년 전 제임스를 만나 그의 열정에 물든 후로 샌타크루즈까지 6시간 반을 달려가곤 했다. 그녀는 개체 수 감소를 이미 익숙한 사실로 받아들이고 있었다. "한때 로그 밸리에는 나비가 수천 마리는 있었지요. 지금은 어쩌다 한 마리씩 눈에 띌 뿐이에요." 타운센드는 어밀리아의 나비 목격담을 제임스에게 보고할 수 있게 되어 기뻤다.

하지만 그 나비는 아직 몸을 움츠리고 겨울을 날 준비가 되어 있지 않았다. 12월 30일에 존 데이턴은 내추럴 브리지스에서 몇 마일 떨어진 모런 레이크로 향했다. 거기서 A4853번 나비가 기력이 쇠하지 않은 모습으로 나뭇가지에 앉아 있는 것을 보았다. 이런 일은 한 번도 보고된 적 없었다. 살아 있는 곤충이 네 차례나, 그것도 각기 다른 네 장소에서 목격된 것이다. 어밀리아의 나비, 그 가만히 있지 못하는 작은 생물이 세상의 통념을 뒤엎고 있었다.

7. 제왕나비 파라솔

반짝이는 금빛 스팽글이 당신 앞에 쏟아진다.[1]

— 로버트 마이클 파일

나비들은 비밀스럽게 살아가고 단단히 움켜쥔 미스터리를 쉽게 포기할 생각도 없다. 수십 년 전에는 로키산맥 동쪽에 사는 나비 집단과 서쪽에 사는 나비 집단의 행선지가 밝혀지지 않은 수수께끼였다. 과학자들은 산맥 서쪽의 제왕나비들이 캘리포니아 해안으로 날아간다고 믿었지만 그러한 심증을 굳혀줄 확실한 정보는 거의 없었다. 지금은 제임스와 그 밖의 여러 과학자가 연구한 바에 힘입어 이 나비들의 최종 목적지는 물론, 나비들이 선택하는 경로에 대해서도 확실히 안다.

부가적으로 우리는 제임스의 연구 덕분에 제왕나비가 나무에서 꼼짝하지 않고 일종의 반(半)동면 상태로 겨울을 난다는 믿음도 틀렸다는 것을 안다. 또 어떤 나비는 장기간 눌러앉거니와 겨울이 다 지난 후에도 보금자리를 뜰 필요가 없다는 것도 안다. 2019년 여름에, 제임스는 자신을 돕는 시민 과학자들이 10개월 전에 풀려난 수컷 나비를 오리건주 애슐랜드에서 목격했다고 발표했다.

이 나비는 휴식기가 끝나고도 "모든 건실한 제왕나비가 그러듯 해안의 월동 근거지를 떠나 내륙으로 향하지 않았다. 이 나비는 해변에서 죽치고 노년을 바다 앞에서 일광욕이나 즐기면서 보내기로 작정한 것 같다." 제임스는 페이스북 페이지에 이렇게 썼다.

비정상적인 행동이지만 그 종에게는 고질적인 행동일 가능성이 높다. 아웃라이어*는 항상 있을 것이다. 추적 및 유전자 연구도 동쪽 나비와 서쪽 나비는 단지 높은 산맥으로 분리되어 있을 뿐 유전적으로는 똑같다는 것을 보여주었다. 곤충학자 사리나 젭슨은 내게 이렇게 말했다. "우리는 로키산맥을 베를린 장벽처럼 생각했지요. 지금은 그렇지 않다는 것을 안답니다." 두 집단이 정확히 어떻게 짝짓기를 하는지는 아직 명확히 밝혀지지 않았다.

나비 집단은 꽃이 처음으로 진화한 이래 꽤 오랫동안 존재해왔다. 이것은 우연의 일치가 아니다. 대부분의 나비가 꽃을 '필요로' 한다. 나방(나방에서 나비가 갈라져 나왔다)은 그렇지 않다. 결과적으로 나방은 꽃이 출현하기 한참 전부터 있었을 것이다. 숫자만 봐도 알 수 있다. 나방은 약 16만 종(꾸준히 더 발견되고 있다)이 있지만 나비는 2만 종뿐이다. 이는 나방이 나비보다 훨씬 더 오랜 시간 진화를 거쳐왔다는 것을 암시한다.

* 아웃라이어(outlier) : 평균치에서 크게 벗어나서 다른 대상들과 확연히 구분되는 표본.

달리 말해보자면, 꽃은 진화하면서 일부 나방을 점차 예속시켜 나비로 만든 것이다. 나비는 자신의 주인인 꽃을 위하여 중대한 의무를 수행할 것이다. 꽃은 권모술수에 능한가 보다.

"꽃은 나비와 나방을 자기가 매수할 수 있는 꽃가루 운반책으로 봅니다." 나비 생물학자 대니얼 잔젠과 위니프리드 홀워치는 그들의 시각적으로 정교하고 아름다운 저서 『100가지 나비와 나방』에서 말한다.

오늘날 자연계의 전반적인 드라마를 움직이는 것은 꽃이다. 꽃이 없으면 나비는 존재할 수 없을 것이다.

실은, 우리도 그럴 것이다.

그 2월에 나는 곤충학자 킹스턴 렁과 함께 차를 타고 가면서 꽃이라는 행운을 곰곰이 생각하고 있었다. 우리는 렁이 제일 좋아하는 제왕나비 숲을 보러 가는 길이었다. 캘리포니아 해안에는 제왕나비들이 10월부터 2월까지 몇 달간 떼 지어 사는 주요 장소가 400군데 이상 있었다. 최근 몇 년 사이에 이중 절반은 버려졌다. 세월이 흐르면서 장소가 변해 더는 나비들의 요구에 들어맞지 않기 때문일 수도 있고, 제왕나비의 수 자체가 줄어들었기 때문일 수도 있고, 우리가 예전에 생각했던 것보다 제왕나비가 어디로 튈지 모르고 여기저기 다니기를 좋아하기 때문일 수도 있다.

어쨌든 그 장소들은 샌프란시스코보다 약간 북쪽에서부터 해안을 따라 로스앤젤레스까지 분포해 있다. 또한 장소마다 서식지의 질이나 현존하는 나비 수는 다양하다. 어떤 곳은 매년 나비들이 찾아오지만 또 어떤 곳은 그렇지 않다.

나는 내 눈으로 직접 보고 싶어서 중부 캘리포니아 해안으로 갔다. 렁은 자신이 지켜보던 여러 현장을 내게 보여주면서 제왕나비들에게 얼마나 다양한 선택지가 있는지 알려주고 싶어 했다.

우리가 만난 날 아침에 빗줄기는 가늘었지만 쉬지 않고 비가 내렸다. 안개가 태평양에 얼마나 짙게 끼었는지 지구상에서 가장 크고 지배적인 수역이 해안선에서 고작 몇 발짝 떨어진 곳밖에 보이지 않았다. 바닷가에 자리 잡은 호텔에서 내다보니 온통 안개뿐이었다. 나는 옷을 한 겹 더 입었다. 재채기가 나기 시작했다.

우리는 일단 나비 관광객들에게 대단히 인기 있고 잘 알려진 명소 피스모 비치 제왕나비 숲부터 방문했다. 기록에 따르면 나비들은 수십 년간 여기에 모여들었다. 렁은 고작 몇 에이커밖에 안 되는 이 서식지가 완벽에 가깝다고 지적했다. 나비들이 태평양의 온난한 기후의 영향을 누릴 수 있을 만큼 바다에 가까우면서도 태풍이 불고 파도가 날뛸 때 비바람이 미치지 않을 만큼의 거리는 있으니 말이다. 또한 밤공기가 서늘하지만 춥지는 않을 정도로 남쪽에 있으면서도 낮 기온이 나비들이 죽어나갈 만큼 높지는 않은 위치였다.

피스모 비치 숲은 캠핑과 해수욕에 주로 이용되는 캘리포니아의 자그마한 알짜 공유지에 자리 잡고 있다. 제왕나비들은 아주 작은 구획만 이용한다. 나비들이 들어앉은 10월부터 2월 중순까지는 자원봉사자들이 관광객에게 무료 해설을 제공한다. 그들은 포석이 깔린 짧은 산책로를 따라 자그마한 나비 숲으로 관광객들을 안내하고, 관광객들은 그 숲에서 고개를 들어 쉬고 있는 나비를 볼 수 있다. 해설자들은 방문객들의 질문에도 답하고 그들이 땅에 떨어진 나비를 무심코 밟지 않도록 주의를 주는 역할도 한다. 그런 일은 자주 있는 편이다.

매년 수천 명이 나비를 구경하러 이곳에 온다. 내가 방문했던 며칠 동안도 사람들은 꾸준히 행렬을 이루었고 대개 머리 위 곤충을 보기 위해 조용히 목을 길게 빼는 데 몰두했다. 고가의 망원경을 소지한 은퇴자들, 휠체어를 탄 사람들, 갓난아기를 데려온 엄마들이 섞여 있었다. 나는 남자, 여자, 독일인, 미국인, 캐나다인, 스페인어를 쓰는 가족, 머리쓰개를 한 여자들, 우산을 들고 다니는 사람들, 다양한 피부색의 사람들을 보았다. 날씨가 나쁘다고 몸을 사리는 사람은 아무도 없는 것 같았다.

숲은 확실히 나비를 사랑하는 이들에게 일종의 성지, 순례의 마지막 지점이 되어 있었다. 결과적으로 피스모 비치 주변에는 나비 관광과 관련된 엄청난 상권이 형성되었다. 나뭇가지에 오밀조밀 모여 앉은 나비들처럼 제왕나비와 관련지어 가게를 홍보하는 간판들이 마을 중심가에 잔뜩 모여 있었다. 나비를 보러 온 사람이라면 적어도 제대로 왔다는 것은 알 수 있었다. 심지어 이 동네는 빵집에서도 주황색 날개에 짙은 색 아이싱으로 무늬를 그려 넣은 제왕나비 쿠키를 팔았다.

렁은 서식지로 지정된 숲 바로 옆, 혼잡한 1번 고속도로 갓길에 차를 세웠다. 이른 아침인데도 고속도로에는 차가 많았다. 자동차 열여덟 대가 부릉대며 소형 트럭, 오토바이, 세단 등과 함께 지나갔다. 경적이 울려댔다. 브레이크가 끽 소리를 냈다. 고속도로 옆으로는 열차 선로들이 쭉 나 있었고 그 옆 작은 부지에 방갈로들이 모여 있었다. 자연의 아이콘과 교감을 나누기에는 뭔가 어울리지 않는 곳 같았다. 나비들이 방해받지 않고 잘 살 수 있으려나?

렁은 내가 나비가 어떤 유의 환경을 감내할 수 있는지 알았으면 좋겠다는 마음으로 나를 이곳에 데려왔다고 했다. 물론 그는 나비들이 어떻게 그런 곳에서 잘 살아남는지 우리는 알지 못한다고 말했다. 소음과 공해가 나비들에게 영향을 미칠 것이다. 최근의 연구들은 이 추측이 실제로도 들어맞는다는 것을 보여주었지만[2] 나비들은 수는 줄어들었을지언정 매년 이곳으로 모여들었다. 지극히 섬세해 보이는 나비들이지만 인간의 놀라운 행동들과 공존할 수 있는 듯 보인다.

나비들은 왜 올까? 렁과 다른 과학자들은 캘리포니아에서 겨울을 나는 제왕나비가 특정한 '미기후'*를 선호한다는 사실을 알아냈다. 바닷가에서 가까우면서도 강풍에서 보호받고 오전과 오후 모두 따뜻한 햇살을 받을 수 있으며 다수가 함께 지낼 수 있을 만큼 나뭇가지가 많은 숲의 기후를. 나한테는 그런 말이 무리한 주문처럼 들렸지만 렁은 내 생각보다 그러한 장소가 많다는 것을 보여주려 했다.

피스모 비치 다음으로도 작은 서식지 여러 군데를 방문했다. 고도로 발전된 이 지역에 그런 곳이 여기저기 몇 에이커씩 흩어져 있었다. 나는 제왕나비들이 외따로 떨어진 널찍한 서식지를 필요로 할 줄 알았는데 그렇지 않았다.

서해안 나비 팬들 사이에서 렁은 유명인이었다.[3] 그는 수십 년 전에 처음으로 제왕나비들의 월동 장소를 방문했다가 사랑에 빠졌다. 그는 해가 나올 때 나뭇가지를 쳐다보다가 나비들이 날개를 펴는 것을 보았다. 그것은 대성당의 스테인드글라스를 바라보는 것처럼 거의 형이상학적인 경험이었다. 렁은 자연의 파리 노트르담 대성당을 발견한 것 같은 기분

* 미기후(微氣候): 지면에 접한 대기층의 기후. 보통 지면에서 1.5m 높이 정도까지를 그 대상으로 하며, 농작물의 생장과 밀접한 관계가 있다.

을 느꼈다.

그는 교수직을 은퇴한 후에도 제왕나비들이 캘리포니아 해안에서 미래를 보장받게끔 헌신적으로 애썼다. "나비들의 겨울 리조트를 조성 중입니다." 그는 변덕스러운 사람이 아니었다. 이 지역 땅 주인이 자기 땅에서 제왕나비를 발견하고 알려야 할 사람을 찾는다면 렁이 적임자다. 그런 일은 드물지 않았다. 땅 주인은 제왕나비가 없는 땅을 샀는데 나중에 나무가 많이 자라고 바람과 기온의 조건이 맞아서 어느새 자기 땅이 나비들 천지가 되었을 수도 있었다.

그렇지만 요즘은 그 반대의 경우가 더 잦다. 한때 제왕나비들이 바글바글했던 서식지가 시간이 흐르면서 버림받는 경우다. 일부는 나비 개체수의 감소 때문에 그렇다 치지만 다른 요인들도 작용한다. 바로 이 지점에서 렁이 개입한다. 서식지 자체의 질이 떨어졌다면 렁은 그 이유를 규명하고 여건을 개선하려고 애쓴다. 그는 기본적으로 자연 상태에서 나비들을 잘 키우는 법을 알아낸다.

땅 주인들이 렁에게 연락을 하면 그는 현장을 방문한 후 미래를 길게 보고 관리 계획을 수립한다. 그는 땅 주인들에게 나무에 대해서도 가르친다. 다른 생명체와 마찬가지로 나무 역시 고정되어 있지 않다. 어떤 나무는 나이가 들어 쓰러진다. 또 어떤 나무는 오랫동안 자리를 차지할 수 있게끔 심어야 한다. 나무는 성장에 시간이 필요하기 때문에 긴 세월을 미리 내다보고 심어야 한다. 적절한 식수(植樹)는 장기 계획을 요한다.

그렇지만 제왕나비는 정확히 무엇을 원하는가? 렁은 바로 이 문제를 고민하면서 생의 늘그막을 보내고 있다. "나는 앞으로 10년 더 살고 끝이겠지요." 그는 이것이 자기가 지구에 물려줄 유산, 그동안 입은 은혜를

갚는 일이라고 생각한다.

링이 현장을 방문해서 맨 처음 하는 일은 윈드 프로필*을 작성하는 것이다. 겨울을 나는 나비들은 강풍을 받으면 땅바닥에 쓰러지기 때문에 잘 지낼 수가 없다. 그래서 링은 탁월풍**이 어디서 불어오는지부터 파악한다. 바람의 강도는 어떠한지? 나무나 지형이 완충 작용을 하는지? 향후 몇 년 사이에 쓰러질 것 같은 늙은 나무들이 있는지? 만약 그렇다면 지금 어린 나무를 심어서 장차 그런 나무를 대체할 생각을 해야 하는지? 그 나무들은 어디에 자리를 잡아야 하는지?

그는 또한 태양광을 연구한다. 태양광은 추운 밤을 보낸 나비들의 체온을 끌어올리는 데 필수적이다. 햇살이 오전과 오후에 나뭇가지 사이로 들어오는 시간이 언제인지? 오전 10시와 오후 2시의 햇살이 충분하면서도 지나치게 강렬하지는 않은 수준인지? 나비들은 아주 문명화된 생물들로서, 태양광이 최적 상태인 오전 중반과 오후 중반에 파닥파닥 날아다닌다. 링은 숲을 조사할 때 이 가장 적절한 시간대에 햇살을 가리는 다른 나무나 굵은 나뭇가지가 없는지 확인하려고 애쓴다.

한번은 어느 고급 주택 개발업자가 링에게 제왕나비 숲을 대규모 주택 단지 한복판에 조성해달라고 요청했다. 원래 제왕나비들이 군집해 있었지만 이제는 거의 사라진 땅이었다. 나비는 고작 몇백 마리뿐이었

* 윈드 프로필(wind profile): 지표면에서부터 고도에 따른 바람의 분포를 나타낸 모식도(模式圖).

** 탁월풍(卓越風): 어느 지역에서 어떤 시기나 계절에 따라 특정 방향에서 가장 자주 부는 바람. 무역풍, 계절풍 등.

다. 렁은 현장을 조사하고서 제왕나비들이 다시금 이용할 수 있을 장소로 조성했다. 그는 비록 그곳이 서식지로 기능할 거라는 증거는 없었지만 그럼에도 나비들을 새로 심은 나무들의 숲에서 살게끔 유혹할 수 있는지 알고 싶었다. 그 시도는 통했다. 몇 년 후, 나비들이 다시 나타나기 시작했다. 이제 주택 개발업자는 나비를 마케팅 마스코트로 활용한다. 아름다운 날개를 펼친 제왕나비의 이미지가 곳곳을, 심지어 화장실 벽까지 차지했다.

그리하여, 나무를 심으면 나비들이 온다는 것이 밝혀졌다.

우리는 마지막으로 모로 베이 골프장(적어도 나에게는 가장 뜻밖의 장소이자 모든 곳을 통틀어 가장 좋았던 장소)에 갔다. 샌루이스 오비스포 카운티 파크스 앤드 레크리에이션이 소유한 골프장이다. 이른 시각인데도 클럽하우스 주차장이 꽉 차 있어서 우리는 좀 더 올라가 갓길에 차를 세웠다. 차가운 이슬비를 무릅쓰고 꽤 많은 사람들이 나와서 골프를 치고 있었다. 우리는 그 사람들 사이로 코스를 가로질러 갔다.

보통은 이렇게 이용자가 많은 골프 코스를 가로지르면 신경질적인 반응이 나온다. 그건 신성한 땅을 밟는 행위다. 당연히 골프장 직원들이 당장 출동해서 코스 밖으로 데리고 나갈 것이다.

골프 치던 사람들은 아주 잠깐 우리를 의아하게 바라보다가 이내 키 큰 나무들이 우거진 숲 쪽을 바라보면서 고개를 끄덕였다. 숲은 바다가 환상적으로 내려다보이는 언덕 꼭대기 근처에 자리 잡고 있었다.

"나비요?" 그들이 물었다.

"나비요." 우리는 고개를 끄덕였다.

그걸로 만사형통이었다.

나는 그렇게 아름다운 골프장은 본 적이 없다. 골프를 치는 사람들은 그린에서부터 사이프러스나무들이 점점이 박힌 작은 언덕 너머 바다를 조망할 수 있다. 작지만 붐비는 골프장 한복판에 사이프러스나무들이 유독 밀집해 있는 구역이 따로 있었다. 그곳에 가보니 수천 마리의 제왕나비들이 매달려 있었다. 나비들이 날개를 접고 있어서 나뭇가지가 죄다 바싹 마른 가랑잎으로 뒤덮인 것처럼 보였다. 과거에는 이곳에 10만 마리가 군집했다고 한다. 작년에는 2만 4,000마리가 모였다. 올해는 1만 7,000마리밖에 되지 않는다.

이러한 감소 추세에는 여러 가지 원인이 있지만 이 골프장 특유의 원인은 바다의 영향을 완충해주던 나무들이 최근 들어 강풍으로 많이 쓰러졌다는 것이다. 나비들은 여기서 예전처럼 잘 보호받을 수 없었다. 링은 바람을 연구하고 새로 나무를 심을 만한 지점들을 정확하게 집어냈다. 그리고 나비에게 필요한 햇빛을 가로막는다고 생각되는 나무 몇 그루는 제거했다. 또한 시간이 흐르면 또 다른 월동 서식지가 될 수 있겠다고 전망하는 다른 장소도 낙점했다.

그는 골프장 한복판에 나비 서식지를 조성하고 있었다. 나는 나비들이 인간의 괴상망측한 행동과 공존할 수 있다는 데 다시금 놀랐다. 정확히 말하자면, 작고 단단하며 동그랗고 하얀 물체를 마구 때리는 행동 말이다. 나는 나비들이 적어도 이보다는 목가적인 것을 좋아하려니 생각했지만 그 골프장은 거의 한 세기 동안 그들의 터전이었다. 그러니 나비들은 날아다니는 골프공들과 화해를 이루었음이 틀림없다.

그래도 나는 골프장에서 나비를 원하는 이유가 궁금했다. 골프코스 관리 전국회의에서 강연을 마치고 막 돌아온 관리감독관 조시 헵티그와 장시간 대화를 나눠보았다. 그는 그 회의에서 환경보호상을 받은 적도 있었다.

그는 내가 지금까지 만났던 여느 골프장 관리자와는 다른 말을 했다. 헵티그는 몇 년 전 칼리지에서 얻은 경험 덕분에 독특한 관점을 갖게 되었다고 했다. 그가 속한 골프장 관리 수업에서는 칼리지에서 멀지 않은 곳에 새로 개장하는 골프장을 연구했다. 골프장 개장 반대자들이 "버디가 아니라 새를(Birds not birdies)"이라고 쓴 팻말을 들고 왔다. 이 반대자들은 수업에 초대되어 그들이 우려하는 바를 논의했다. 이 경험을 통해 헵티그는 눈을 떴다.

그는 새와 버디 중 어느 쪽도 놓치지 않기로 마음먹었다. 둘 다 관리하지 못할 게 뭐람? 혹은, 나비들을 관리하지 못할 이유가 있나? 렁의 조언을 따라 그는 3~7살 아이들이 모로 베이에 사이프러스나무 80그루를 심도록 했다. 그 후 골프장 개장 15주년을 기념하여 아이들은 50그루를 더 심었다.

모두가 그 나무들을 좋게 여기지는 않았다. 여러분은 골프장 이용자들이 불만을 제기했을 거라 생각할 것이다. 하지만 그들은 불만을 토로하더라도 온당하고 얌전하게 염려를 표했다. 그들은 자기네가 골프장에 와서 무엇에 꽂히는지 알고 있었다. 가장 심기가 불편한 사람들은 새로 심은 나무 때문에 바다 조망을 방해받는 땅 주인들이었다. 그래도 아이들은 아주 행복했다. 아이들은 마을에서 헵티그를 만날 때마다 골프장에 가서 자기가 심은 나무에 물을 줘도 되느냐고 물었다. 언제나 모든 사람을 만족시킬 수는 없는 법이다.

11월부터 2월까지 나비들이 거주지에 들어앉으면 헵티그는 관광객들과 그린을 돌아 제왕나비 서식지까지 가서 나비의 가치뿐만 아니라 점점 더 붐비는 세상에서 장차 골프장이 하게 될 역할에 대한 견해를 피력했다.

"골프장에 오신 것을 환영합니다. 여러분은 여기 오셨습니다만 골프장에서 나비를 보게 될 거라 상상이나 하셨습니까?" 그의 골프장 투어를 여는 말이다.

그는 자신이 스코틀랜드의 세인트 앤드루스와 궤를 같이한다고 생각한다. 세인트 앤드루스 사람들은 그곳을 "골프의 본고장"이라고 자칭하며 600년이라는 골프 전통을 자랑한다. 그곳에서는 그 땅에 서식하는 새들의 목록을 유지하고 여러 종의 나비를 포함하여 다양한 꽃가루 매개자를 불러들이기 위해 야생화 지대를 조성했다. 심지어 정원사들은 질색하지만 여러 종의 나비들과 새들에게는 사랑받는 엉겅퀴 종류들도 심을 것을 장려한다.

헵티그가 관리하는 또 다른 골프장도 야생 서식지를 잘 보호한 공로로 상을 받았다. 그는 맹금류 횃대를 설치하여 새들을 불러들였다. 그 덕분에 코스 관리에 치명적인 두더지 같은 동물을 없애기 위해 화학 물질을 사용할 필요가 줄어들었다. 그의 골프장에 서식하는 야생 생물은 3분의 1이나 늘었고 이 사실을 그는 매우 자랑스러워한다. "분명히 동물들은 이 지역에 있습니다. 그들은 이제 우리 골프장에서 살기로 선택한 겁니다."

그는 "우리는 지속 가능한 사업 모델이 있어야 합니다"라고 설명한다. 그가 말하는 '지속 가능한'은 다양한 활동에 골프장을 열어놓는다는 뜻이다. 모로 베이 골프장은 때때로 도보 경주 같은 지역 공동체 활동에 이용된다. 헵티그의 데어리 크리크 골프장 이용자들은 새끼 양들이 매애애 울어대는 들판을 굽이굽이 지나가고, 매들은 특별히 설계된 횃대에서 전망을 즐기면서 이용자들을 주의 깊게 살펴본다. 이 골프장은 제로웨이스트(zero-waste)를 실행 중이다. 클럽 하우스의 음식물 쓰레기부터 깎아낸 잔디에 이르기까지, 모든 유기물은 퇴비가 되어 골프장의 그린을 건강하게 유지하는 용도로 쓰인다.

그러니 모로 베이를 월동 서식지로 이용하는 나비 수가 점차 줄어들자 헵티그가 조치를 취하려고 한 것도 놀랍지는 않다. 그곳은 이미 지역 명소였다. 그의 나비 투어에는 참여자가 많았다. 이제 헵티그는 모두가 머리에 골프공을 맞는 일 없이 나비를 구경할 수 있도록 클럽 하우스와 나비 숲을 연결하는 아케이드형(아치형의 지붕이 있는 통로) 포장 산책로를 설계할 생각을 하고 있었다.

렁과 나는 모로 비치 골프장의 찬 공기 속에 서서 위를 올려다보며 장기적 목표를 논했다. 날개를 접고 나뭇가지에 매달려 있는 제왕나비들은 말라비틀어졌지만 아직 용케 떨어지지는 않은 가랑잎처럼 보였다. 나비들이 쉬는 동안 성가신 적들에게 "가보셔. 여긴 네가 볼일 없어"라는 신호를 주기 위해서 진화한 위장술이다.

나는 적잖이 당황했다. 내가 고작 이걸 보겠다고 케이프 코드에서부터 수천 마일을 날아왔단 말인가?

그 생각을 입 밖으로 내는 것은 삼갔다.

우리는 한동안 가만히 있었다. 내가 점심을 먹자고 했다. 오후 두 시쯤 됐을 때였다. 음산한 하늘 아래서 나는 오돌오돌 떨었다. 뜨끈뜨끈한 차우더 수프가 생각났다.

조금 있으려니 약속이라도 한 것처럼 구름들이 물러났다. 햇빛이 나타났다. 새파란 하늘. 찬란한 햇살. 잠시 온기를 누리는 시간.

가랑잎 군단이 날아올랐다. 우리의 머리 위 하늘이 빛나는 주황색과 검은색 날개들, 파란 하늘, 하얀 솜털 같은 구름으로 가득했다. 우리가 선 절벽 아래 태평양이 반짝거렸다.

머리 위로는 제왕나비 떼가 우리를 태양으로부터 보호하는 진짜 파라솔처럼 공중에 떠 있었다. 부력만 있고 방향성은 없는 나비들이, 우리 인간이 말하는 소위 '즐거움'에 가득 차, 햇빛에 몸을 담뿍 적시고 있었다.

8. 허니문 호텔

창조신의 입에서 매일 해가 새로 나오는데 겨울에는 그 햇빛이 나비가 된다.[1]

— 멕시코 속담

나비들은 자신들의 특별한 루틴을 사랑한다. 그들은 왕족처럼 자기네가 일어나고 싶을 때 일어난다. 앞에서 이미 말했듯이 느긋하게 오전 10시나 되어야 일어난다는 얘기다.

이른바 '은행가 시간'을 이렇게 엄수한다는 것은, 내 사고방식으로는, 상당한 지능을 암시한다. 나는 일찍 일어나지만 사실상 그 시각까지는 활발하게 활동하지 않는다. 렁을 만나기 전날, 오전 9시 30분에 캘리포니아 피스모 비치 나비 서식지 주차장 근처에 뚱하니 서 있었던 것도 그 때문이다. 나는 너무 일찍 나와 있었던 탓에 제대로 된 생각을 할 수가 없었다. 설상가상으로 날씨마저 (놀랍고도 놀랍게도) 암울하고 우중충했다.

제왕나비들도 비를 싫어한다. 나비들은 나뭇가지에 옹기종기 모여 가랑잎 자세를 고수한다. 나비 관광객들에게는 볼 것이 많지 않다. 운이 좋아서 도착하자마자 약간 흥분할 일이 있었다. 나는 일찍 출발한 보답을 받게 되리라는 것을 알았다. 비록 나비들은 억지로 기상했지만 내 시간은 절약되었다. 오전 10시부터 관람객 해설이 있었기 때문이다. 일이 잘 풀리려고 그랬는지 헌신적인 자원봉사 해설가(이 책의 자료를 조사하면서 운 좋게 만난 사람 중 하나였다)가 피스모 비치 제왕나비들의 비밀스러운 애정 생활을 폭로하겠노라 약속했다.

나는 비밀을 좋아한다.

공원 벤치 중 하나에 자리를 잡고 앉았다.

궂은 날씨에도 불구하고 사람들이 하나둘 모이기 시작했다. 모인 사람은 쉰 명이 넘었는데 다들 추위를 막기 위해 모자를 쓰고 간헐적으로 퍼붓는 소나기에 대비해 우산을 챙겨 왔다. 우리는 제왕나비의 탁월함에 대해 더 알고 싶은 마음이 간절했다. 아이들이 이 작은 군중에서 상당수를 차지하고 있었는데 이제 겨우 걸음마나 뗀 어린아이들도 꽤 많았다. 나중에 이 사실이 중요한 것으로 밝혀졌다. 자원봉사 해설가는 이제 막 교직을 은퇴한 것 같은 상냥한 여성이었는데 그녀가 설명할 내용 중에는 세심하게 다룰 필요가 있는 내용도 있었다.

해설가는 기본부터 설명하기 시작했다. 제왕나비 암컷은 밀크위드 잎에다가 시침핀 머리만 한 알을 낳는다. 알은 '오로지' 밀크위드에만 낳는다. 일반적으로는 잎의 아랫면에, 잎 한 장당 알 하나만 낳는다. 밀크위드를 이용하는 곤충이 제왕나비만은 아니다. 그런 곤충은 100종이 넘는다. 이것은 밀크위드가 과거에 오늘날보다 흔했음을 암시하기도 한다. 또

한 그 곤충들이 전부 제왕나비와 똑같이 식물의 특정 부분에 알을 낳지는 않기 때문에 언뜻 생각하는 것만큼 경쟁이 심하지는 않다.

날씨와 기온과 연중 시기에 따라 다르지만 대개 3~5일이 지나면 아주 작은 애벌레가 알에서 나온다. 갓 나온 애벌레는 너무 작아서 내 눈으로는 본다고 봤는데도 보이지 않았다.

애벌레는 자기가 나온 알이 붙어 있던 잎부터 시작해 그 후 9~16일간 필사적으로 밀크위드를 뜯어 먹고 산다. 애벌레는 '오로지' 밀크위드만 먹고 살아야 한다. 가엾기도 해라. 이 생물은 먹이에 관한 한 선택의 여지가 없다. 다른 식물은 안 되고 밀크위드만 먹어야 한다. 제왕나비의 애벌레는 알에서 나오자마자 치열한 생존 게임에 뛰어든다.

맨 처음에는 영양이 풍부한 알껍데기를 먹고 수액을 길게 들이마신다. 곤충학자 데임 미리엄 로스차일드*의 표현을 빌리자면 "우유 마시는 고양이처럼"[2] 말이다. 생태학자 아누라그 아그라왈이 상세한 기록으로 보여주었듯이 사실은 수액을 진탕 퍼마신 애벌레가 말 그대로 그 안에 푹 빠져 죽기도 한다.[3]

어릴 적에 자연을 접한 경험이 있는 사람들은 대부분 밀크위드 수액의 떫은맛에 익숙하다. 제왕나비 생물학자 링컨 브라우어는 밀크위드 잎을 뜯으면 고무 같은 수액이 '찍' 나온다고 나에게 말해주었다. 그러다 수액이 마르면 손가락들이 서로 들러붙을 것이다. 어릴 적에는 이렇게 강력하면서도 물방울 같은 수수께끼의 물질에 손가락들이 붙어버리는 느

---

* 데임 미리엄 로스차일드(1908~2005): 영국의 자연과학자이자, 동물학·곤충학·식물학에 공헌한 작가.

낌이 재미있다. 이 물질은 껌 같기도 하고 점액 같기도 한데 가까운 시냇물에라도 가서 일부러 꼼꼼하게 씻어내지 않는 한 저절로 없어지지 않아서 꽤 성가시다.

우리 어른들은 이 물질을 '라텍스'라고 한다는 것을 안다. 라텍스는 결코 드물지 않다. 모든 식물 종의 약 10%가 라텍스를 사용하도록 진화했다. 고무나무 라텍스로는 자동차 타이어를 만든다. 합성 고무가 발달하긴 했지만 천연 라텍스만큼 내구성이 좋지는 않다. 지구상에 천연 라텍스와 같은 것은 없다.

밀크위드 라텍스는 독성이 가득한, 여러모로 고약한 물질이다. 유명한 제왕나비 연구자 링컨 브라우어는 한번 이 물질을 직접 맛보았다. "기절할 뻔했어요. 진짜 끔찍한 맛이 났거든요. 침이 질질 흘렀고, 거의 토하다시피 했죠."[4]

흥미롭다는 생각이 들었다. 나는 모르는 것을 입에 넣는 습관이 없으니까. 하지만 현장 연구자들은 일종의 남자다움을 과시하고서 나중에 맥주를 마시면서 그런 일을 한 걸 안줏거리로 삼는 모양이다. 찰스 다윈조차도 이러한 무용담 만들기에 굴복했다. "어느 날 늙은 나무껍질을 뜯어냈는데 희귀한 딱정벌레 두 마리가 있어서 한 손에 한 마리씩 잡았다. 그런데 새로운 종류의 딱정벌레가 또 한 마리 나타났다. 그놈도 절대로 놓치고 싶지 않아서 오른손에 쥐고 있던 딱정벌레를 얼른 입에 넣었다. 어이할거나, 내 입속에서 벌레가 뭔가 톡 쏘는 듯한 액체를 뿜어냈고 나는 혀를 데고 말았으니……."[5]

'대부분의' 과학자들은 이런 유의 실험을 하고도 살아남았다.

또 다른 나비 전문가이자 아마 20세기에 가장 널리 알려진 인물 중

한 명이라고 할 수 있는 블라디미르 나보코프도 제왕나비와 총독나비의 유사성을 확인하기 위해서 그 두 종류 나비의 맛을 보았는데 비슷하게 "불쾌한" 맛이 나더라는 글을 썼다.[6] 나보코프의 지적은 대중에게 상당히 알려졌는데 그 이유는 뭐니 뭐니 해도 그가 어린 소녀에 대한 중년 남성의 집착을 다룬 충격적인 소설 『롤리타』의 저자였기 때문이다(당시는 1950년대로, 그러한 주제를 다루는 글은 금기시되었다).

알에서 갓 나온 애벌레가 밀크위드를 먹어야만 한다는 사실은 자못 아이러니하다.[7] 애벌레의 첫 모금은 생애 마지막 모금이 될지도 모른다. 우리가 어렸을 때 손가락을 들러붙게 했던 라텍스는 애벌레의 턱도 들러붙게 할 수 있다. 그렇게 되면, 애벌레는 굶어 죽을 것이다. 아그라왈은 대략 애벌레의 60%가 처음 먹은 수액 때문에 죽는다고 말한다. 이는 꽤 높은 사상률이다. 게다가 턱을 못 쓰게 되지는 않더라도 발이 들러붙는 다소 일상적인 사실 때문에 죽을지 모른다.

때때로 애벌레는 위험을 줄이기 위해 밀크위드 잎과 줄기의 연결부를 잘근잘근 씹어서 잎만 분리해내는 데 성공할 것이다. 잎에서 뿜어 나오는 라텍스 수액은 덜 부담스럽기 때문에 이렇게 하면 애벌레의 일도 덜 고역스럽다. 또한 애벌레는 좀 더 작은 한입 크기로 영양을 섭취할 수 있다. 혹은, 때로는 잎을 주의 깊게 원을 그리면서 뜯어 먹기도 한다. 원의 안쪽에서부터 잎을 뜯어 먹으면 뿜어 나오는 라텍스에 젖어버릴지도 모른다는 부담이 대폭 줄어든다. 그렇지만 대체로 애벌레는 아무렇게나 쩝쩝대면서 먹고 뒷일이 부디 잘 풀리기만을 바란다.

밀크위드 잎을 뜯어 먹고 쓰디쓴 라텍스 수액을 마시고자 하는 이 강박은 끔찍이도 잔인하다. 뭔가 그리스 비극 같다. 자신을 죽게 할 바로 그것을 끌어안을 수밖에 없는 운명. 치명적 끌림. 이 지독한 진실에는 라텍스의 끈끈함과 지독히 쓴맛, 그 이상의 것이 있다.

라텍스는 치명적이다. 여기 또 다른 아이러니가 있다. 애벌레가 라텍스를 많이 먹을수록 전반적인 성장은 위축되지만 동일한 종류의 애벌레가 새나 다른 포식자에게 잡아먹힐 위험은 줄어든다. 일단 애벌레가 살아남는다면 말이다. 애벌레는 섭취해야 하는 독 성분 때문에 죽는 경우가 많다.

괴상하고도 변태적이지 않은가.

그렇지만 중요한 문제다. 새에게 잡아먹히는 애벌레의 수가 알에서 태어나는 애벌레 수의 절반이나 되므로.

라텍스가 독이라는 사실은 인간도 오래전부터 알고 있었다. 고대 로마인들은 식물에서 이 성분을 추출해서 적을 암살할 때 썼다. 라텍스도 디기탈리스*처럼 동물의 심장과 신경계에 강하게 작용한다.

그러므로 곱씹어볼 만한 점, 어쩌면 궁극의 변태성이라고 할 만한 점이 있다. 애벌레는 독성이 있다는 '바로 그 이유 때문에' 라텍스를 섭취하는 것이다. 우리를 죽이지 못하는 것은 우리를 더 강하게 만든다. 독을 먹고도 살아남는다면 생사의 대결에서 훌쩍 앞선 상태로 평생을 살아가게 될 것이다.

애벌레는 자기 몸뚱이의 특정한 여러 곳에 독소를 저장할 수 있다. 포식자가 애벌레를 잡아먹으려고 하면 해롭고 역겨운 독을 입안 가득 머금

---

* 디기탈리스(digitalis): 현삼과의 여러해살이풀. 잎은 응달에 말려 심장병의 약재로 쓴다.

게 될 것이다. 새들은 여기서 좌절한다. 그들의 가장 흔한 반응은 애벌레를 도로 뱉어내는 것이다. 포식자들은 빨리 배운다. 대부분 다시는 제왕나비는 거들떠보지도 않는다. 혹은, 다윈과 베이츠가 보여주었듯이 제왕나비와 비슷하게 생긴 다른 나비도 일단 거르고 본다. 이렇게 몸에 저장된 독소는 지속적으로 효력이 있다. 애벌레가 나비가 된 후에도 독소는 그대로 남아 포식자들을 단념시키는 역할을 한다.

(맛보자마자 토할 뻔했던 브라우어의 반응이 보여주듯이) 우리는 제왕나비만큼 이 독소에 대한 내성이 크지는 않지만 극소량만 섭취한다면 몇 가지 이점을 누릴 수 있다. "독과 약은 종이 한 장 차이일 때가 많다." 아그라왈은 난제를 심도 깊게 다룬『제왕나비와 밀크위드』에서 이렇게 썼다. 사람들이 이런저런 심장 질환 때문에 복용하는 약은 밀크위드 독소와 밀접한 관련이 있다. 언젠가 이 독소가 암 치료제로 쓰일지도 모른다. 그렇지만 이 독소가 너무 많이 체내에 들어오면 심정지가 오고 말 것이다.

제왕나비들은 그들의 생존에 중대한 이 난제를 피해서 돌아가려고 오만 가지 전략을 개발했다. 그렇지만 밀크위드도 제왕나비로 인한 문제를 피해 가기 위해서 한층 더 앙큼하고 새로운 방법들을 들고 나왔다. 가령, 어떤 밀크위드는 잎 위에 억세고 뻣뻣한 털을 잔뜩 세워 애벌레의 작업을 한층 더 힘들게 만든다. 이 경우, 애벌레는 일단 살아 숨 쉬는 절삭기가 되어 가시를 제거한 후에야 잎을 먹을 수 있다. 그게 참 대단해 보였다. 복잡한 생애 주기에서 그저 한 단계에 불과한 이 자그맣고 임시적인 생물이 어떻게 이런 일을 할 줄 '아는' 걸까?

제왕나비는 밀크위드를 먹고 싶어 하는 반면, 밀크위드는 먹히고 싶어

하지 않는다. 아그라왈을 위시한 연구자들은 이를 일종의 "군비 경쟁", 티격태격, 거액이 걸린 한판, 서로 '너 하는 것 봐서'를 외치는 상황으로 묘사했다. 그렇지만 다른 이들은 여전히 그러한 메타포가 곤충과 식물의 사회보다는 인간 사회가 돌아가는 양상을 더 많이 반영할 거라 암시한다.

여러 가지 다른 요소들이 맞물려 돌아간다는 의미의 간단한 단어 '상호 작용'이 더 정확하면서 덜 부담스럽다. 곤충학자 마이클 엥겔은 "진화적인 엎치락뒤치락"[8]이라는 표현을 쓴다. 엥겔은 결론적으로 내게 이렇게 말했다. "꽃식물이 생태적으로 부상한 것은 부분적으로 곤충과 손을 잡은 덕분이지요. 그리고 많은 곤충 집단은 꽃식물을 기주 식물로 삼은 덕분에 번성할 수 있었고요."[9]

나는 아그라왈에게 알에서 갓 나온 애벌레가 그날을 넘기지 못하고 죽는 경우가 허다한데 그래도 살아남는 개체는 어떤 이유로 살아남는 것인지 물었다.

"떡갈나무 한 그루에 평생 열리는 도토리가 100만 개는 됩니다. 왜 일부만 살아남느냐고요? 어떤 것은 운이 좋아서 살아남고, 또 어떤 것은 적절한 특성을 지니고 있어서 살아남지요. 이 사례에서도 마찬가지입니다. 하지만 좀 더 과학적인 대답을 하자면, 제왕나비와 밀크위드는 서로 고립되어 살지 않기 때문입니다. 양측이 각자 자연 선택을 통하여 자기네 할 일을 더 잘하려고 노력하기 때문이라고 할까요. 제왕나비의 진화를 천년 동안 막고 밀크위드는 계속 진화했다면, 제왕나비는 전부 멸종했을 겁니다."

물론 그런 일은 일어나지 않았다.

'모든' 생명은 진화해야만 한다.

결국은 변화가 생명의 본성 자체다.

그런 것들이 생명의 구조를 이루는 사실들이다.

피스모 비치의 해설가는 이어서 애벌레가 2인치(약 5cm) 크기로 자라면 나비로 변하는 과정이 시작된다고 말했다. 애벌레의 껍데기를 벗고 위험천만한 세상에서 물러나 작은 방처럼 생긴 번데기 속으로 들어가는 것이다. 이처럼 포식자들의 눈에서 벗어난 비교적 안전한 상태에서 변신을 수행한다. 이 과정은 보통 며칠밖에 걸리지 않는다.

번데기에서 나올 때 나비는 완전한 성충(成蟲, imago)이 되어 있고 사람 눈을 홀리는 화려한 색을 띠고 있을 것이다. 그렇지만 우리 넋을 빼놓는 제왕나비의 색은 눈부시기만 하면 그만인 것이 아니라 다른 목적이 있다. 그 색이야말로 엇갈려놓은 뼈다귀와 해골 표시 뺨치는 경고다. '날 잡아먹으려면 죽을 각오를 해.' 밀크위드를 먹이로 삼고 화려한 주황색으로 포식자들에게 경고를 날리는 곤충은 제왕나비뿐만이 아니다. 밀크위드 딱정벌레와 긴노린재류도 초록 잎사귀 위에서 눈에 확 띄는 위협적인 주황색이다.

자연은 때때로 이런 수법을 쓴다. 보통, 먹이가 되는 동물은 주위 환경에서 쉽게 눈에 띄지 않게끔 보호색을 띤다. 황갈색 새끼 사슴 엉덩이의 하얀 얼룩은 마른 풀에 햇살이 비쳐서 생기는 반점을 닮았다. 얼룩말의 무늬는 먹이를 찾아 어슬렁대는 사자의 눈으로부터 숨겨준다. 그렇지만 독보적인 방어 수단이 있다면, 오히려 눈에 잘 띄고 기억에 남게 하는 방향으로 색을 쓰는 전략이 효과적일 수 있다. 예를 들어, 스컹크는 흑백의 대비가 눈에 확 들어온다. 이러한 색의 사용은 일종의 허풍 떨기, '난

겁날 것 없는데 넌 겁내야 할걸?'이다. 내가 기르는 흑백 보더콜리도 시커멓고 위협적인 눈썹으로 같은 전략을 구사한다. 자신의 존재감을 양들이 확실히 느끼기를 '원하는' 것이다.

대모벌도 경고등처럼 선명한 주황색을 활용한다. 대모벌의 침에 쏘이면 아주 아프고 위험하다. 그렇지만 대모벌은 웬만해서는 일을 그렇게까지 끌고 가지 않는다. 그래서 이 검은색 곤충은 전략적으로 요긴한 부분에만 주황색을 두른다. 주황색 날개, 주황색 더듬이, 주황색 복대, 이 독충은 '난 정말 신경 안 써, 그런데 너도 그럴까?'라고 쓴 재킷을 걸치고 있는 것 같다.

제왕나비도 마찬가지다. 날개의 번쩍거리는 밝은 주황색은 냉큼 비키라는 표시다. '경고: 비키지 않으면 재미없는 일이 생길 것이다.' 알에서 갓 나온 제왕나비 애벌레는 아직 몸에 독소가 축적되어 있지 않기 때문에 주황색을 띠지 않고 오히려 반투명에 가깝다. 이 애벌레는 방어 수단이 없기 때문에 무조건 숨어야 한다. 하지만 애벌레가 성장하면서 몸에 독소가 많이 쌓이면 색이 밝아져도 괜찮다. 이때는 네온사인처럼 눈에 확 띄는 편이 더 효과적인 방어다. 검은색, 노란색, 흰색 띠로 대담하게 꾸며도 된다. 이제는 독을 충분히 품었으니까. 색은 말한다. '그래, 덤빌 테면 덤벼봐. 한입 먹어봐. 더 먹겠다고는 못할걸?'

그 추운 2월의 아침, 우리는 피스모 비치에서 해설가의 설명을 들으면서 내처 서 있었다. 이따금 해가 비구름 사이로 간신히 햇살을 보내주기도 했다.

자원봉사 해설가는 넋을 잃고 귀 기울이는 아이들과 어른들에게 번데기 안에서 변태를 끝낸 나비가 나온다고 말했다. 번데기 안에서는 날개가 접혀 있었으므로 처음에는 한 시간 정도 들여서 날개를 정비한다. 날개가 점점 펴지고 단단해진다. 그 후에 비로소 나비는 꿀과 사랑을 찾아 훨훨 날아간다.

해설가는 그 후 다시 새로운 생애 주기가 시작된다고 했다.

"그곳으로 가지요, 제시간에 맞게." 그녀가 감탄스러운 목소리로 말했다.

서서히, 한 마리 두 마리, 그러다 점점 더 많이, 제왕나비들이 나뭇가지를 떠나 날아다니기 시작했다. 나는 나비들이 꿀을 머금은 꽃을 찾는가 보다 했다.

하지만 예상과 다른 일이 일어났다. 어떤 나비는 다른 나비를 쫓아다니는 것처럼 보였다. 쫓기는 나비들은 추적자들을 피하려고 허공에서 빙글빙글 돌거나 몸을 홱 뒤집거나 하면서 곡예를 하고 있었다.

희한하기도 해라, 나비들이 술래잡기 놀이를 하고 있네, 라고 나는 생각했다.

그러다 쫓아가는 나비가 쫓기던 나비를 따라잡았다. 추적자는 상대를 꽉 붙잡으려고 했다. 상대는 간신히 피했다. 하지만 다시 붙잡혔다. 추적자는 자기가 안정적으로 상대를 잡을 수 없다는 것을 알고 상대를 바닥에 쓰러뜨렸다. 그러고는 자기도 따라 내려가 상대를 꼼짝 못 하게 제압하려고 했다. 쓰러진 나비는 몸부림쳤다. 그렇지만 결국은 완전히 제압당했다. 그제야 추적자 나비는 그 나비를 끌고서 날아올랐다.

전직 교사 해설가가 친절하게 말했다. "이제 나비들은 허니문 호텔로 가지요."

그녀는 그 이야기는 그쯤 해두었다.

제왕나비들의 성생활을 묘사하는 이들이 모두 이렇게 온건한 표현을 쓰는 것은 아니다. 실제로 어떤 나비 연구가들은 이 주제를 다루면서 거의 분노하기까지 한다.

"제왕나비는 자연에서 볼 수 있는 남성우월주의자의 아주 좋은 예라고 할 수 있다."[10] 전설적인 수집가 월터 로스차일드의 조카딸이기도 한 데임 미리엄 로스차일드는 이렇게 썼다. "같은 속이어도 다른 종들은 고도의 최음제를 써서 암컷을 현혹하고 제압한다. 수컷은 암컷에게 구애하면서 식물 전구체를 먹어서 합성해낸 특수한 가루를 마치 금빛 눈가루 흩날리듯 뿌린다. 그런데 제왕나비 수컷은 이러한 세련된 과정을 죄다 생략할뿐더러 꽤 자주 암컷을 쓰러뜨려 반쯤 기절시켜놓고 완력으로 성행위를 한다. 이 과정에서 암컷은 더듬이가 평소보다 두 배는 심하게 구부러지고, 다리는 몸 아래로 접혀 들어가며, 날개도 무참히 상하고 만다."

1978년에 쓴 이 에세이의 제목은 「지옥의 천사들」*이다.

나는 이 글을 읽고서 당황했다. 그리고 피스모 비치의 해설가가 이렇게 노골적이고 솔직한 어조를 취하지 않은 것에 감사했다. 어린아이들이 이렇게 흉한 사실을 알 필요가 없거니와, 나도 알 필요가 있는지 잘 모르겠다. 선택권이 있다면 나로서는 달콤한 환상의 세계에 안주하는 편이 더 좋다.

---

* 지옥의 천사들: '헬스 엔젤스(Hell's Angels)'는 악명 높은 바이커 갱단의 이름으로 폭주족의 대명사로 통한다.

물론, 해석이 전부다. 로스차일드 여사가 제왕나비의 구애를 다소 의인화해서 묘사했다면 그 이유는 그녀도 제왕나비들처럼 대담하게 나갈 여유가 있었기 때문이다. 명망 높은 금융인 가문의 일원이었던 데임 미리엄 루이자 로스차일드는 능히 자기가 되고 싶은 모든 것이 될 수 있었고, 그녀가 되고 싶었던 것은 곤충학자였다. 그녀는 2005년에 96세로 사망할 때까지 공식적인 교육은 받지 않았지만 제왕나비에 관한 한 세계에서 손꼽히는 전문가 중 한 사람으로 인정받았다.

그녀는 벼룩에 대해서도 잘 알았다.[11] 그녀의 아버지 찰스는 어릴 때부터 벼룩 애호가여서 26만 개 이상의 표본을 수집했다. 수집벽이 있는데 돈이 문제가 되지 않는다면 작은 곤충을 수십만 마리 모으는 것도 실현불가능한 꿈이 아니다. 그게 정말로 그 사람이 간절한 꿈이라면 말이다.

벼룩 수집은 롤스로이스나 다이아몬드나 궁궐이나 그 외 어떤 것을 쓸데없이 사들이는 어리석은 부자의 취미 그 이상이었다. 찰스의 수집 강박은 인류를 심히 이롭게 할 진정한 과학적 재능과 결합해 있었다. 1903년에 찰스는 쥐에 붙어 살지만 인간에게 옮겨 가 물기도 하는 열대쥐벼룩(*Xenopsylla cheopis*)이라는 종을 발견했다. 찰스는 이 벼룩이 적어도 6세기 이후로 인류를 반복적으로 떼죽음으로 쓸고 갔던 선페스트* 라는 무자비한 파도를 매개한다는 사실을 알아냈다. 찰스의 발견 덕분에 인류는 벼룩을 허투루 보지 않게 되었고 선페스트는 희귀한 질병이 되었다.

---

* 선페스트(bubonic plague) : 흑사병의 병형(病型) 중 하나로 전신의 림프절이 붓는 것이 특징이다.

미리엄도 벼룩과 관련된 획기적인 발견들을 이룩했는데 그중에는 벼룩의 경이로운 도약 기제와 관련된 것도 있다. 그녀는 이런 말을 한 적이 있다. "모든 사람이 벼룩을 대단히 좋아하는 건 아니지요. 하지만 난 무척 좋아한답니다." 그녀는 훗날 이렇게 말했다. "우리는 이 벼룩들이 쉬지 않고 3만 번이나 점프할 수 있다는 것을 알아냈지요. 그건 정말 굉장한 거였어요. (……) 중력 가속도가 140g으로 나왔죠. 그건 달에 보낸 로켓이 지구 대기권에 재진입할 때의 중력 가속도보다 20배나 큰 거예요."

나는 이런 생각이 들었다. 그런 사실을 알아내기까지 벼룩에 얼마나 헌신적으로 매달렸을까. 그녀가 옳았다. 모든 사람이 그녀처럼 벼룩을 좋아하는 건 아니다. 미리엄 로스차일드는 나비 연구 분야에서 내가 가장 좋아하는 인물이다. (여자는 교육이 필요 없다고 했기에) 어렸을 때 학교에 갈 수 없었던 그녀는 거의 독학으로 진정한 학자의 수준까지 나아갔다. 성인이 된 후에는 세계 유수의 대학 및 연구 기관과 협업을 했다. 미리엄 로스차일드는 세계 최초의 벼룩 국제학회를 주최했는데 그 자리에 참석한 과학자들은 록밴드 크림의 멤버인 진저 베이커의 공연과 현악 사중주 양쪽 모두를 즐길 수 있었다. 그녀는 2005년에 사망할 때까지 학술지에 200편 이상의 논문을 발표했고 영국 왕립학회 회원으로 선출되었다. 또한 안전벨트를 발명한 사람이 바로 그녀라는 얘기도 있다.

월터 로스차일드는 조카딸에게 훌륭한 본보기였다. 그는 자기가 생각한 대로 살았다. 한번은 얼룩말이 끄는 마차를 타고 버킹엄 궁전에 가기도 했다. 그러나 궁에 오래 머물지는 않았다. 런던의 자갈길을 돌아다니려는 의지는 분명히 있으나 지독히도 길들지 않는 그의 얼룩말 중 한 마리가 왕가의 자녀를 물기라도 했다가는 골치 아파질 것이 분명했기 때문이다.

미리엄도 엘리트 계층을 놀려주고 싶어 하는 삼촌의 성향을 물려받았다. 그녀는 천막처럼 생긴 보라색 드레스를 입고 보라색 스카프를 두르곤 했다. 여러 권의 책을 썼고, 이브닝드레스에 고무장화를 신고 버킹엄 궁전에 가기도 했으며, 오늘날 동성애자의 권리라고 일컫는 바를 옹호했고, 지금도 널리 퍼지고 있는 들꽃 심기 열풍을 장려했다. 정신분열증 연구와 선구적인 미술 치료 기법에 거액을 기부했다.

미리엄 로스차일드의 학문적 관심은 다양했지만 대개 자기가 호기심을 품게 된 문제를 계속 추적하는 식이었다. 예를 들어, 어느 날 그녀는 불나방과 귀진드기와 박쥐의 관계가 궁금해졌다. 귀진드기 중에서 불나방에게 꼬이는 특정한 종이 있고, 불나방은 박쥐의 먹이가 된다. 미리암은 이 귀진드기가 나방의 한쪽 귀만 노린다는 것을 알아냈다. 다른 쪽 귀에는 항상 귀진드기가 없었다. 그녀는 귀진드기가 자기들이 무임 승차한 불나방이 박쥐가 다가오는 소리를 듣고 도망갈 수 있어야 하기 때문에 나방의 한쪽 귀는 온전히 남겨둘 것이라는 가설을 세웠다.

"일단…… 진드기 한 마리가 들어오면 나머지도 따라옵니다. 하지만 늘 같은 귀에만 진드기가 우글거리지요. 양쪽 귀에 진드기가 우글대는 나방은 없습니다. 진드기들이 서로 싸우는 모습, 교미하는 모습, 그 외 기타 등등을 볼 수 있습니다만 그 모든 것은 한쪽 귀에서만 일어납니다. 아무도 이것을 이해하지 못했습니다. 왜 진드기들이 한쪽 귀에만 꼬이는지 아무도 몰랐어요. 정말 희한해 보였지요." 그녀가 텔레비전 인터뷰에서 한 말이다.

그녀는 첫 번째 진드기가 나방의 귀에 어떤 흔적을 남기고 그다음부터 다른 진드기들은 그 흔적을 따라온다는 사실을 알아냈다.

"귀진드기는 당연히 나방과 함께 박쥐에게 잡아먹히고 싶지 않거든요. 그러니까 일종의 보호 장치인 셈입니다. 나는 이게 무척 재미있다고 생각했어요."

그녀는 나중에 이렇게 말했다. "이 말을 해야겠네요, 나는 모든 것이 흥미롭다고 생각해요."

그녀는 정말로 그랬다.

나는 미리엄 로스차일드가 르네상스 시대의 이탈리아에서 기량을 펼치고 레오나르도 다빈치 같은 사람들과 열띤 대화를 나누는 모습을 상상한다. 그녀는 어렵지 않게 자신의 견해를 견지했을 것이다.

그녀가 흥미롭게 생각한 것 중 하나는 제왕나비가 포식자들에게 별 영향을 받지 않는다는 점이었다. 제왕나비는 영국의 토착종이 아니었지만 그녀는 이 나비에 대한 글을 많이 읽었고 표본도 일부 받아보았다. 한번은 개인적으로 꼽는 7대 불가사의가 무엇이냐는 질문을 받고서 인터뷰어에게 이렇게 말하기도 했다. "제왕나비를 꼽겠습니다……. 그 이유는, 알다시피 나비들은 모두 굉장히 영리하거든요."

"제왕나비들은 후각적으로 강력하다." 그녀는 제왕나비들이 냄새를 잘 맡는다는 뜻이 아니라(실제로 그렇기는 하지만) 이 곤충들이 진한 냄새를 풍긴다는 뜻으로 이렇게 말했다.

나는 그녀가 독소에 냄새가 있다는 말을 하고 싶었던 것이리라 생각했다. 하지만 아누라그 아그라왈이 내 생각을 바로잡아주었다. 역한 냄새를 풍기는 곤충은 많지만 제왕나비가 풍기는 냄새는 밀크위드의 독소에서 오는 것이 아니다. 이 독소는 휘발성 물질처럼 공기 중에 떠다니기에는 지나치게 무겁기 때문이다.

그렇다면 무엇이 냄새를 유발할까? 나는 궁금했다.

"아직 모릅니다. 미래의 연구 주제가 되겠지요." 그의 대답은 이러했다.

로스차일드가 인터뷰 동영상에서 금빛 점이 박힌 청록색 번데기를 들어 보인 적이 있다. 그 안에는 제왕나비로 변신 중인 애벌레가 들어 있었다.

그녀는 "요 귀여운 것"이라고 했다. 그러고 나서는 다른 세 명의 연구자와 함께 그녀가 참여했던 획기적인 연구에 대해서 설명했다. 그 세 명은 미국의 과학자 링컨 브라우어, 스위스 출신의 노벨화학상 수상자 타데우시 라이히슈타인, 영국의 과학자 존 파슨스였다.

19세기 이후로 다른 나비는 잘만 잡아먹는 새들이 제왕나비는 건드리지 않는 모습이 자주 관찰되었다. 어떤 이들은 제왕나비에게서 고약한 맛이 나기 때문에 그럴 것이라고 추측했지만 아무도 증거를 대지는 못했다. 제왕나비가 고유한 독소를 만들어내기라도 하는 것일까? 아니면, 독소가 함유된 것을 먹고 그것을 몸에 지니고 있는 것일까?

오늘날에는 상식이나 다름없지만, 이 질문에 대한 답을 얻기는 쉽지 않았다. 19세기에도 제왕나비가 오로지 밀크위드만 먹고, 가끔 밀크위드를 먹은 애벌레가 죽기도 하며, 밀크위드 자체에 쓴맛과 독성이 있다는 사실은 관찰되었다. 당연히 밀크위드 속의 어떤 성분이 제왕나비를 보호한다고 짐작할 만했다. 20세기 초에도 진화는 여전히 논쟁이 분분한 학문이었으므로 이 명백한 연관성을 설명할 수 없는 듯 보였다. 식물과 나비라는 별개의 두 생물이 어떻게 그렇게 내밀한 관계를 발전시킬 수 있단 말인가?

1960년대에 누구보다 접대에 능한 국제 생물학계의 영부인 로스차일드 여사가 그 문제를 풀기로 결심할 때까지 미스터리는 이도 저도 아닌 상태로 남아 있었다. 그녀는 관련 학자들을 모두 자신의 사유지로 초대해 오찬을 베풀었다. 다들 즐거운 시간을 보냈다. 그 후 서신들이 대서양을 오갔다. 미국의 링컨 브라우어와 제인 밴 잰트 브라우어는 옥스퍼드에 잠시 체류하면서 로스차일드 및 다른 학자들과 이 문제를 논의했다. 획기적인 일련의 실험들이 진행되었다.

브라우어 부부는 나비와 직접적 관련이 있는 연구를 이끌었다. 그들은 일단 파랑어치가 제왕나비를 먹게끔 유도할 수 있다는 것부터 보여주었다. 1969년 2월, 이 획기적인 연구를 실은 대중 과학 잡지 《사이언티픽 아메리칸 Scientific American》은 두 마리 나비 중 어떤 것을 잡아먹을까 고심하는 듯한 파랑어치의 컬러 삽화를 표지로 실었다.[12]

그 후, 링컨은 제왕나비 애벌레의 어느 한 종류를 밀크위드가 아닌 양배추를 주로 먹여가면서 키워냈다. "누가 나한테 그렇게 해보라고 했으면 못한다고 했을 겁니다." 아그라왈은 나에게 링컨의 위업이 지닌 중요성을 상찬하는 뜻에서 그렇게 말했다.

링컨은 불가능해 보이는 과업을 이러한 방법으로 달성했다. 알에서 애벌레가 나오자마자 양배추에다가 옮겨놓았다. 그 후 그냥 방치했다. 애벌레는 대부분 굶어 죽었다.

놀랍지만 그래도 살아남은 놈들이 있긴 했다. 링컨은 죽는 날까지 이 성취를 대단히 자랑스러워했다.[13] 2018년에 사망하기 몇 주 전에도 나에게 그 실험은 생물 종이 얼마나 유연하게 살아남는지 보여준다고 했다.

브라우어는 이렇게 살아남은 개체들을 교배하여 양배추를 먹이로 삼는 애벌레를 얻었다. 이 과정을 여러 차례 반복하여 양배추를 먹고 살 뿐만 아니라, '독성이 없는' 제왕나비가 소수 나왔다(이것이 핵심이다). 브라우어가 포식자에게 이 나비를 먹였더니 포식자는 도로 뱉어내지 않았다. 이리하여 그는 성체 제왕나비의 독소가 애벌레 시기에 섭취한 식물에서 유래한다는 것을 증명했다. (그런데 이 작은 예가 기후 변화로 동물이 이용할 수 있는 식물의 종류가 변할 때 자연이 그러한 진화의 필요에 어떻게 대처하는지 단순 명쾌하게 보여준다. 만약 어느 지역에서 새로운 식물을 먹고서 일부 개체만 살아남고 나머지는 다 죽는다면 그 생존 개체들끼리 서로를 찾아 짝을 짓고 번식할 확률이 높다. 결과적으로, 새로운 종이 나올 수도 있다. 다른 한편으로, 또 다른 한 종이 지구상에서 사라질지도 모르지만 말이다.)

"그 양배추 실험으로 우리는 완전히 새로운 장을 열어버렸다고 할까요." 링컨이 말했다. 그의 연구 팀은 생물학의 새로운 분과를 설립해가고 있었다. 화학생태학, 즉 종과 종 사이의 소통 언어로서 화학을 연구하는 학문 말이다.

나는 그에게 그토록 위험한 시도를 밀고 나가는 것이 힘들지 않은지 물었다.

"그 실험에는 운이 많이 따랐습니다. 그런 유의 실험은 대개 그렇지만요." 그가 대답했다.

나는 그게 무슨 뜻이냐고 물었다.

"승산이 별로 없는 실험이었거든요. 우리가 애벌레 수백 마리를 양배추에다가 옮겨놓으면 겨우 한 마리만 살아남아 교배까지 갈 수 있었지요. 그렇게 해서 겨우 애벌레들을 굶겨 죽이지 않고도 양배추 잎으로 먹고살 수 있는 개체들의 집단을 얻어냈습니다."

다음 과제는 밀크위드에 들어 있는 특수한 독 성분이 무엇인지 알아내는 것이었다. 로스차일드가 스위스의 화학자이자 노벨상 수상자 타데우시 라이히슈타인의 도움을 얻어냈다. 제왕나비는 유럽 토착종이 아니기 때문에 브라우어는 일부 표본을 해외의 화학자들에게 보내야만 했다. 그 연구자들은 제왕나비에서 독성이 있는 화합물을 분리했다. 그리고 그 성분이 밀크위드의 독소와 일치한다는 것까지 알아냈다.

그걸로 그 문제는 매듭이 지어졌다. 제왕나비와 밀크위드는 특정 화학 물질을 매개로 밀접한 관계를 맺고 있었다. 그 관계는 나비들에게는 명백하지만 우리 눈에는 보이지 않는 화폐를 기반으로 삼고 있었으므로 한때 많은 사람들에게 무슨 마법처럼 보였을 것이다. 지금은 화학이 당연히 진화의 기준 통화라고 생각하지만 20세기 중반만 해도 이것은 어떤 이들이 도저히 믿지 못할 만큼 획기적인 뉴스였다. 브라우어는 그 후 국제 화학생태학 협회의 초대 회장이 되었다.

미리엄 로스차일드는 옥스퍼드와 케임브리지를 비롯, 8개 대학에서 명예 박사 학위를 받았다. 그리고 영국 왕립학회 회원까지 되었다.

그녀는 그 후에도 여전히 나비와 벼룩을 사랑했지만 극단적으로 제왕나비 암컷만을 좋아했으며 이 종의 수컷에 대한 견해를 결코 철회하지 않았다.

"제왕나비 수컷은 양아치다." 그녀는 이렇게 쓴 적도 있다.

그녀가 하고 싶었던 말 그대로였다.

9. 스캐블랜드

제왕나비는, 내가 보기에는, 세상에서 가장 흥미로운 곤충이다.[1]

— 미리엄 로스차일드, 『나비정원사』

워싱턴주의 서쪽 3분의 1은 북서쪽으로 이동한 후안데푸카판(板)의 파편과 부스러기가 모인 것에 지나지 않는다. 옛날의 한 덩어리에서 떨어져 나온 조각들을 대륙판에 붙인다면 워싱턴주는 엄청나게 커질 것이다. 오리건주의 해안 지대가 지질학자 엘렌 비숍의 말마따나 "시애틀의 아랫배로 인정사정없이 밀려 들어간"[2] 것과 마찬가지다.

그래서 이 지역의 날씨는 흥미롭다. 워싱턴 서쪽은 빗물이 모여 바다로 흘러 들어가는 강줄기가 많기 때문에 굉장히 습하다. 이슬비와 폭우가 끊이지 않는 긴 겨울에는 사람들이 그냥 말 그대로 미쳐버린다. 시애틀의 오로라 브리지는 겨울에 투신자살하는 사람이 많은 곳으로 악명이 높다. 2017년 4월 기준으로, 그러니까 내가 피스모 비치를 처음 방문하고 몇 달 후, 시애틀에는 6개월 동안 45인치(약 115cm)나 되는 비가 내렸다. 강우량 집계가 시작된 19세기 말 이래로 최고 기록이었다. 조금 더 서쪽에 있는 올림픽 반도와 비교하자면, 그곳의 총 강우량은 100인치(254cm) 이상이었다.

그렇지만 이런 일은 오로지 캐스케이드산맥 '서쪽'에서만 일어난다는 것이 밝혀졌다. 700마일(약 1,130km)에 달하는 이 산맥은 거의 4,000만 년에 걸쳐 융기해왔다. '동쪽'은 사정이 완전히 다르다. 워싱턴주는 언제나 녹음을 누릴 수 있는 '에버그린 스테이트(Evergreen State)'로 알려져 있지만 산맥 동쪽으로는 그러한 별명도 고약한 농담에 불과하다. 워싱턴주의 동쪽 3분의 2는 무덥고, 건조하고, 험악하고, 불길하다. 진흙과 모래로 이루어진 오래된 언덕들이 넓은 지역을 차지하고 있다. 산맥의 서쪽 사람들은 태양을 잠시 볼 수 있기를 갈망하건만 동쪽 사람들은 도피를 갈망한다. 땅은 곳곳이 햇볕에 구워져서 결코 뚫을 수 없는 포석으로 뒤덮인 것처럼 되어버렸다. 황량하고 거무죽죽한 현무암 절벽은 이끼조차 붙어 살기가 힘들다. 그냥 바라보기만 해도 갈증이 느껴지는 풍경이라고 할까.

이 지역을 이해하려면 비행기에서 내려다볼 필요가 있다. 이곳에는 오래된 바위, 때로는 기가 찰 정도로 오래된 바위가 많다. 캐나다 근처와 아이다호 일부 지역에서는 그곳이 초대륙 케놀랜드의 일부였을 때(약 25억 년 전)부터 존재했던 바위들을 만져볼 수 있다.

이 모든 것이 '비밀의' 역사로 여겨진다. 우리 행성은 그 이후로 먼 길을 걸어왔고 정상적이고 일반적인 현장이라면 어디든지 현재 이러한 바위는 25억 년 동안의 잔해들(퇴적물, 식물 화석, 공룡 뼈 등)에 가려져 있을 것이다. 그런 거다. 우리가 시간의 잔인함에 계속 직면해야 할 필요는 없을 것이다.

그런데 태평양의 비는 이 지역에 그런 은폐를 허락지 않았다. 미국의 대륙에서 가장 빙하가 많고 해발 1만 4,000피트(약 4,300m)에 달하는 레이니어산(山)을 정상으로 삼는 캐스케이드산맥은 폭풍의 습기를 마지막 한 방울까지 다 짜낸다. 이 산맥의 동쪽에 해당하는 워싱턴주는 피자 굽는 화덕처럼 뜨겁다. 위협적이다. 삭막하다. 가혹하다. 사막이 따로 없다. 먼지처럼 퍼석퍼석하다. 이 지역에는 독자적인 이름이 있다. '스캐블랜드(Scablands, 화산 용암 지대)'. 이 이름이 딱이다.

8월 하순이었다. 제왕나비 모니터링 프로그램을 맡은 데이비드 제임스를 만나러 갔다. 우리는 수천 그루 사과나무의 고장 야키마에서 만났다. 워싱턴 사과는 유명하다. 광고에서 그 아름다운 과수원 사진을 보았을 때, 내가 대학 다닐 때 아르바이트로 사과 수확을 거들었던 버몬트주의 과수원이 생각났다. 워싱턴의 '과수원'은 전혀 다르다는 것을 알았다. 완만한 언덕이라고는 없었다. 편안한 녹지라고는 없었다.

제임스는 나에게 낮 기온이 38도도 넘을 거라고 경고했다. 그 전날 기온도 그랬기 때문에 그러한 경고가 놀랍지는 않았다. 나는 전날 송어를 찾아 야키마강(江)을 따라 내려가면서 그 날씨를 경험했고 그날도 헐렁한 흰색 블라우스 차림으로 무더위에 대비했다. 그렇지만 불행히도 무거운 장화와 다리 전체를 감싸는 청바지를 입어야 했다. 덤불이 무성한 지대를 터벅터벅 걸어 다닐 예정이었기 때문이다. 그 지대에는 뱀도 출몰한다고 했다.

우리는 로어 크래브 크리크 야생지대로 향했다. 한때 거대한 호수가 있었지만 지금은 개울만 남았다. 그곳에 가려면 일단 핸포드 리치 국가천연기념물의 하얀 절벽까지 차로 가야 했다. 이곳은 한때 지구상에서 가장 큰 규모였던 핸포드 원자로의 소재지였으나 지금은 핵 폐기 노력이 가장 집중된 현장으로 통한다. 현재 일반 대중에게 개방된 그곳의 산책로는 어느 모로 보나 내가 사하라에서 보았던 것만큼이나 황량하고 타는 듯이 뜨거운 모래 언덕을 포함한다.

우리는 잠시 컬럼비아강(江)을 따라 내려가다가 옆길로 빠졌다. 검댕 같은 새들산(山)의 가파른 북쪽 경사면을 지나갔다. 차에서 내렸을 때 습기가 전혀 느껴지지 않았다. 안구가 건조한 나머지 따가웠다. 생명이 햇볕에 타고 있었다.

제왕나비들이 여기 있다고?[3]

제임스는 나비들에게 필요한 것은 꿀, 그리고 햇빛과 바람을 막아줄 피신처가 전부라고 설명했다. 실제로 초기 몇 세대의 제왕나비들은 그곳에서 여름을 아주 잘 났다. 보기에는 안 그럴 것 같아 보여도 겨울에는 비가 "많이" 오고(내가 아니라 제임스가 한 말이다) 봄도 지내기 괜찮다나. 밀크위드는 무성하게 자랐다. 비록 8월 말에는 바싹 말라붙어도 여름 동안은 하천 수위가 웬만큼 유지되기 때문에 제왕나비의 번식률은 높은 편이라고 제임스가 말했다.

나는 더위는 괜찮은 거냐고 물었다.

제임스는 더위가 제왕나비에게 영향을 미친다고 인정했다. 특히 장기간 더위가 계속될 때가 문제다. 2015년에는 섭씨 40도나 되는 날이 몇 주나 이어졌다. 나비들은 고통받았다. 그렇게 고온이 지속되면 나비의 성장 발달이 느려진다. 또한 포식자들에게 더 취약한 상태가 된다. 제임스의 장기 프로젝트는 더위를 무릅쓰고 이곳에 오는 나비들은 그냥 지나가지 않고 장기간 머문다는 점을 시사한다. 봄의 대이동 기간에 여기 온 나비들은 다시 이사 가지 않고 눌러앉아 후손까지 본다. 그래서 제임스는 자그마한 오아시스처럼 나비들의 원하는 모든 것이 여기에 있을 것이라고 믿는다.

제임스는 사실 포도원의 생물학적 해충 방제 컨설팅을 전문으로 하는 사람이다. 그의 제왕나비 보존 작업은 순수한 자원봉사, 다시 말해 자기 주머니에서 나온 돈으로 하는 일이다. 포도원 경영자들에게 농약 사용에 쓰이는 비용을 줄이고 토착종 들꽃을 심으라고 설득하면서 본업을 할 때, 그의 모토는 바로 이것이다. "보기도 좋고 이익도 얻고." 포도 덩굴을 못 쓰게 만드는 해충을 억제하기 위해 익충을 끌어들인다는 아이디어다. 그가 다양한 종류의 익충, 가령 벌을 많이 끌어오기 위해 포도원 주위에 밀크위드를 심는 것을 옹호하는 것은 전혀 놀랍지 않다. 이렇게 익충이 늘어나면 해로운 곤충의 수를 제한할 수 있다.

그렇게 하면 나비도 늘어나는 행복한 부작용이 있다고 그는 강조하기를 좋아한다. 나비가 해충을 몰아내지는 못한다. 그도 인정한다. 하지만 나비는 인간의 정신에 기적을 행한다. 제임스가 나누는 대화는 주제가 뭐가 됐든 결국 나비가 끼어들 여지가 생기는가 보다. 여덟 살 때 잉글랜드의 자기 집 뒷마당에서 애벌레 한 마리를 발견한 이후로 그는 늘 이런 식이었다. 그는 그 애벌레를 키워서 놓아주었다. 그때부터 그는 자연과학자가 될 작정이었다. 1970년에 그는 아직 어린아이였음에도 불구하고 영국식 정원에 쐐기풀을 심어야 한다고 주장하는 기고문을 지역 신문에 실었다(쐐기풀을 좋아하는 나비 종이 많다).

그는 자기가 좋아하는 제왕나비를 닮은 이주자다. 맨체스터에서 오스트레일리아로 떠났고 그곳에서 번성하는 제왕나비 집단에 대한 연구로 박사 학위를 받았다. 이 종은 오스트레일리아 토착종이 아니고 태평양을 건너왔을 것으로 보이는데 1871년 시드니에서 처음으로 포착된 이후 아주 흔한 종이 되었다. 이 나비의 이름은 '제왕'이 아니라 '방랑자(wanderer)'다.

"우리 생각에, 이 나비들은 섬에서 섬으로 건너오면서 점진적으로 확산되는 방식으로 태평양을 건너 오스트레일리아까지 왔을 겁니다. 일단 도착한 후에는 이곳의 생활 조건에 적응했겠지요. 난 그걸 직접 봤고요."

나한테는 날아가기에 너무 먼 거리처럼 생각되었다.

그는 이렇게 대꾸했다. "가능한 얘깁니다. 매년 북미 제왕나비 한두 마리가 잉글랜드에 나타나곤 하는걸요." 저항할 수 없는 바람에 떠밀려 대서양을 건너오는 나비가 있다면 섬들을 징검다리 삼아 오스트레일리아까지 실려 오든가 날아오는 나비는 왜 없겠는가. 어쨌든, 이론으로는 그렇다.

크래브 크리크의 제왕나비들이 그렇듯 오스트레일리아에 도착한 나비들도 자기네가 필요로 하는 것을 찾았을 것이다. 오스트레일리아에는 제왕나비 서식지가 여러 군데 있다. 앞에서 보았듯이 어떤 나비 집단은 이동을 하지만 또 어떤 집단은 이동을 하지 않는다. 북미에서처럼 오스트레일리아에서도 겨울에 기온이 많이 떨어지는 계절성 구역에 사는 제왕나비들은 좀 더 안전한 기후를 찾아 대륙 내에서 이동을 한다. 이 나비들은 퍼시픽 그로브 나비 월동지에 나를 처음 데려갔던 킹스턴 렁이나 그 밖의 학자들이 연구한 것과 같은 종류의 서식지에서 겨울을 나기 좋아하는 경향이 있다. 제임스는 오스트레일리아 시드니 지역에서 겨울을 나는 제왕나비에 대한 최초의 연구를 발표했다.

"이 나비들은 오스트레일리아 내에서 이동을 하지만 이동 거리는 훨씬 짧아요. 이동의 필요성이 그렇게 크진 않다는 얘기죠. 이동은 융통성 있게, 번데기에서 나왔을 때 경험하는 날씨와 밖의 환경 조건에 따라서 결정됩니다. 해가 나고 따뜻한 기후를 한동안 경험했다면 이동이 그리 필요하지 않아요. 이동 할 수도 있고 이동하지 않을 수도 있는 겁니다. 이 나비들은 좀 더 유연하게 살아요."

그해 말에 제임스는 이 나비들이 얼마나 유연해질 수 있는지 보여주는 증거를 찾을 것이다.

내가 읽은 자료 대부분은 제왕나비들이 선천적 행동에 지배당한다고 보는 것 같았지만 제임스는 이에 동의하지 않았다.

"제왕나비는 보면 볼수록 복잡하거든요." 그가 말했다.

제임스는 1999년에 오스트레일리아에서 야키마로 이주하자마자 또 제왕나비들을 찾으러 다니기 시작했다. 그가 제왕나비 아닌 다른 나비들에게 관심이 없었던 것은 아니다. 그는 미 북서부에서 볼 수 있는 나비 158종의 생애를 매우 상세히 고찰하여 호평을 받은 저작의 공동 저자이기도 하다. 그때까지 그런 책은 없었다. 데이비드 애튼버러도 "권위 있는" 저작이라고 평했고 개인적으로 한 부를 소장하고 있었다.

우리는 그의 연구 현장에 도착해 현무암 절벽 아래 주차장에 차를 세웠다. 제임스도 제왕나비가 많이 있을지 잘 모르겠다고 했다. 전부 떠나고 없을 수도 있었다. 아니면 뜨거운 열기에 다 죽어버렸을지도 몰랐다. 그때가 2017년 8월 말이었다. 예년 같으면 대부분 이동을 시작했을 터였다. 하지만 그해 초여름 상태를 봐서는 나비들이 꽤 많이 있을 법도 했다. 제임스는 어쩌면 아직도 나비들이 좀 있을 거라고 했다.

그 조그만 습지는 지난겨울 그 지역을 강타한 '홍수'의 덕을 보았다. 내가 쓴 이 '홍수'라는 낱말은 다분히 아이러니하다. 그곳의 1월 평균 강수량은 1인치(약 2.5cm) 정도다. 그렇지만 시애틀과 올림픽 반도는 침수 피해를 입은 그 1월에 야키마 주민들은 평소보다 두 배 높은 습도를 자축했다. 평소에는 1인치밖에 되지 않았던 강수량이 2인치를 기록했으니까. 그 결과, 8월 말이 되어서까지도 지하수면(地下水面)은 비교적 높았다. 밀크위드도 일부는 아직 꽃이 피어 있었다.

우리는 덤불숲으로 걸어 들어갔다. 봄에 돋은 풀은 다 말라 금갈색이 되어 있었지만 털부처꽃이나 러시아 올리브를 비롯한 몇몇 식물은 여전히 꽃을 볼 수 있었다. 두 종 모두 급속히 확산되고 있고 있는 외래종이지만, 제임스는 그 식물들이 독특한 미니 생태계의 기반이 된다고 생각했다. 수많은 야생 동물이 크래브 크리크를 사막 한복판의 약속의 땅처럼 여기는 이유도 아마 이로써 일부 설명이 될 것이다.

털부처꽃은 몇몇 주에서 심지 못하게 막을 정도로 확산세가 강한 식물이다. 털부처꽃 관상용 종자는 번식하지 않게끔 만들어졌지만 결국 자연 품종을 만나서 타가 수분*을 하여 급속도로 확산되고 있다. 토착 식

---

* 타가 수분(他家受粉) : 서로 다른 유전자를 가진 꽃의 꽃가루가 곤충이나 바람, 물 등의 매개로 열매나 씨를 맺는 일.

물들이 이 억센 꽃식물에 밀려 쫓겨나긴 하지만 사실 나비들은 털부처꽃을 좋아한다. 호랑나비, 노랑나비, 배추흰나비, 꼬마부전나비, 그리고 물론 제왕나비도 이 식물을 만끽한다. 털부처꽃이 잔뜩 핀 컬럼비아강둑을 따라 몇 분만 걸어가면 나비들이 날아다닌다. 아마도 나비들이 이리로 오는 것은 이 식물 때문이리라. 제왕나비는 가을에 이 강을 따라 털부처꽃으로 배를 채우면서 이동을 할 것이다. 캘리포니아까지 먼 길을 가기에는 좋은 출발이다.

제임스는 러시아 올리브 덤불도 중요한 역할을 한다고 믿는다. 이 덤불이 여름의 무더위를 식힐 그늘을 제공하고 수컷에게 더는 시달리고 싶지 않은 암컷에게 피난처가 되어준다. 제임스는 올리브 가지 아래서 자라는 밀크위드 잎에서 나비의 알을 발견했다.

"늦여름이라 우리가 뭐라도 찾을 수 있을지 잘 모르겠네요." 그가 말했다.

그 말이 떨어지기 무섭게 그는 나비 암컷 한 마리를 발견했다. 그는 카우보이의 올가미보다 더 신속하게 자기 키의 두 배는 되는 막대에 달린 포충망을 휘둘렀다.

나비가 잡혔다.

제임스는 조심스럽게 포충망에서 나비를 꺼내어 곤충의 머리와 가슴을 엄지로 잡고 다른 손가락으로 날개를 펼쳤다.

"배를 누르면 절대 안 됩니다. 알이 들었거든요." 그가 주의를 주었다.

나비의 날개가 상당 부분 떨어져 나간 것을 볼 수 있었다. 색도 칙칙한 편이었다. 비늘가루가 많이 떨어져 나갔음은 분명했다. 제임스는 특이한 경우가 아니라고 설명했다. 단지 이 나비가 그 구역을 여러 차례 돌아다녔다는 것을 알 수 있다나.

"이 나비는 캘리포니아로 가지 않을 겁니다."

제임스는 조심스럽게 나비를 채집통에 넣었다. 플라스틱 용기처럼 생긴 채집통은 내부가 너무 더워지지 않도록 공기가 통하는 망으로 덮여 있었다.

나는 나비가 숨을 쉬기 위해 채집통 안에서 공기를 필요로 하는지 물었다. 제임스는 나비가 필요로 하는 산소의 양은 아주 적어서 채집통 상부를 망으로 덮지 않더라도 원래 있던 산소로 오래오래 버틸 수 있다고 했다.

"산소가 바닥나기 전에 굶어 죽을 확률이 더 높을걸요."

그렇지만 그런 일은 일어나지 않을 것이다. 암컷이 알을 낳은 후 죽는다는 것은 통설에 불과하다. 사실 나비 암컷은 살아 있는 한 계속 씨를 받고 알을 낳을 수 있다. 우리가 잡은 암컷도 이미 오래 살았지만 배 속에 알을 품고 있었다. 제임스는 그 나비를 집에 가져가고 싶어 했다. 그의 집에는 꿀이 풍부한 식물과 밀크위드가 잘 갖춰져 있었다. 나비가 낳은 알은 그의 보살핌을 받아 건강한 다음 세대가 되어 어밀리아의 나비가 그랬듯이 꼬리표를 달고 드넓은 세상으로 방출될 것이다.

제임스는 태평양 북서부 전역에서 꼬리표 프로젝트를 진행한다. 그는 부드러운 음성과 자연의 모든 것에 대한 열정으로 사람들을 끌어모으는 피리 부는 사나이다. 2012년에야 시작된 그의 꼬리표 프로젝트는 이제 로키산맥 서쪽에서 꽤 유명하다. 그는 오리건주 남부, 캘리포니아 국경 근처, 그리고 아이다호에까지 두루 팀원들을 두고 있다. 또한 교도소 프로그램도 몇 군데서 진행 중이다. 살인범 장기수가 많은 월라월라 교도소에 나비가 알을 낳은 밀크위드 잎을 보내어 죄수들이 돌보게 하는 프로그램이다. 죄수들은 나비가 날아다닐 수 있는 단계까지 키워서 자기네가 직접 꼬리표를 붙이고 풀어주든가, 이런저런 지역 행사에서 나비들을 날려 보낼 수 있도록 제임스에게 넘겨준다.

"이 연구의 핵심은 사육이지요." 한번은 그가 설명해주었다. "수감자들은 생물을 아주 잘 기르는 것으로 나타났습니다. 애벌레를 다량으로 키울 때 자칫 위생을 소홀히 했다가는 병에 걸리고 맙니다."

애벌레 키우기는 노동 집약적 작업이다. 첫째, 애벌레는 신선한 잎만 먹는다. 몸집이 커지면 엄청난 양의 똥(거름)을 싼다. 유충의 똥은 곤충이 세균에 감염되지 않도록 바로바로 치워야 한다. 애벌레가 웬만큼 자라면 다른 데로 옮겨줘야 한다. 번데기도 다른 애벌레들이 먹으려고 할 수 있으므로 다른 데로 분리해야 한다. 제임스는 월라월라 교도소 프로그램을 절호의 기회라고 본다. 수감자들은 시간이 많다. 죄수들도 이 프로그램을 좋아한다. 어느 수감자 집단에게 새끼 고양이와 나비 중 어떤 것을 키우고 싶은지 물었더니 나비를 선택한 비율이 압도적으로 높게 나왔다. 그들은 자칭 '나비 돌보미'다. 제임스에게는 이것이야말로 진정한 '나비 효과'다. 나비에게는 사람들을, 교도소 수감자들조차도, 자연 세계에 있는 그들의 뿌리와 다시 연결하는 힘이 있다.

미 서부 전역에 마구잡이로 퍼지면서 미루나무, 버드나무를 몰아낸 러시아 올리브 같은 나무가 이곳 크래브 크리크에서 제왕나비들을 키워낸다는 점도 아이러니하다. 러시아 올리브는 적은 물로도 잘 자라기 때문에 몸통과 나뭇가지가 얽히고설켜 동물들이 대개 통과할 수 없을 만큼 빽빽한 숲을 이루기 쉽다. 우리는 숲 안으로 걸어 들어가긴 했지만 거기서 뭔가를 추적하거나 잡기는 극도로 힘들 것 같았다.

"한 마리 있네요. 생생하고 상태 좋은 암컷입니다."

포충망을 휘둘렀다. 잡았다.

보기에는 쉽다. 사실은 쉽지 않다.

나비에게 꼬리표를 달려면 날개를 접어줘야 한다. 나비가 나뭇가지에서 날개를 접고 쉬고 있을 때 눈에 잘 띄어야 하므로 날개의 아랫면을 이용할 것이다. 나비 날개에는 날개맥이 있고, 이 날개맥이 날개 안쪽에 특정한 모양의 패턴을 형성한다. 이러한 각각의 모양을 '세포(cell)'라고 한다. 세포는 날개 표면의 영역을 가리킨다. 꼬리표의 접착면을 날개 아랫면, 그중에서도 뒷날개의 원반 모양 세포에다가 붙인다. 벙어리장갑처럼 생겼다고 해서 날개의 '미튼(mitten)' 세포라고도 한다.

"한 마리 더 있네요."

그가 한 마리 더 발견했다.

"오래 산 나비네요." 그가 이렇게 말할 때 나비는 날개를 펴고 날아갔다.

"어떻게 딱 보면 알아요?"

"색이 그다지 밝지 않아서요. 색이 씻겨나간 것 같았어요."

나비 날개의 비늘가루는 아주 쉽게 떨어진다. 나비를 다룰 때 조심하지 않으면 손가락에 먼지 비슷한 가루가 묻어나는데 그게 바로 나비의 비늘가루이다. 그래서 나비를 많이 취급하는 사람은 마스크 착용이 필수다. 미세한 비늘가루가 폐까지 들어가 심각한 호흡기 질환을 일으킬 수 있기 때문이다.

우리는 알을 밴 암컷을 잡았다.

내가 물었다. "나비가 다치지 않게 잡으려면 어떻게 해야 해요?"

"나비는 튼튼합니다."

나는 약간 놀란 얼굴을 했다. 내 기준에서 '튼튼한'과 '나비'는 한 문장으로 묶일 수 없는 낱말들이었다.

"나비를 손으로 잡아본 적 있어요?" 제임스가 물었다.

그런 적은 없었다.

그가 나에게 나비를 건네주었다.

"가슴 쪽은 탄탄해요. 진짜 세게 누르지 않는 한 손상을 입힐 일은 없습니다."

그가 나보고 눌러보라고 했다. 나는 내키지 않았지만 점점 더 세게 힘을 가했다. 나비를 팅커벨처럼 섬세하고, 다치기 쉽고, 꿈처럼 홀연히 사라지기 쉬운 존재로 보았던 나의 시각은 도전을 받았다.

그의 말대로였다. 나비의 외골격은 내가 생각했던 것보다 단단했다. 나는 유령을 잡고 있다고 생각했지만 내 손에 들린 것은 진짜로 살아 있는 생물이었다.

"가엾은 것." 그 나비가 제임스의 채집통 속으로 들어갈 때 내가 중얼거렸다.

"이 아이는 요양소에 가는 겁니다. 거기서 만수무강할 거예요. 알도 낳을 테고요. 이제 귀찮게 구는 수컷들에게 시달리지 않아도 되거니와, 꿀도 실컷 먹을 수 있어요."

나이 들어가는 제왕나비 암컷이 그 이상 무엇을 바랄 수 있겠는가?

더위가 계속 기승을 부려서 우리는 거기까지만 하기로 했다. 곤충들은 러시아 올리브 숲 어딘가로 물러갔다. 새들도 잠잠해졌다. 한낮의 시에스타. 나는 시원한 음료가 눈앞에 아른거렸다. 우리는 주차장으로 돌아갔다.

제임스는 뿌듯해했다. "알을 낳아줄 암컷이 두 마리 더 생겼네요." 그는 복권에라도 당첨된 듯한 말투로 이렇게 말했다. "가끔은 여기 와서 몇 시간을 헤집고 다녀도 허탕을 치거든요."

나는 그에게 점심을 함께 먹을 수 있는지 물었다.

"안 돼요. 집에 가야 합니다. 먹여 살려야 할 입이 수천 개라서요. 과장 아니고, 말 그대로요."

하늘에는 구름 한 점 없었지만 공기가 왠지 흐릿해 보였다.

"연기 때문이에요. 캐나다에 산불이 나서 연기가 여기까지 내려오는 겁니다."

"여기까지 내려온다고요?" 나는 깜짝 놀랐다.

놀랄 일은 아니었다. 몇 년 전 시베리아에서 일어난 불의 연기가 탁월풍을 타고 워싱턴주까지 내려오기도 하지 않았던가.

우리가 언급한 산불은 이미 캐나다에서 진압된 후였다. 다음 날 나는 오리건주 포틀랜드로 차를 몰고 갔다. 주행 거리가 늘어날수록 연기가 짙어졌다. 나는 컬럼비아강 협곡을 처음 보게 될 순간을 고대하고 있었다. 절경이라는 말을 여기저기서 들은 터였다.

과연 그런지는 알 수가 없었다.

그곳에 도착해보니 연기가 자욱해서 협곡은 거의 보이지도 않았다. 나는 불씨가 이글거리는 절벽과 능선 옆을 지나갔다. 나는 다음 인터뷰까지 짬이 나는 동안 등산을 하고 싶었고 몸 푸는 차원에서 강 협곡 옆쪽의 짧은 등산로 하나를 오르기 시작했다. 그 등산로는 인기 좋은 출발점에서부터 시작됐으므로 졸지에 관광객들의 행렬에 합류한 나는 짜증이 났다. 하지만 다음 날 산불이 절벽, 봉우리 할 것 없이 뒤덮어버렸고 몇 주간 협곡 일대는 등산이 아예 금지되었다. 나보다 하루 늦게 그 등산로를 이용한 등산객들은 구조대의 도움을 받아야 했다.

철 따라 이동하는 나비들은 이러한 기후 혼돈 속에서 어떻게 방향을 잡는 걸까?

10. 레인던스 목장에서

서식지 소실은 결코 고립되어 일어나지 않는다.

— 닉 하다드, 『최후의 나비들』

나는 어밀리아를 직접 만나려고 이곳에 왔다. 어밀리아는 오리건주 코발리스에 사는데 나이는 여섯 살이었다. 어밀리아의 어머니 몰리가 내게 윌래밋 밸리를 보여주고 나비 이야기를 나누겠노라 자원했다. 나비는 그녀가 가장 좋아하는 화젯거리였다. 연방 삼림청에서 일한다는 어밀리아의 아버지가 미리 전화를 주었다. 그가 예정했던 활동은 화재와 연기 때문에 포기할 수밖에 없었다.

그 화재는 '하이 캐스케이드 콤플렉스(High Cascades Complex)'라고 하는 대형 화재의 일부였다. 6월 말에 벼락 몇 번으로 붙은 불이 걷잡을 수 없이 번져 10월 중순까지 통제가 되지 않았다. 윌래밋 밸리 동쪽에 사는 주민들은 집에만 있든가 아예 싹 비우고 대피하라는 말을 들었다.

불길은 아직 코발리스에 미치지 않았지만(결국 그렇게 될 일이었지만) 무서운 기세로 남하하고 있었다.

하지만 당분간, 그러니까 8월의 끝에서 두 번째 날에, 우리가 예정된 일정을 소화할 방법은 분명했다. 일단 레인던스 목장에 가봐야 했다. 그곳은 워렌과 로리 할시가 1992년부터 소유한 250에이커(약 1km²) 규모의 실험 부지였다. 할시 부부는 그 땅의 일부를 지역 농부들에게 임대해주고 일부는 홈스테드 법* 이전의 자연 경관으로 되돌려놓았다.

1만 년 전, 빙하기 이후의 홍수가 폭 30마일(약 50km), 길이 100마일(약 160km)에 달하는 윌래밋 밸리를 가득 메웠다. 그 호수의 깊이는 400피트(약 120m)나 되었다. 스캐블랜드에서 홍수로 불어난 물은 옛 컬럼비아강을 따라 거세게 흘러가다가 급커브 지점에 이르렀는데 그곳이 지금의 포틀랜드다. 포틀랜드에서 물은 말 그대로 쉬운 길을 택해 밸리 쪽으로 좌회전했다. 홍수는 밸리가 무슨 욕조라도 되는 것처럼 분지 지형을 가득 채우고 찰박찰박 넘쳐흘렀다. 이 넘실대는 물에 떠내려간 토사(土砂)가 한때 북서부 일대를 뒤덮었다. 물이 안정화되자 표류물도 호수 바닥에 가라앉아 풍부하고 비옥한 토양을 형성했다.

이 토양 덕분에 생명은 번성했다. 머나먼 옛날, 이 낙원에서 살았던 이들은 참 좋았을 것이다. 키 큰 풀이 자라고 야생 사냥감이 넘쳐나는 초원

---

* 홈스테드 법(Homestead Act): 1862년 미국 남북 전쟁 때에, 서부 개척을 위해 발표한 토지법. 5년 동안 일정한 토지에 거주하며 개척하는 경우에 160에이커(약 0.6km²)의 공유지를 무상으로 제공하거나, 거주한 지 6개월이 경과하면 1에이커(4,050m²)당 1달러 25센트의 낮은 가격에 구입할 수 있도록 규정하였다.

이 있었다. 철새들에게는 습지가 있었고, 과일과 견과와 뿌리채소를 채집하기 좋은 들판과 숲이 있었다. 이곳에 처음 살았던 이들은 도토리에서 독성을 제거해 빵을 만드는 법, 불을 이용해 풀을 짧게 관리하고 빈터를 효율적으로 쓰는 법을 알고 있었다. 최근에 고고학자들은 4,000년 전의 것으로 추정되는 흑요석 양면 도끼의 은닉처를 발견했다.

그렇지만 이 땅에 적합하지 않은 것이 하나 있었으니, 그건 바로 전통적인 유럽식 경작이었다. 옛 호수는 말라서 없어졌지만 산으로 둘러싸인 계곡 바닥은 그 산의 시내와 강줄기에서 흘러 내려오는 물 때문에 상당히 습했다. 그 토양이 정말로 말라붙었던 적은 없었다. 축축했다. 겨울비라도 내리면 계곡에는 임시 연못이 군데군데 생긴다. 이 연못들은 1만 년 전 호수의 잔해다. 그중 몇 군데는 여름철에 물이 완전히 사라지지만 여전히 토양은 축축해서 유럽식 작물 재배에 적합지 않다.

원주민들은 이러한 계절의 리듬을 따라 적당한 때, 적당한 장소에서 사냥감을 찾거나 먹을 수 있는 식물을 채집했다. 유럽 농부들은 자연을 다스리기 위해 공학적 전략을 사용했다. 정부 공여 농지에 정착한 이들은 각자의 땅에 매여 살아야 했다. 날씨가 바뀐다고 해서 계절에 따라 이동하며 살 수는 없었다. 정착민들은 땅의 특성을 감내하는 대신, 비버와는 정반대 방식으로 살기로 했다. 댐을 쌓아 물을 가두는 것이 아니라 물을 빼기 위해 공을 들였던 것이다. 계곡 토양 배수 사업은 소규모로 시작되었다. 대규모의 공학 기법은 20세기 초에야 명함을 내밀 수 있었다. 현재 이 지역에는 기업식 농업에 반드시 필요한 플라스틱 배수관이 수천 마일이나 깔려 있다.

"여기가 다 겨울에는 물에 잠기게 되어 있어요." 운전대를 잡은 몰리가 황량하고 닳아빠진 들판을 가리키면서 설명했다. 먼지처럼 바싹 마른 빙하기 토양이 들판 위로 춤추듯 빙글빙글 돌면서 작은 회오리를 일으켰다. "지금 보시는 광경은 산업의 놀라운 한 부분입니다. 원래는 윌래밋 밸리 전체가 거대한 범람원*이었지요. 하지만 그건 강을 수로로 만들기 전 얘기랍니다."

이제 윌래밋강은 있으라고 정해준 자리에 있고 (주로) 하라고 정해준 일을 한다. 지금의 강은 식민화되기 전 윌래밋강의 그림자일 뿐이다. 몰리와 어밀리아와 내가 몇 마일을 가는 동안 개암나무 농장밖에 보이지 않았다. 그 나무들은 대부분 최근에 심은 듯 보였다. 현대식 배수 기법과 굉장히 값싼 플라스틱 자재 덕분에 윌래밋 밸리는 이제 개암 열매의 세계적인 수도로 부상하는 중이었다. 개암 열매는 '노화 방지' 효능이 있어서 '완벽한 피부'를 선사한다고들 하지 않는가.

"여기에 왜 개암나무 농장이 있는 거죠?" 나는 어리둥절했다.

"캘리포니아의 물 공급 제한은 그곳의 견과류 농장도 물 부족이 심각하다는 뜻이지요. 그래서 이제 그런 농장이 오리건주로 넘어오고 있어요."

우리는 중장비로 흙을 깊이 파고 여분의 물을 빼낼 거대한 PVC 배수관을 까는 모습을 구경했다. 나는 프랑스 남부 프로방스에서 이런 유의 작업을 본 적이 있다. 론강이 범람하면서 남긴 비옥한 모래 진흙을 이용하

* 범람원(氾濫原): 홍수 때 강물이 평상시의 물길에서 넘쳐 범람하는 범위의 평야. 충적 평야의 일종이며, 흙·모래·자갈 따위가 퇴적하여 이루어진다.

기 위해서 하는 작업이라고 했다. 하지만 고대 로마부터 시작된 수자원 공학 프로젝트는 수 세기를 들여 완성되었다. 지금 이 작업은 즉석에서 일어나고 있었다.

한 가지는 분명했다. 제왕나비는 대규모 견과류 농장에서 번성할 수 없을 것이다. 그곳에는 밀크위드가 없기 때문이다. 제왕나비 아니라 다른 나비들도 번성하긴 글렀다. 견과류 농장에는, 단일 경작지가 대개 그렇듯, 꽃식물이 없다. 곤충이 살려면 꽃이 필요한데 이런 데서 꽃은 '잡초'일 뿐이다. 적어도, 농장주가 데이비드 제임스의 '보기도 좋고 이익도 얻고' 방침을 채택하지 않는 이상은 그렇다.

우리는 목장주의 집에 도착했다. 소유지 전체에서 자그마한 일부만 계곡 바닥에 자리 잡고 있었다. 차를 타고 오르막길을 가다 보니 다량의 산업용 농기계와 사하라 사막을 방불케 하는 먼지 회오리가 한눈에 내려다 보였다. 마치 작은 더스트 볼* 같았다. 가고 또 가도 식물이 자라는 땅은 보이지 않았다. 귀한 빙하기 토양이 결국 어떻게 될지 누가 알까? 강풍이 한번 쓸고 갈 때마다 윌래밋은 쪼그라들었다.

내 상상에 불과했을지 모르지만 목장 지대에 들어서니 기온이 한결 견딜 만하게 느껴졌다. 적어도 그놈의 춤추는 악마 같은 먼지 회오리는 없었으므로 사하라 사막에 와 있는 것 같지는 않았다.

키 큰 토종 풀이 무성했다. 적어도 전 세계 40종의 나비와 나방에게 크게 사랑받는 좀새풀이 9월이 가까워지자 금빛으로 변해 있었다. 몇 년

---

* 더스트 볼(Dust Bowl): 모래바람이 휘몰아치는 미국 대초원의 서부 지대. 매년 12월부터 다음 해 5월에 걸쳐 일어나는 먼지 폭풍 때문에 피해가 크다.

전에 일부러 심어놓은 그 식물은 아주 잘 자라고 있었다. 중미갈색팔랑나비(Umber skipper, *Poanes melane*)의 애벌레도 그렇고 사슴, 고라니, 그리고 방목해 기르는 가축들도 종새풀을 좋아한다. 와파토(오리감자)와 카마시아 같은 식용 식물도 다시 심었다.[1] 그 밖에도 많은 토착종이 다시 자라게 됐다.

"할시 부부는 고도로 조작을 가한 땅을 원래대로 돌리려고 노력하는 중이지요." 몰리가 설명했다.

시간이 많이 걸리긴 했지만 할시 부부는 끈기 있는 사람들이다. 그들이 배수관을 제거하고 자연의 수리학*이 작용하기를 기다리자 토착종 식물들이 돌아왔다. 그 식물들의 종자는 땅속에 계속 있었다. 사라진 것은 물뿐이었다.

할시 부부는 단지 제왕나비를 좋아한다는 이유로 오래전에 밀크위드를 심었고 몇 년째 제왕나비를 길러서 자연에 놓아주는 일을 하고 있었다. 몰리와 어밀리아는 제임스의 꼬리표 프로젝트에 대해서 의논하기 위해 그들을 찾아왔다. 모녀는 추가로 꼬리표도 몇 개 가지고 왔다. 할시 부부가 기르는 제왕나비 몇 마리가 그날 아침 번데기에서 갓 나와 유리병 안에서 잠시도 가만히 있지 못하고 퍼덕대며 기다리는 중이었다. 우리는 망으로 덮인 채집통을 그 집 뒤쪽으로 가지고 나갔다. 꽃, 풀, 부들레야, 나무가 햇살 아래 잘 자라고 있었다.

다른 곳에서는 불길이 땅을 휩쓸고 있었지만 여기서만큼은 나비를 풀

---

* 수리학(水理學): 물의 순환을 중심 개념으로 하여 물의 존재 상태, 순환, 분포, 물리적·화학적 성질 따위를 연구하는 학문. 지구 물리학의 한 분야이다.

어줘도 될 성싶었다. 나비는 연기를 헤치고 이동할 수 있을까? 우리는 의아했다. 그래도 진행을 했다. 다른 곳의 나비를 보호하는 것은 우리 소관이 아니었다.

어밀리아는 앞에서 설명한 대로 미튼 세포에 꼬리표를 부착한 후 자기 손가락 위에 나비를 내려놓았다. 작은 곤충은 햇빛에 놀란 듯 손가락 위에 잠시 머물러 있었다. 그러다 이내 공중으로 날아올랐고, 집에서 튀어나온 서까래 위에 앉았다.

나는 나비가 금세 떠날 거라 생각했지만 나비는 서두르지 않았다. 결국 나비는 조금 더 날아갔지만 꽃에 내려앉아 한참을 머물렀다. 나비가 꽃을 떠나기 전에 우리가 먼저 그 자리를 떴다. 꿀도 풍부하겠다, 서둘러 떠날 이유는 딱히 없어 보였다.

최근 몇 년간 레인던스 목장을 즐겨 찾은 나비가 제왕나비뿐만은 아니다. 할시 부부가 소유한 계곡 바닥 땅은 남부 전쟁 후 홈스테드 시기에 '가스펠 늪'이라고 했다. 결국 그 땅은 배수로를 설치해서 밀과는 달리 기르기가 까다롭지 않은 귀리 따위를 재배하는 한계 농지*가 되었다. 할시 부부는 그 땅을 매입해서 배수를 하지 않고 빗물이 땅에 넘치도록 내버려 두었다. 정부 보조로 중장비를 마련하고는 66에이커(약 0.27km²) 면적의 습지에다가 5에이커(약 0.02km²) 크기의 얕은 연못을 여러 개 팠다.

"굉장히 극적이었지요. 처음에는 그냥 헐벗은 땅이었어요. 하지만 그

---

* 한계 농지(限界農地) : 영농 조건이 불리한 농지. 토질이 나쁘거나 비탈이 심하거나 해서 생산성이 낮은 농지를 가리킨다.

후 자연이라는 종자 은행이 도움을 주었고 식물이 그냥 막 자라기 시작했지요. 불과 몇 년 사이에 그 일대는 덤불이 생기고 푸르러졌어요. 봄에는 산딸나무 잎사귀 사이로 꽃망울이 터져요. 들장미도 눈부시게 피어나고요." 로리 할시가 말했다.

생명을 되찾은 습지는 북미연푸른부전나비(*Icaricia icarioides fenderi*)를 위시하여 여러 종류의 나비를 끌어들였다. 윌래밋 밸리 고유종인 이 작디작은 나비는 제왕나비와는 완전히 다른 삶, 상상할 수 있는 한 가장 다른 삶을 산다. 북미연푸른부전나비 수컷은 번쩍번쩍 빛나는 파란색이지만 암컷은 무해하고 눈에 잘 안 띄는 갈색이다. 이 나비들은 아주 작고 일반인은 거의 알아보지도 못하지만 우리 포유류가 의존하는 놀랍도록 복잡다단한 생명의 사슬의 일부다.

북미연푸른부전나비는 집을 떠날 줄 모른다.[2] 제왕나비는 일생에 단 한 번이라도 수천 마일을 여행하지만 이 자그마한 나비는 멀리 가는 법이 없다. 날개를 완전히 펼친 길이도 1인치(약 2.5cm)를 넘지 않으니 잘 날 수가 없다. 이 나비들은 5월에 번데기에서 나와 거의 전적으로 루피너스 오레가누스(*Lupinus oreganus*)에만 알을 낳는다. 루피너스속의 이 식물은 보기 드물고 성미가 고약한 야생화의 한 종류다. 애벌레는 오로지 이 식물의 어린잎만 먹고 산다. 7월이 되어 잎이 노화되면 애벌레는 그 잔해 아래 숨어 잠을 청하고, 그렇게 9~10개월을 보내면서 늦여름과 초가을의 열기와 건조함뿐만 아니라 겨울의 추위도 이겨낸다. 다시 봄이 오고 루피너스가 자라기 시작하면 애벌레들은 더 많이 먹고, 번데기가 되고, 성체가 되어 나오고, 날아오르고, 짝짓기를 한다. 그리고 생은 다시 시작된다.

북미연푸른부전나비는 계곡의 기후 변화 때문에 무척 힘든 시간을 보냈다. 루피너스 오레가누스가 없으면 이 나비는 살아갈 수 없다. 그런데 계곡의 초원 지대를 다 갈아엎고 배수관을 깔고 견과류만 잔뜩 심어놓았으니 루피너스 오레가누스가 살아남을 수 있나. 지금은 원래 초원의 1%밖에 남지 않았다.

20세기 초에 북미연푸른부전나비를 발견하고 자기 이름을 따서 '펜더파란나비'('북미연푸른부전나비'의 영어명)라고 명명한 사람은 나비 잡기를 좋아했던 이 지역 우체부 케네스 펜더다. 그 후 몇 년이 지나, 이 나비는 멸종됐다고 알려졌다. 그 후 열두 살 소년 폴 세번이 나타났다.[3] 현대에도 나비광이 있다면 자전거 뒷좌석에 늘 나비 채집망을 달고 다녔던 바로 이 소년일 것이다. 1988년에 오리건주에 살던 폴 세번과 그의 친구는 그냥 재미 삼아 인근 산에 올라가기로 했다. 세번은 그때 이미 지극정성으로는 월터 로스차일드에게도 지지 않을 만큼 노련한 나비 연구가였다. 겨우 10대 초반이었는데도 북미 대륙의 모든 나비의 이름, 날개 색의 주요 특징, 생애 특기 사항 등을 다 외우고 있을 만큼. 그는 정기적으로 나비 관련 잡지를 읽었고 오리건주 나비 표본은 다 가지고 있었다.

혹은, 다 가지고 있다고 생각했다.

그는 친구와 산 정상까지 이어지는 오래된 벌목 도로를 따라가다가 목초지를 가로지르게 됐다. 거기서 놀랍게도 난생처음 보는 나비를 발견했다. 당장 나비 채집망이 출동했다. 그렇게 해서 그는 표본 몇 개를 집으로 가져갔다. 오래된 나비 안내서를 들춰보다가 그 나비가 북미연푸른부전나비라는 것을 알았다. 책에는 그 나비의 멸종에 대한 언급이 없었다. 그래서 세번은 그 나비의 발견을 보고하지 않았다.

1년이 지났다. 이제 열세 살이 된 세번은 나비 연구학회에 가보는 것이 좋겠다는 말을 들었다. 소년은 흥분했다. 그는 자신 외에도 나비에 강박적으로 집착하는 사람들이 있다는 것을 몰랐다.

그는 학회에 갔다. 거기서 북미연푸른부전나비의 표본 몇 개를 보고서 자기도 그 나비를 채집해서 표본을 가지고 있다고 했다.

"있을 수 없는 일이야. 이 나비는 멸종했는걸. 네가 뭘 잘못 알았겠지."

아무도 그를 믿어주지 않았다. 그래서 그는 다음 날 자기가 소장한 표본을 가지고 다시 학회에 갔다. 그 표본은 북미연푸른부전나비가 맞는 것으로 밝혀졌다. 사냥이 시작되었다. 이듬해 여름, 과학자들은 아직 남아 있는 나비 무리를 찾아냈다. 그 후 이 나비는 멸종 위기종으로 등재되었다.

수십 년이 지난 현재, 북미연푸른부전나비는 할시 부부의 땅과 윌래밋 밸리 여러 곳에서 살아가며 그 나름대로 번성하고 있다. 1990년대 중반에 이 나비의 개체 수는 1,500마리로 추정되었다. 지금은 대략 2만 8,000마리 정도다. 그리고 이 수는 매년 늘어나고 있다.

무해해 보이는 작은 나비, 흔히 '꼬마부전나비'라고 하는 무리에 속하는 이 나비가 '멸종된 종'으로 분류되었다가 되살아난 이 이야기는 이제 우리가 찰스 다윈, 월터 로스차일드, 허먼 스트레커, 심지어 미리엄 로스차일드보다 나비를 잘 안다는 것을 압축적으로 보여주는 25년에 걸친 영웅적 무용담이다. 나비가 생활 세계와 이토록 복합적인 관계에 있다는 것을 알았다면 그들도 기뻐했을 테고, 단순히 나비를 위한 부지를 따로 떼어놓는 것만으로는 충분치 않다는 것을 금방 깨달았을 것이다.

나비를 잘 보존하려면 이 곤충의 생활사를 완전히 꿰고 있어야 한다.

무엇을 먹는지는 기본이요, 어디에서 휴식을 취하는지, 우호적인 관계에 있는 다른 동물은 무엇무엇이 있는지까지 알아야 한다. 이는 시간이 많이 들고 무척 까다로울 수 있는 과업이다.

예전에 자연보호협회(Nature Conservancy)에서 어떤 나비를 보존하려고 워싱턴주 야키마강 유역 습지를 매입했다.[4] 습지 주위에는 울타리를 쳐서 방목하는 소들이 들어오지 못하게 막았다. 나비는 보호되었다. 잘한 일이었다.

혹은, 잘한 일이라고 생각했다. 당시에는 그 특정한 나비가 특정한 제비꽃에 의존해 살고 그 특정한 제비꽃은 풀이 짧게 유지되는 방목지에서만 자란다는 것을 아무도 몰랐다. 소들이 접근할 수 없게 되자 풀이 마구잡이로 자라고 덤불과 키 큰 나무까지 들어섰다. 제비꽃은 설 자리를 잃었다. 나비도 사라졌다.

과학자들은 북미연푸른부전나비를 보존하려면 해당 곤충의 기본적인 생물학부터 알아야 한다는 것을 깨달았다. 그들은 전반적인 시스템을 파악했고 북미연푸른부전나비가 번성하려면 앞에서 기술한 대로 조작을 가하지 않은 본래의 환경이 필요하다는 것을 알아냈다. 그렇다, 이 나비는 루피너스를 필요로 했다. 하지만 루피너스는 불을 필요로 했다. 옛날에는 여름 건기에 번갯불로 점화된 불이 초원을 휩쓸고 갈 때가 많았다. 원주민들도 사냥감을 잡으려고 곧잘 풀이나 덤불이 무성한 땅에 불을 놓았다.

이 나비에게는 개미도 꼭 있어야 했다. 모든 나비의 4분의 1 정도는 개미와 특별한 관계를 맺는다. 어떤 나비는 의무적으로 개미와 제휴를 해야만 하고, 또 어떤 나비는 도움이 되는 특정 종의 개미가 주위에 있을 때

더 잘 살기는 하지만 개미 없이도 살 수는 있다.

북미연푸른부전나비 애벌레에게는 단물을 분비하는 특수한 기관이 있는데 어떤 개미들은 이 단물에 환장을 한다. 그 개미들은 애벌레를 발견하면 사탕 가게에 들어온 아이처럼 흥분한다. 다른 개미들, 그리고 말벌 같은 포식자가 '자기네' 애벌레한테 얼씬도 못 하게 할 수만 있다면 사탕이란 사탕은 전부 독차지할 수 있을 것이다. 그래서 애벌레를 먼저 발견한 개미들이 다른 곤충들의 접근을 막아주고, 이게 바로 애벌레가 원하던 바다.

개미들은 보디가드다. 자기네 사탕 가게를 사수해야 하므로 애벌레를 해칠 수도 있는 다른 종들을 물리쳐준다. 북미연푸른부전나비는 이 개미들이 '꼭' 있어야만 살 수 있는 것은 아니지만 개미들이 나쁜 놈들의 접근을 막아줄 때 훨씬 더 번성한다.

그래서 북미연푸른부전나비가 살아남으려면 그냥 땅이 아니라 특정 종류의 루피너스가 자라는 땅이 필요하다. 그 땅은 주기적으로 불로 태워줘야 한다. 이러한 요구 사항들을 고려할 때 전문가들은 대규모 토지 매입이 필요하리라 보았다. 윌래밋의 농지 가격을 따져보면 불가능한 일이지 싶었다. 그런데 셰릴 슐츠가 등장했다. 이 새롭게 등장한 과학자는 특정 종의 개체 수를 늘리는 데 그치지 않고 야생 동물 보호에 대한 전반적인 접근 방식을 변화시킬 프로젝트를 찾고 있었다.

슐츠와 동료 연구자 엘리자베스 크론은 북미연푸른부전나비를 구하려면 마을 하나가 필요하다는 것을 알았다. 그들은 개체 수를 연구해보고는 거금을 들여 광활한 땅을 구입할 필요가 없으며 단지 작은 '땅뙈기'들이 서로 몇 킬로미터씩 간격을 두고 있으면 된다는 것을 알았다. 그러면 나비는 이 쉼터들을 징검다리처럼 사용할 수 있다.[5] 여기저기에, 단 몇 에이커만 남겨두어도 이 힘없고 연약한 곤충은 널리 퍼졌다. 몇 군데 공유지를 중심으로 나비들의 수가 확 늘었다. 나는 몰리와 어밀리아와 함께 그런 공유지를 보러 갔다. 환경보전론자들은 개인 토지 소유주가 기꺼이 나비를 위한 식물을 심는 모습을 보았다. 현지의 어느 포도주 상점은 '펜더블루 적포도주'를 판매하고 있다.

그러니까 나비 한 종을 구하려면 마을 하나가 필요하다. 다섯 살 소녀들과 그 부모들, 너그러운 땅 주인들과 자원봉사하는 과학자들, 마케팅을 좀 아는 주류업자들과 고생을 무릅쓰는 연구자들까지 필요하다는 말이다. 나비를 구하는 방법은 1979년에 영국과 유럽에서 그 기준이 마련되었다. 과학자들은 북미연푸른부전나비의 친척뻘이자 또 다른 취약한 파란색 나비를 보호하는 방법도 연구 중이다.

이 문제의 나비,[6] 큰점박이푸른부전나비(Large blue, *Phengaris arion*)는 독특한 육식 취향과 신비한 생활 방식을 지녔다〔'큰(large)'은 어디까지나 상대적인 표현이다. 북미연푸른부전나비는 날개를 다 펴도 1인치(약 2.5cm)밖에 안 되는데 이 나비는 1.5~2인치(약 3.8~5cm)는 된다〕.

한때 북유럽과 아시아에 많았던 큰점박이푸른부전나비는 영국에서는 흔히 볼 수 없었지만 귀하게 대접을 받았다. 런던의 《더 타임스》에서 이 나비를 주제로 심도 깊은 토론을 벌이기도 했다.

이 나비를 사람이 기를 수가 없었다. 이유는 아무도 몰랐다.

나비 수집가들에게 큰점박이푸른부전나비는 거부할 수 없이 매혹적이다. 암컷, 수컷 모두 날개는 빛나는 로열블루다. 반짝거리는 네온사

인처럼 빛이 난다. 날개 가장자리에는 가느다랗게 검은 테두리가 있다. 그 바깥쪽에 훨씬 더 가늘고 우아한 순백의 테두리가 없다면 장례식처럼 칙칙해 보일 것이다. 앞날개에는 어떤 이들이 '눈물방울'이라고 하는 거무스름한 점이 아치를 그리고 있고 그 아치 안에는 반달무늬가 있다.

그 장면을 상상해보라. 어두컴컴하고 을씨년스러운 북유럽의 겨울이 지난 후, 빅토리아 시대 사람들이 시골 정취 속에서 유유자적하거나 피크닉을 즐기려고 우르르 몰려나온다. 모포를 펼친다. 음식을 먹는다. 포도주와 맥주가 넘쳐난다. 햇살은 밝다 못해 뜨거울 지경이다. 사람들은 녹음을 즐기고 한껏 기지개도 켜는 호사를 누린다. 여흥 삼아 나비채도 몇 개 준비되어 있다. 큰점박이푸른부전나비가 날아다니는 때는 딱 일주일 남짓, 그것도 연중 낮이 가장 긴 한여름이다.

그렇지만 1920년대에 큰점박이푸른부전나비는 영국에서 거의 사라졌다. 수집가들이 욕을 먹었다. 나중에 그러한 비난이 부적절했음이 밝혀졌지만 말이다. 나비가 날아다니는 지역에 울타리를 쳐서 소, 말처럼 풀어놓고 기르는 가축과 사람의 접근을 막는 방법이 요긴할 듯 보였다. 나비들에게 그들의 공간을 주자고, 그래야만 한다고 했다. 아주 좋은 계획인 것 같았다.

그렇지가 않았다.

사태는 더욱 악화되었다. 1979년에 이 나비는 영국에서 멸종된 것으로 알려졌다. 북유럽에서도 개체 수가 줄고 있었다. 하지만, 희한하게도, 여전히 전통적 방식으로 가축을 치고 방목하는 지역에는 자주 출몰했다.

연구자들은 그 이유를 알아가기 시작했다. 북미연푸른부전나비의 생존에 필요한 복잡한 요건을 파악하는 것도 어려웠지만, 큰점박이푸른부전나비는 스웨터를 뜨면서 팝콘 무늬를 넣는 것처럼 촘촘하게 얽히고설킨 관계들의 미로를 이해해야만 했다. 이건 어느 한 나비와 어느 한 식물의 문제가 아니었다. 시스템 전체를 이해해야 했다.

퍼즐 조각을 전부 찾아서 한 폭의 그림으로 짜맞추기까지 35년이 걸렸다.[7] 큰점박이푸른부전나비는 지독하리만치 까다롭다. 영국의 유명한 나비광 매슈 오츠의 표현을 빌리자면 "노이로제가 있는 귀족 나리들"[8]이다. 큰점박이푸른부전나비 애벌레는 초여름에 알을 깨고 나와 서양백리향(*Thymus serpyllum*)의 두상화를 파먹고 들어가서 에너지가 풍부한 씨앗으로 포식을 한다. 그리고 이놈들은 죽기 살기로 싸운다. 애벌레 두 마리가 만나면 한쪽이 죽어야만 끝이 나고, 이긴 놈이 진 놈을 잡아먹는다.

애벌레는 어느 정도 자랄 때까지만 두상화를 먹는다. 그다음에는 식물에서 떨어져 내려온다. 길가에 선 히치하이커처럼 땅에서 기다린다.

그러면 붉은 개미가 나타난다. 일반적으로 붉은 개미는 자기보다 연약한 애벌레를 잡아먹는다. 그렇지만 큰점박이푸른부전나비 애벌레의 경우, 개미들이 죄다 기어 와서는 애벌레를 들어 부상당한 영웅을 모시고 가듯 자기네 집으로 데려간다.

일단 개미집에 간 애벌레는 여러 가지 방법을 써서 제 본성을 숨기고 개미들과 하나가 되려고 애쓴다.

애벌레는 마치 도 닦는 수도승 같다.

그다음부터 일이 재미있어진다. 돌보미 개미들이 애벌레를 왕족 모시듯 떠받든다. 침입자는 자기가 여왕개미라도 되는 듯 행동하고 그곳에 눌러앉아 기나긴 겨울잠에 들어간다.

잠에서 깨어난 애벌레는 개미들의 후손을 잡아먹는다.

수도승 노릇은 이제 그만.

아홉 달 후, 잘 먹고 대접도 잘 받은 애벌레는 개미집에서 번데기가 되고 결국 나비가 된다. 호위병 개미들이 왕실 행렬을 거행하듯 서로 신호를 보내 길을 터주면서 나비를 개미집 밖으로 정중하게 모시고 나간다.

이 애벌레는 특정 개미의 둥지에서만 살아남고 그 외 다른 개미들의 둥지에서는 살지 못한다. 왜 그럴까? 연구자 제러미 토머스는 큰점박이푸른부전나비의 서식지 주위의 붉은 개미들을 전부 조사했다.[9] 그는 그 일대에 서로 다른 다섯 종류의 붉은 개미가 있다는 것을 알아냈는데(누가 알았겠는가?) 언뜻 보기에는 다 그놈이 그놈 같았다.

그러나 큰점박이푸른부전나비 애벌레는 그중 단 한 종의 생활 방식을 이용해 살아남았다. 바로 그 종이 애벌레를 집까지 싣고 들어가면 그 애벌레는 잘 살았다. 그러나 엉뚱한 종의 개미집에 실려 들어간 애벌레는 죽은 목숨이었다.

어째서 그 종의 개미들은 애벌레를 영웅을 맞아들이듯 환대할까? 연구자들은 두 가지 이유를 알아냈다. 첫째, 뜻밖에도 큰점박이푸른부전나비 애벌레가 그 개미들이 서로를 식별하기 위해 사용하는 화합물과 매우 유사한 화합물을 분비하기 때문이다. 그 개미들은 이 특정 화합물을 감지함으로써 자신과 같은 종의 다른 개미들을 알아보았다. 따라서 그들은 애벌레를 부상을 입은 동지쯤으로 생각했던 것이다.

둘째, 이건 더 예상 밖의 이유인데, 애벌레는 그 개미들의 '소리'를 모방했다. 이 소리는 다른 개미들을 부르는 세이렌의 노래에 해당했다. 애벌레는 정류장에서 버스를 수동적으로 기다리기만 하지 않고 적극적으로 이동 수단을 '호출'했던 것이다.

어떤 연구자들은 애벌레가 '여왕개미'의 소리를 흉내 내기 때문에 개미들에게 그토록 극진한 대접을 받는 것이라고 보았다. 개미집에 진짜 여왕이 있다면 일이 그렇게 잘 풀리지만은 않을 것이다. 그러나 개미들에게 여왕이 없다면 애벌레가 왕족으로 등극할 것이라고 일부 연구자들은 생각한다.

애벌레가 개미들에게 써먹는 속임수는 목숨을 건 것이다. 애벌레의 연기가 통하면 그 개체는 잘 살 수 있다. 그러나 기만이 탄로 나면 애벌레는 잡아먹힐 것이다. 그런 일은 제법 자주 일어난다. 최고의 흉내쟁이들만 살아남는다. 다윈이 이 이야기를 알았다면 참 좋아했을 텐데.

시스템 파악이 끝났으니 다음 단계는 어느 부분이 무너졌는지 알아내는 것이었다. 과학자들은 자기도 모르게 나비와 손을 잡은 개미들을 연구했다. 그 개미들은 까다로운 골디락스 유형이었다. 너무 더운 것도 싫고 너무 추운 것도 싫다는 유형. 온도가 딱 맞아야지, 조금이라도 추우면 다른 종류의 개미가 번성했다. 그 개미들은 비가 많이 내려도 잘 살지 못했고 비가 너무 조금 내려도 잘 살지 못했다.

서양백리향도 또 다른 소소한 문제였던 것으로 밝혀졌다. 이 식물은 이 식물대로 자체적인 지원 시스템을 필요로 했다. 여기서 핵심은 초종(草種), 즉 풀의 종류의 다양함이었다. 교외의 잔디밭? 그런 건 쓸모없었다. 식물을 다양하게 심어야 했다.

'하지만' 풀이 너무 많이 자라서도 안 되었다. 토끼들을 풀어놓았다. 토끼들은 나비에게 딱 좋은 수준으로 풀이 유지되게끔 수시로 뜯어 먹었다. '하지만' 점액종증 바이러스가 도는 바람에 토끼들은 거의 다 죽어버렸다.

그러자 풀이 다시 하늘 높은 줄 모르고 자랐다. 서양백리향이 사라졌다. 개미들은 자기네들의 본분을 게을리했다. 영국에서 큰점박이푸른부전나비는 사라졌다.

이 지점에서 과학자들은 난항에 빠졌다. 토끼들은 없어졌고 다시 토끼들이 돌아오기를 바라는 사람은 거의 없었다. 뭘 해야 하나? 그들은 꼭 토끼라야 할 필요는 없다는 것을 깨달았다. 소와 말을 방목하면 어떨까? 이런 가축은 풀을 더 많이 뜯어 먹거니와, 토끼처럼 새끼를 많이 치지 않는다는 이유도 있고 해서, 관리하기도 쉬웠다.

실험 결과, 이 방법은 풀의 높이를 제한하는 데 효과적이지만 역시 만만치 않은 것으로 드러났다. 방목은 관리가 필요했다. 말과 소를 몇 달 내내 들판에 풀어놓기만 해서 되는 일이 아니다. 가축을 정확한 시간에 풀어줬다가 정확한 시간에 거두어들여야 한다. 성공하기 어려운 시스템이었다.

큰점박이푸른부전나비의 변종들(어떤 이들은 아종이라고 본다)을 영국 밖에서 채집해서 국내에 다시 정착시켰다. 온갖 다양한 변종이 마침내 분류 작업을 마쳤고 이번에는 노력이 보답을 받았다. 이 나비가 영국인의 정신에 미치는 힘을 설명하기 위해 오츠는 이런 이야기를 들려준다.

이 나비의 피난처가 콜라드 힐이라는 이름으로 대중에게 개방되었을 때 양측 고관절 치환 수술을 앞둔 노령의 신사가 왔다. 나비들은 가파른 언덕 위에 살고 있었다. 그는 나비들을 보기 위해 경사가 심한 비탈을 오르내려야 했다. 노신사는 단념하지 않았다. 한때는 나치 독일 상공을 날아다니며 50여 개 임무를 수행한 진짜 사나이였다. 그 정신은 아직 살아 있었다. 그가 비탈을 타고 나비들의 보금자리까지 갔을 때 "큰점박이푸른부전나비 한 마리가 햇볕을 쬐려고 바로 그의 옆에 내려앉았다. 그리고 바로 그 순간, 그는 영국에 존재하는 모든 종의 나비를 보고야 말겠다는 평생의 포부를 다 이루었다."[10]

환경보전론자들이 잠시도 긴장을 늦출 수 없긴 해도 현재 큰점박이푸른부전나비는 상대적으로 안전해 보인다. 늘 사람이 문제다. 최근에도 큰점박이푸른부전나비 표본을 다수 소유하고 있던 밀수꾼이 체포되었다. 그는 나비 표본을 거래하는 국제 암시장에 그것들을 팔아서 한몫을 챙길 작정이었다. 그러다가 시민 환경보전론자에게 적발되어 경찰의 방문을 받았고 자택에서 바로 체포되었다.

비영리 단체인 나비보호협회(Butterfly Conservation)의 프로젝트 책임자 닐 흄은 재판에서 21세기의 나비 도둑질은 그렇게 널리 퍼져 있지 않지만 "일단 들어온 사람들은 악착같다"고 했다.

나비 중독은 인간의 뇌에 잘만 살아 있다.

어떤 사람들은 큰점박이푸른부전나비가 영국의 가장 성공적인 나비 보존 사례라고 본다. 이 평가가 맞는지도 모른다. 그들은 또한 어떤 나비가 완전히 사라졌던 지역에 성공적으로 재정착한 예는 세계 어디를 둘러봐도 사상 처음이라고 즐겨 말한다. 아슬아슬하게 때를 놓치지 않고 보존 시기를 잡았다고 봐야 할 것이다.

이 섬세한 나비 집단의 다른 일원들은 이미 멸종했다. 가장 유명한 예가 서세스블루부전나비(Xerces blue)다. 1852년에 처음 기술된 이 나비는 1940년대에 마지막으로 목격되었다. 이 나비의 유일한 거주지는 샌프란시스코의 태평양 연안 모래 언덕이었다. 이 나비가 필요로 하는 식물은 도심의 업무 지구와 새롭게 떠오르던 선셋 지구를 연결하는 전차 노선 신설로 씨가 말라버렸다(아이러니하게도, 수십 년 후 어밀리아의 나비가 목격된 옥상 정원이 바로 이 동네에 있다).

카너푸른부전나비(Karner blue)도 뉴욕주 올버니 인근의 특별한 구조 담이 아니었더라면 멸종된 서세스블루부전나비와 마찬가지 신세가 되었을지도 모른다.

11. 신비한 경이감

> 시간이 사라진 상태에서 누리는 최상의 즐거움을 느끼는 때는 희귀한 나비들과 그들이 먹는 식물 사이에 서 있을 때다. 그것이 황홀경이고, 그 황홀경 너머에는 설명하기 어려운 다른 그 무엇이 있다.[1]
>
> — 블라디미르 나보코프, 『말하라, 기억이여』

이 이야기는 한 세기 전, 러시아의 시골구석에서 시작된다. 저명한 작가이자 아마추어 나비 연구가인 블라디미르 나보코프는 1899년, 그러니까 빅토리아 시대의 끝자락에 태어났다. 그의 나비 숭배는 어쩌면 월터 로스차일드를 뺨칠 수준이었는지도 모른다. 이 열성은 유아기부터, 귀족이었던 아버지의 발자국을 아장아장 따라가면서 갖가지 나비들의 이름을 배우던 시절부터 시작되었다. 나보코프는 열 살 때 이미 국제 학술지들을 탐독하고 있었다.

그는 또한 새로운 나비 종들을 발견하고 명명하는 것을 인생의 중심 목표로 세워두었다. 실제로 그 무렵 어느 학술지에 '새로운' 종의 발견을 보고하는 편지를 쓰기도 했다. 비록 학술지 측은 그를 일개 '학생'이라고 깎아내렸지만 말이다. 슬프게도, 그가 발견했다고 생각한 종은 이미 기술된 바 있었다.

나보코프는 자기 가문의 사유지에 사는 나비들을 사랑했다. 농노들이 그를 위해 포충망으로 나비를 잡아주었다. 미리엄 로스차일드의 아버지 찰스가 열차 차창 밖에 자신이 탐내던 나비가 있는 것을 발견하고는 열차를 멈추게 하고 하인들에게 나비를 잡아 오라고 시켰던 것처럼, 일곱 살의 나보코프도 나비를 발견하고는 하인에게 잡아 오게 했다. 그 나이 때 그가 아침에 일어나서 맨 먼저 하는 생각은 오늘은 어떤 나비를 보게 될까였다. 그는 어릴 적 보았던 어떤 나비에 대해서 이렇게 썼다. "그 나비를 갖고 싶다는 갈망이 내가 그때까지 느꼈던 가장 강렬한 갈망이었다."[2]

그는 빼어난 회고록 『말하라, 기억이여』에서 이 갈망이 유전적이라고 말한다. "숲의 어느 지점에 갈색 개울을 건너는 다리가 있었다. 그곳에서 아버지는 희귀한 나비를 회상하느라 경건하게 발길을 멈추곤 했다. 1883년 8월 17일에 독일인 가정교사가 포충망으로 잡아주었던 나비를 말이다."[3] 회고록에는 귀한 나비를 잡은 지점이 표시되어 있는 나보코프 가문의 영지 지도가 실려 있다. 아버지의 열성은 아들에게 고스란히 옮겨 왔고 부자는 취미를 공유함으로써 끈끈한 유대감을 형성했다. 아버지가 차르에게 도전했다는 죄목으로 감옥에 갔을 때조차 두 사람은 편지를 주고받으며 나비에 대해 토론했다. 블라디미르는 아버지가 교도소 마당에서 본 나비에 대해 알게 되었다.

혁명이 일어나자 이 귀족 가문은 러시아를 떠났고 돈 한 푼 없이 독일에 정착했다. 히틀러가 독일에서 권력을 잡은 후 나보코프는 다시 보스턴으로 떠나 웰즐리 대학교에서 교편을 잡았다. 나중에는 코넬 대학교에서 러시아 문학 강의를 했다. 파란을 일으킨 작품 『롤리타』가 대박을 터뜨린 후 나보코프는 세계에서 가장 유명한 나비 연구가가 되었다. 기자들은 그가 나비들에게 느끼는 매혹에 대해서 글을 쓰기 좋아했고 으레 그러한 매혹이 작가의 심오한 예술적 기질을 보여주는 것처럼 표현했다. 잡지에는 그가 나비 채집망을 들고 있는 사진이 자주 실렸다.

웰즐리에서 강의하던 시절에 나보코프는 하버드 대학교 비교동물학 박물관에서 부업을 했다. 거기서 직책을 하나 내줬다. 나보코프는 꼬마부전나비의 숨겨진 다양성에 매혹되어 이 나비의 생식기를 연구하기 위해 표본 해부 작업에 골몰했다(특별히 외설적인 작업은 아니었다. 나비 연구가들은 여러 가지 이유에서, 나비의 성별을 확인하기 위해서라도, 생식기 연구를 많이 한다).

그가 나비의 주술에 사로잡혔던 또 하나의 이유는 색깔과의 특별한 관계에 있다. 나보코프는 모든 것에서 색을 보았다. 알파벳 문자 하나하나가 고유한 색을 띤 것으로 보였다. "초록색 무리에는 오리나무잎 색깔의 f, 풋사과 색의 p, 피스타치오 색의 t가 있다. 보라색이 약간 섞인 칙칙한 초록색은 내가 w에 찾아줄 수 있는 가장 잘 맞는 색이다."[4] 그는 이러한 기질을 공감각자였던 어머니에게서 물려받은 것으로 보인다.

그러니 나보코프가 여름 햇살 아래 나비의 눈부신 날갯짓에서 신비한 경이감을 느낀 것은 놀랍지 않다. 나비의 언어는 그가 선천적으로 능숙하게끔 타고난 언어였다.

나보코프는 꼬마부전나비의 고도로 세련된 생활 방식을 좋아했다. 미 북서부에서 그중 한 종류에 특히 관심을 가졌는데 그 나비를 실제로 보기에 적합한 장소, 적합한 때를 계속 놓쳤던 모양이다. 그러다 어느 여름날 코넬에서 보스턴까지 운전을 하던 중에 루피너스가 자라는 들판을 발견했다. 그가 그렇게 보고 싶어 했던 종이 그 들판에 가득했다.

그는 그 나비가 아직 명명되지 않은 종임을 알았다. 그래서 나비를 발견한 뉴욕의 작은 마을 철도 정거장 이름을 따서 '카너푸른부전나비(Karner blue, *Lycaeides melissa samuelis*)'라고 이름 지었다. 이 나비의 공식 학명 바로 뒤에는 그의 이름 '나보코프'가 붙어 있다. 이는 그가 이름을 지은 사람임을 의미한다. 그의 인생 목표는 성취되었다. 나보코프는 자신이 "한 곤충의 대부"[5]가 되었다고 했다.

카너푸른부전나비는 한때 흔히 볼 수 있었다. 관찰자들은 이 나비 떼를 훠이훠이 쫓으면 하늘로 올라가는 "파란 구름"으로 묘사하기도 했다. 그렇지만 1940년대에 나보코프가 발견했을 때도 개체 수는 이미 줄고 있었다. 1970년대가 되자 파란 구름은 존재하지도 않았다. 우려가 제기됐지만 뉴욕주에서 별다른 보존 노력을 기울이지는 않았다. 그러다 어느 토지개발업자가 그 일대에 쇼핑몰을 짓겠다고 나섰다. 그제야 보호론자들이 목소리를 높였다.

장대한 전투가 일어났다. 결국에 가서는 모든 당사자가 타협했다. 쇼핑몰은 지었지만 서식지 복원을 위하여 따로 수백 에이커의 땅을 남겨두었다. 법령으로 카너푸른부전나비뿐만 아니라 나비가 번성했던 생태계 전체를 복원해야 한다고 정해졌다.

나는 되살아난 생태계가 아주 볼 만하다는 얘기를 들었다. 그곳에 산책을 가기로 결심했다.

올버니 파인 부시 보호구역[6]에 차를 세우자마자 밀크위드 잎에 앉아 있던 제왕나비 한 마리를 정면으로 맞닥뜨렸다. 나비는 늦여름 햇살을 받아 어슴푸레 빛나고 반들거리고 아롱거리고 반짝거렸다. 방문객 센터는 옛 은행 건물을 개조한 것이었다. 한때 드넓게 펼쳐진 포장도로에 지나지 않았던 주차장도 다시 태어났다. 카너푸른부전나비에게 꼭 필요한 식물인 루피너스는 예전에 포장도로였던 곳에서 자란다.

다양한 밀크위드를 비롯한 토착종 식물의 돋움 화단에는 수없이 다양한 새, 곤충, 작은 포유류 들이 모여든다. 이 토착종 식물이 교외 지역에 드문드문 피어 있으면 '잡초' 취급을 받을 수도 있지만, 한꺼번에 어우러져 있으면 찬란하고 풍성하기 이를 데 없다. 거기에는 이미 오래전 많은 풍경에서 사라진 색채와 소리와 자연의 활력이 가득하다.

"오늘은 올버니 파인 부시에 아주 좋은 날입니다." 보호구역장 닐 기포드가 나와 악수를 하면서 말했다. "여기서 제일 중요한 건 생태계죠."

나는 마침 닐 기포드와 다른 사람들이 승리를 선언하는 날 찾아간 참이었다. 2007년에 500마리 수준이었던 카너푸른부전나비의 개체 수가 2016년에 1만 5,000마리까지 늘어나 있었으니까. 비정상적인 증가는 아니었다. 지난 몇 년간 건강한 개체 수가 일관되게 유지되었다.

나는 기포드와 앉아서 대화를 나누기 전에 몇 시간 정도 그곳을 걸어 다녔다. 흙길과 발자국이 몇 마일이나 이어졌다. 여러 자치 단체의 공동 관리 프로젝트인 이 보호구역은 초기에는 몇백 에이커 규모에 불과했다. 현재 면적은 3,300에이커(약 13km²)가 넘지만 기포드는 5,000에이커

(약 20km²) 이상을 원한다.

걸어가면서 돌아가는 굽이마다, 오르는 언덕마다, 새로운 광경과 소리가 나의 주의를 끌었다. 개구리들의 불협화음이 울려 퍼지는 얕은 연못을 보니 아프리카에서 보았던 풍경이 떠올랐다. 새들이 어느 곳에나 있었다. 나비들이 공중에 가득했다. 이곳에는 희귀 나비가 20종 이상 산다. 그뿐 아니라 90종 이상의 조류, 아메리카담비, 여러 종류의 거북, 다양한 뱀, 적어도 11종이 넘는 나무, 인동덩굴과 고사리, 풍부한 풀과 사초가 자란다. 들꽃은 워낙 다양해서 겨울철만 제외하면 늘 뭔가 꽃이 피어 있는 식물이 있다. 기포드가 나중에 설명한 바로는 보호가 필요한 것으로 지정된 76종 이상의 야생종 꽃이 보호구역 내에서 잘 자라고 있다고 했다.

이곳의 정취를 즐기러 온 사람도 많았다. 이 땅은 야생 생물들만을 위한 것이 아니었다. 흙길, 오솔길은 여러 가지 즐길 거리를 제공한다. 도보 산책은 물론이고 자전거, 승마 트레킹, 크로스컨트리 스키, 심지어 때로는 사냥까지도 할 수 있다.

이 보호구역이 미국에서 가장 붐비는 여행로 중 하나인 90번 주간(州間) 고속도로와 나란히 위치한다니 더욱더 감탄스러웠다. 세미트럭이 우르릉거리며 나가는 소리, 자동차들이 달렸다 멈췄다 하는 소리, 끊임 없는 경적 소리가 들려왔다. 그런데도 자연의 생명력이 가득 찬 곳을 걷고 있다는 느낌이 여실했다.

올버니 보호구역에서 자라는 종들에게 핵심은 불이었다. 여기는 수천 년 동안 번갯불로 인한 자연 발화와 화재가 잦았던 지역이다. 1만 년 전, 후기 홍적세 원주민들은 이곳에서 사냥으로 먹고살았다. 꽃가루 표본들도 유럽인 상륙 이전에 살았던 이들이 땅에 불을 놓았다는 것을 보여준다. 빙하기 말에 살았던 원주민들은 적극적으로 이 땅을 관리했던 것 같다.

기포드는 설명했다. "여기 사는 종들은 완전히 불에 의존적이에요. 이 생물들은 반복되는 화재에 적응했을 뿐 아니라 상당수가 '불을 필요로 하는' 방향으로 적응했거든요."

소나무와 방크스소나무의 솔방울은 불이 송진을 다 녹여서 씨앗을 방출시킬 때까지 닫혀 있다. 불은 또한 식물의 재를 토양에 더하여 씨앗이 잘 자랄 수 있는 비옥한 환경을 예비하는 역할도 한다.

"대부분 나비가 이렇게 잘해주리라고 기대하지 않았어요." 그가 말했다.

이 프로젝트는 그의 자식이나 마찬가지다. 농부가 평생을 바쳐 자기 농장을 키워내는 것처럼 그는 자신의 직업 이력 전부를 이 땅을 건사하는 데 바쳤다.

"양서류와 뱀도 우리가 이 땅을 관리하면서부터 폭발적으로 늘어났습니다. 큼지막하고 예쁜 꽃을 피우는 새발제비꽃(*Viola pedata*)도 여기서 자랍니다. 나는 그 종이 여기 있는 줄도 몰랐어요. 흙 속의 '종자 은행'에서 오랜 세월 기다리고 있었던 모양입니다. 우리가 땅에 불을 놓았더니 작은 제비꽃들이 응답하는 모습은 놀라웠습니다. 이 제비꽃들이 표범나비의 일종인 북미풀표범나비(*Speyeria idalia*)의 삶을 지탱해주지요." 주황색의 화려한 날개를 지닌 이 나비 역시 다소 희귀한 종이다.

이곳에서는 뉴저지차(New Jersey tea)도 잘 자란다. 미국의 독립 전쟁 기간에 유럽에서 온 식민지 주민들이 이 식물을 차 대신 끓여 마셨다고 해서 이런 이름이 붙었다. 이 식물은 땅에 씨를 잘 흩뿌리지만 "불이 씨앗을 싹 틔운 후에야 비로소 자랄 수 있다"고 기포드가 설명해주었다. 뉴저지차는 모래가 많이 섞인 땅을 좋아하고 길이는 2피트(약 60cm) 이상 자라지 않지만 무성한 꽃 군락을 형성하여 다양한 종의 나비를 위시한 곤충과 새 들을 끌어들인다.

불, 오직 불이 식물 공동체를 돌아오게 할 수 있음을 과학자들이 깨닫기까지는 시간이 좀 걸렸다. 10년이 넘도록 땅을 보존만 했지 불을 사용할 생각을 하지 못했다. 카너푸른부전나비는 번성할 수 없었다. 보호구역 주위에 주택이 많았기 때문에 불을 시스템에 도입하기가 더욱 힘들었다.

3,300에이커에 달하는 보호구역은 도시공원치고는 크지만 땅이 연속적이지 않다. 이 땅은 크고 작은 구획들로 쪼개져 있다. 이 구획들 사이에는 주택지, 상가, 게다가 혼잡한 고속도로까지 있다. 기포드와 팀원들은 주민들에게 피해를 주지 않으면서 땅에 불을 놓을 방법을 찾아야 했다.

관리 소각은 일상의 한 부분이 되어야 했다. "땅을 태우는 일은 비교적 자주 있지만 불을 크게 놓거나 하진 않습니다. 이 같은 파편적 도시 경관에서 계획 소각을 활용하는 역량부터 갈고닦았지요. 여기는 연기를 배출할 곳이 없어요. 우리에게는 아무 재량이 없습니다. 도로나 타인의 사유지에 연기를 날려 보내면 안 됩니다. 불은 우리가 관리하는 땅에서 조금도 벗어나면 안 됩니다. 예외라곤 없어요."

그렇기 때문에 불을 놓기로 처방하더라도 결코 한 번에 50에이커(약 0.2km²) 이상을 태우지는 않는다. "우리가 감당할 수 있는 선을 넘지 않도록 조심해야 합니다. 항상 해 질 녘까지는 마무리해야 하고요."

나는 그에게 물었다. "이런 일을 하는 데 드는 돈은 어디서 나나요?"

기포드가 한 방향을 손가락으로 가리켰다.

“저기요, 트래시모어산(山).”

사실 그가 가리킨 것은 고도로 잘 관리된 이 보호구역과 바로 인접해 있는 쓰레기 산이었다. 사실 아까 보호구역을 둘러볼 때도 그 산을 보았지만 그게 정확히 뭔지는 잘 몰랐다.

올버니시(市)에서는 다른 지자체가 그곳에 쓰레기를 매립하도록 허가하고 있었다. 지자체들은 이 매립지 사용 비용을 올버니에 지불한다. 법령에 따라 이 수익의 일부가 보호구역에 쓰이고 있었다.

올버니 파인 부시 보호구역에 토대를 제공하는 모래 언덕들은 홍적세 빙하기의 선물이다. 이 지역의 지질학자 로버트 타이터스는 이렇게 말한다. “인간이 생각하기에 선물이라는 것이지요.(……) 그렇지만 이 지역에서 우리가 가치 있게 여기는 많은 것들이 홍적세 빙하기의 작용으로 생겨나긴 했습니다. 아름다운 캐츠킬의 풍광, 예술, 문학까지 전부 거기에서 기원했다고 볼 수 있어요.” 홍적세 말기에 얼음이 녹기 시작하면서 빙하의 아랫부분에 호수가 생겼다. 올버니 빙하호는 남쪽으로 계속 뻗어나가 현재 비컨이라고 하는 뉴욕시 북쪽의 마을까지 차지했다.

이 호수에는 모호크강의 전신(前身)을 비롯하여 다양한 지류와 개울이 많이 흘러 들어왔다. 지금은 사라지고 없지만 그 강 하구에 삼각주가 형성되었다. 해빙 이후에 호수의 물이 빠지면서 삼각주는 차가운 회오리바람에 노출되었다. 바람은 모래를 들어 올려 삼각주에서 가벼운 물질 위주로 동쪽으로 날려 보냈다. 그리하여 사하라 사막에서 볼 수 있는 것과 같은, 바람에 따라 이동하는 모래 언덕들이 형성되었다.

"과연, 상상해봄 직하다." 티투스는 『빙하기의 허드슨 밸리』에 이렇게 썼다. "상당히 오랜 기간, 올버니의 이 부분은 나무 한 그루 없는 모래 언덕이 바람에 떠밀려 이동하는, 추운 기후의 사막이었다. 낙타 몇 마리만 집어넣으면 올버니에 대한 인상이 확 달라질 것이다."[7] 물론 우리가 아는 한 당시 이 지역에는 낙타가 없었다. 북미 여러 지역에는 낙타가 퍼져 있었지만 말이다.

이 지역에는 화재가 자주 일어났다. 번갯불이 발단이 되는 경우도 많았다. 최초의 원주민들은 (윌래밋 밸리의 원주민들과 마찬가지로) 땅의 관리와 사냥의 편의를 위해 불을 놓았다. 불을 놓으면 땅이 무성한 수풀 천지가 되는 것을 막을 수 있었다. 윌래밋 밸리에서와 마찬가지로 여기서도 유럽식 토지 소유 시스템이 도입되면서 땅에 불을 놓는 풍습이 사라졌다.

지금은 보호구역을 제외하면 거의 찾아볼 수 없는 올버니의 모래 언덕이 그렇듯, 꼬마부전나비에 속하는 모든 종류의 나비가 빙하기의 선물이다. 이 이론을 처음 제안한 장본인이 블라디미르 나보코프다. 그는 1945년에 발표한 논문에서 나비들이 1,100만 년 전에 시작되어 약 100만 년 전에 끝난 다섯 차례 파동을 겪으면서 북반구의 탁월풍을 타고 서에서 동으로 이동했을 것이라고 보았다. 그가 제안한 패턴이 지구의 기후 변화 패턴과도 일치한다는 사실이 나중에 밝혀졌다.

2011년, 10명의 과학자로 이루어진 국제적인 팀이 DNA 연구를 통하여 나보코프의 이론이 맞다는 것을 확인했다.[8] 지각 변동과 기후 변화로 이 종들은 확산될 수밖에 없었고, 그 후 새로운 곳에서 자기네가 이용할 수 있는 것에 적응해 살았을 것이다.

꼬마부전나비류는 지역 특성에 집중된, 독특하고 배타적인 삶을 산다. 그 나비들의 삶은 특수한 관계들의 복잡한 조합에 의존한다. 일단 이 사실을 이해하면, 그리고 지구상에 그들을 위한 공간을 마련하고 돈을 투자할 마음과 여력이 있다면, 그 나비들을 보존할 수 있다.

그렇지만 제왕나비 같은 종, 건강하게 지낼 곳을 찾아 캐나다의 초원에서부터 멕시코의 산까지 수천 마일을 편력하는 종은 어떨까?

3부

미 래

12. 사교성 좋은 나비*

내일은 비가 올지도 몰라, 그러니까

나는 해를 따라갈래.

— 비틀스

킹스턴 렁은 좌절에 빠져 있었다.

2017년도 추수감사절(11월 넷째 목요일)을 며칠 앞둔 때, 그러니까 우리가 캘리포니아 중부의 나비 월동지에서 처음 만나고 여덟 달 후의 일이다. 우리는 모로 베이 골프장에서 다시 만났다. 렁은 자신이 오래전에 심었던 나무들을 바라보며 생각에 잠겼다. 전년의 나비 개체 수는 1만 7,000마리로, 그 이전 해의 2만 4,000마리보다 줄어 있었다.

* 원어 'social butterfly'는 '사교성이 좋은 사람, 어울리기 좋아하는 사람'을 의미하는 관용적 표현이기도 하다.

다시 개체 수 조사에 나설 때가 되었다. 제왕나비의 수가 늘어났으리라는 희망은 결코 마르지 않았다. 태평양 북서부의 화재는 이곳까지 미치지 않았다. 이 해안 지대의 기온도 극단적이지 않았다. 그 대신, 전년 겨울에 내린 비로 푹신한 양탄자 같은 들꽃 천지가 펼쳐졌고 꼭 필요한 밀크위드도 있었다. 렁은 나비를 아주 많이 볼 수 있으리라 기대했다.

하지만 그러지 못했다.

우리는 나비가 전형적으로 모이는 장소들을 함께 둘러보았다. 작년에 수백 마리가 들러붙어 군락을 이루었던 나뭇가지들을 다시 살펴보았지만 지금은 겨우 몇 마리밖에 보이지 않았다.

"저기, 저 나뭇가지엔 가랑잎 같은 게 매달려 있네요." 그가 말했다.

우리는 가까이서 보려고 그쪽으로 걸어갔다. 그건 '진짜' 가랑잎이 매달린 나뭇가지였다.

그다음에 우리는 햇살 아래 춤추는 나비들을 보러 갔다. 나비들은 옹기종기 모여 있기보다는 날개를 펴고 날아다니면서 따뜻한 햇살을 받고 있었다. 이른 아침, 보통은 곤충들이 추워서 올망졸망 붙어 지내는 시각이었는데 말이다.

하지만 오늘은 완전히 엉망이었다. 완벽한 캘리포니아 날씨였다. 햇빛 좋고, 섭씨 20도가 조금 넘는 기온에, 바람 한 점 없었다. 캘리포니아 전체가 그 계절에 맞지 않게 화창한 날씨를 축하하는 것 같았다. 제왕나비 개체 수를 파악하러 나온 모니터링 요원들만 빼고 말이다.

나비들은 자기들에게 주어진 임무(가혹한 겨울 날씨를 옹기종기 모여서 이겨내기)는 아랑곳하지 않는 듯 좀체 나뭇가지에 앉아 있지 않고 이리저리 싸돌아다녔다. 몇 마리가 앉아 있던 작은 가지에 다른 몇 마리가 내려앉는가 싶더니 이내 다 같이 날아오르기도 했다. 나비들은 기력을 보충하려고 숲의 널따란 양탄자 같은 들꽃 천지, 보라색과 흰색으로 예쁘게 피어난 채송화(다육 식물)에 멈추곤 했다. 11월인 데다가 우리가 꽤 이른 시각에 도착했는데도 나비들은 한여름이라도 되는 것처럼 나풀나풀 날아다녔다.

나비들은 햇빛을 받으면 힘이 나는 작은 태양 전지판 같다. 햇빛이 비치는 그런 날은 반드시 날아야만 하는가 보다. 보는 눈은 즐겁지만 나비들에게는 재앙이다. 비행이라는 행동은 에너지를 소모한다는 문제가 있다. 나비는 해안을 따라 이동할 때 겨울을 대비하여 꿀을 가능한 한 많이 섭취해두었을 것이다. 이동 전문가 휴 딩글은 제왕나비가 자기 몸무게의 125%나 지방을 축적할 수 있지만 이런 식의 경솔한 비행 행동을 하면 이 중요한 비축분을 거의 다 써버리게 되고 에너지를 다시 보충할 수 있는 꽃식물을 연중 이 시기에 찾기는 쉽지 않다고 지적한다.

뭔가가 잘못됐다. 렁은 새해를 보내고 날씨가 웬만큼 추워졌을 때 나비 월동지를 다시 돌아보기로 결심했다. 그는 나비 개체 수가 꽤 될 것이라는 희망을 여전히 붙잡고 있었다. 그러나 1월에 다시 조사한 개체 수도 1만 3,000마리밖에 되지 않았다.

그리 크지도 않은 서식지에서 개체 수가 2년 사이에 1만 1,000마리나 줄어든 상황에 그는 우려에 빠졌다. 우리는 가능한 원인을 따져보았다. 전년 봄만 해도 들꽃과 밀크위드가 풍성하게 자라서 전망이 밝았지만 날씨가 꽤 더웠다. 비는 드문드문 내렸다. 그토록 아름다웠던 봄의 초록 잎들이 불쏘시개처럼 바싹 말라버렸다. 8월의 산불은 9월까지 이어졌고 10월에도 남쪽으로 뻗어나갔다. 캘리포니아주는 그 지역 역사상 최악의 산불을 경험했다.

골프장 인근까지 불길이 미치지는 않았지만 제왕나비가 이동 중에 에너지를 보충하기 위해 이용하던 야생화 들판은 타버렸다. 이동 중에 직접적으로 산불에 타 죽은 나비들도 꽤 있었을 것이다. 평소 안개가 일상인 샌프란시스코 주민들도 마스크를 써야 했을 만큼 지독한 연기가 나비들의 정교하고 섬세한 방향 잡기 체계를 교란했을지도 모른다(이 문제에 대해서는 과학자들끼리도 의견이 갈린다).

혹은, 개체 수는 줄지 않았지만 나비들이 여기 아닌 다른 곳, 아무도 모르는 어떤 곳에 모였는지도 모른다. 그게 아니면……. 가능성을 따지자면 끝이 없으리라.

그 후로도 며칠간 나는 전해 2월에 방문했던 장소들을 다시 가보고 동일한 현상을 발견했다. 피스모 비치에서 제왕나비 군락의 개체 수를 조사하는 자원봉사자 교육에 합류했다. 우리는 아침 댓바람부터 집합했다. 공기가 아주 찼다. 날아다니는 곤충은 몇 마리 없었다.

숙련된 팀이 이미 집계를 마친 상태였다. 1만 2,382마리라고 했다.

"거짓말하진 않겠어요. 수치가 낮아요." 제왕나비 생물학자 제시카 그리피스가 말했다. 실제로 과거 몇 해에 비해 매우 낮은 수치였다. 21세기로 접어들어 몇 년 동안은 1만 마리대였다. 하지만 그 이전 10년은 10만 마리 이상이었다. 1991년에서 1992년으로 넘어가는 겨울, 이곳에는 23만 마리의 나비가 모였다.

개체 수 감소의 원인은 여러 가지다. 어떤 원인은 불가사의하다. 내가 지속적으로 목격한 기후 혼란이 제왕나비의 생애 주기를 얼마나 방해했을까? 산불에서 일어난 연기가 나비들에게 어떤 영향을 미쳤을까? 꿀을 머금은 꽃을 태워버린 산불 그 자체가 이동하는 나비들에게 얼마나 해를 입혔을까?

다른 한편으로, 어떤 원인은 단순했다. 추수감사절 개체 수 집계에 맞춰 피스모 비치를 방문했을 때 나비들이 제일 좋아하는 유칼립투스 나무들이 그해 봄에 쓰러졌다는 것을 알았다. 유칼립투스의 수명은 약 1세기다. 나무의 수명이 다하는 것 자체는 예외적인 일이 아니다. 하지만 겨울의 폭우가 사태를 더 악화시켰다. 유칼립투스의 뿌리는 대부분 지면에서 12인치(약 30cm) 깊이까지만 뻗어 자라는데 폭우가 그 정도까지 미치는 것은 일도 아니다.

결과적으로, 나무를 안정적으로 지탱하기에는 역부족이었다. 이 나무가 쓰러지면서 저 나무까지 걸고 넘어졌다. 나무 두 그루가 도미노처럼 쓰러지면서 숲에는 구멍이 뻥 뚫렸고, 그로써 숲에 바람이 더 많이 들어오는 등 조건의 변화가 일어났다. 숲은 역동적인 공간이다. 그대로 있는 건 아무것도 없다. 옛날에는 제왕나비들이 그저 조금만 옆으로 가면, 해변에 널려 있는 다른 서식지 중 하나로 가면, 문제가 해결됐을 것이다. 그렇지만 바닷가에 점점 더 주택이 많이 지어지면서 그러한 대안적 서식지는 사라져간다.

어느 어머니와 10대 딸이 자원봉사자 교육에 와서는 아무도 몰랐던 나비 월동지 소식을 알려주었다. 그리피스와 동료들은 나중에 그곳에 가보고서 나비들의 존재를 확인했다. 하지만 그곳이 제왕나비들이 줄곧 사용하던 월동지인지, 아니면 피스모 비치가 이제 만족스럽지 못해서 그곳으로 옮겨 간 것인지는 알 수 없었다.

그 후에 나는 데이비드 제임스를 만났다. 워싱턴주로 그를 찾아간 게 몇 달 전이었다. 그는 자신과 자원봉사자들이 꼬리표를 달아 날려 보냈던 나비들을 다시 보기를 기대하며 추수감사절 휴가를 아내와 아이들과 함께 해안 지대에서 보내고 있었다. 우리는 월동지 여러 곳을 방문했다. 어떤 곳은 굉장히 컸다. 어떤 곳은 작았다. 어떤 곳은 공유지에 있었으나 상당수는 사유지에 있었다. 이제 남쪽으로는 샌디에이고, 북쪽으로는 샌프란시스코까지 캘리포니아 해안에서 크기가 각기 다른 나비 월동지가 400곳 이상 확인되었다. 매년 새로운 월동지가 발견되고 있다. 그러는 동안 기존의 월동지는 힘을 잃곤 한다.

수십 년간 개체 수 집계 자원봉사를 하고 있는 미아 먼로가 자신이 개인적으로 수립한 이론을 들려주었다. 과거에는 캘리포니아 해안 전체가 나비들의 이동 목적지였을 것이다. 나비들은 조건이 조금만 바뀌어도 어렵잖게 다른 숲으로 얼른 옮겨 갈 수 있었다. 그렇지만 세월이 흐르고 주택들이 해안을 차지하면서부터 오랫동안 나비들이 애용하던 장소들은 개발로 파괴되었을 것이다.

먼로는 이것이 여러 가지 가능한 생각 중 하나일 뿐이라며 이렇게 설명했다. "이건 빠르게 확산되고 있는 생각인데요. 나는 제왕나비의 이동을 숲 중심보다는 지역 중심으로 보는 편이에요."[1] 그러니까 나비들이 어떤 숲에 갔는데 조건이 맞지 않으면 새로운 숲으로 이동할 수 있다는 것이다.

"나비는 곤충이잖아요. 따라서 온도에 굉장히 민감한 생물이에요." 나비들은 언제 어느 때라도 자기들에게 조건이 제일 잘 맞는 곳으로 간다.

나는 먼로의 말에 충격을 받았다. 곤충에게 체온을 조절할 내부 기제가 없다는 사실을 우리는 너무 쉽게 잊는다. 우리 포유류는 추울 때 이런저런 방법으로 체온을 조절한다. 가령, 추우면 일부 혈관이 수축되어 오돌오돌 떨게 된다. 아니면 몸을 움직여 심박수와 혈류량을 늘림으로써 체온을 끌어올린다. 그런데 곤충은 그렇게 할 수가 없다.

나비는 추운 날씨에서 살아남을 수 없기 때문에 다른 전략들을 고안했다. 빙하기에 신대륙에 도달한 꼬마부전나비류는 애벌레 시기에 개미들에게 보살핌을 받으면서 추운 겨울을 땅속에서 난다는 영리한 방식으로 진화했다.

다른 곤충들은 이주를 선택했다. 날씨가 추워지면 많은 종이 남쪽으로 향한다. 연구자들은 제왕나비가 적어도 100만 년 전에 멕시코 북부과 미 남서부에서 진화했을 것이라고 본다. 100만 년 전이면 북쪽의 빙하가 떨어져 나와 북아메리카로 흘러 내려오던 시기이고 기후는 지금과 마찬가지로 예측 불가능했을 것이다. 제왕나비들이 찾은 해법은, 밀크위드가 꽃을 피우면 세대를 바꿔가면서 북쪽으로 퍼졌다가 날씨가 추워지면 안전한 곳으로 일거에 대이동을 단행하는 것이었다. 일리가 있는 생각이다.

사실, 우리가 제왕나비처럼 자유로이 해를 따라갈 수 있다면 많은 이들이 그렇게 할 것이다.

우리의 토론은 나를 다시 한번 궁금증에 빠뜨렸다. 제왕나비들이 이동할 때 무엇이 길잡이가 되는가? 10분의 몇 그램밖에 안 되는 이 곤충이 대이동을 감행하게끔 '영감을 주는' 것은 무엇인가?

나비들은 대관절 어떻게 자기가 갈 곳을 아는가?

빅토리아 시대의 나비 열풍이 정점에 달했던 19세기 후반 내내, 미 북서부에서 남행하는 제왕나비들이 수 마일에 걸쳐 줄줄이 날아가는 모습이 관찰되었다. 윌리엄 리치는 나비들이 햇빛을 가려 "낮인가 밤인가 싶을 정도"였다고 찰스 밸런타인 라일리의 1868년 보고서를 한마디로 요약한다.[2] 생물학자 라일리는 나비들이 장거리 이동을 할 것이라는 가설을 맨 처음 제안한 사람 중 한 명이었다. "보스턴에서조차 수백만 마리의 나비가 날아가는 모습을 몇 시간 내내 볼 수 있었다." 베른트 하인리히는 『귀소 본능』에서 이렇게 썼다. 1885년과 1886년에도 "믿기지 않을 정도로 많은" 수의 제왕나비를 보았는데 "크고 붉은 날개의 나비 군단이 하늘을 시커멓게 가릴 정도"였다는 관찰이 있었다.[3]

제왕나비들의 가을 비행 자체는 잘 알려져 있었지만 미 북부인들은 그 나비들이 어디로 가는지 전혀 몰랐다. 로키산맥 서쪽에 사는 나비들이 해안으로 이주한다는 정도는 많이들 알고 있었지만 동부, 중부 경로를 따라 멕시코시티에서 한 시간 거리에 있는 작은 산촌을 최종 목적지로 삼는다는 사실은 아무도 상상하지 못했다. 누가 이런 주장을 했다면 터무니없다고 했을 것이다.

수수께끼는 어릴 적부터 제왕나비를 무척 좋아한 캐나다의 생물학자 프레드 어커트가 달려들 때까지 풀리지 않았다.[4] 그가 이 수수께끼를 풀기까지는 평생이 걸렸다. 어커트는 20세기 중반에 최초의 제왕나비 모니터링 프로그램에 착수했다. 제2차 세계대전 이후 어커트와 그의 아내 노라는 북미 대륙 전체에 걸친 시민 과학 프로그램을 전개하기 시작했다. 모든 것은 손으로 작성했다. 컴퓨터가 아직 존재하지 않았던 시절, 꼬리표 붙은 나비를 발견한 사람은 그 발견 위치를 재래식 우편으로 보고했다. 그러면 어커트는 한쪽 벽 전체를 차지하는 거대한 지도에 그 위치를 손으로 표시했다. 그러고는 나비가 꼬리표를 달고 출발한 지점과 그 후 목격된 지점을 검은 선으로 연결했다.

처음에 이 선들은 텍사스로 수렴하는 것으로 보였다. 하지만 텍사스에는 나비 월동지가 없었다. 어커트는 나비들이 텍사스와 멕시코 사이의 국경을 넘어 남하한다는 결론을 내렸다. 그의 주장을 믿는 사람은 별로 없었다. 그런데 멕시코에서 자원봉사자 두 명(아마추어 자연학자였던 미국인 남편과 멕시코인 아내)이 제왕나비들이 목격된 경로를 따라서 시에라마드레까지 내려갔고 현지인들에게 수소문하여 산속의 나비 월동지를 찾아냈다. 그들은 어커트에게 전화를 했다. "우리가 찾았습니다. 제왕나비 수백만 마리를요!"[5] 어커트와 연구 팀은 기쁨에 취했다.

그렇지만 제왕나비 군집을 찾았다고 해서 멕시코 산꼭대기에 있는 나비들이 캐나다와 그 밖의 장소에서 남하한 '바로 그 나비들이라는 증거'는 되지 않는다. 사실, 정신 나간 생각 같았다. 세상에 무슨 수로 나비들이 한 번도 가본 적 없는 이국의 첩첩산중을 찾아낸단 말인가? 이 생각을 지지하려면 엄청난 믿음의 비약이 필요했다.

때때로, 계획을 아주 잘 짜면 계획한 것보다 훨씬 더 나은 결과를 낳기도 한다. 이제 노인이 된 어커트는 그 월동지를 직접 보기 위해 순례에 나서기로 결심했다. 해발 1만 1,000~1만 2,000피트(약 3,350~3,660m)에 달하는 가파른 산꼭대기에 도착한 그는 잠시 쉬려고 앉았다. 그런데 바로 맞은편에 수천 마리 제왕나비가 매달려 있던 나뭇가지 하나가 부러져 나무에서 떨어졌다. 나비들이 일제히 사방으로 흩어졌다.

바로 그곳에, 그의 눈앞에, 그의 프로그램 꼬리표를 단 나비 한 마리가 있었다.

사실이라기엔 너무 근사한 이야기 같다. 그래도 가장 주목할 만한 과학의 발전 중 어떤 것은 상서로운 우연과 맞물려 있다. 가령, 페니실린의 발견은 순전히 우연이었다.

행운은 준비된 자를 돕는다. 하지만 이건 너무 환상적이었다. 마치 그리스 비극에서 데우스 엑스 마키나*가 문제를 해결해버리는 것 같지 않은가. 어커트가 찾아간 월동지에서 그해에만 5억 마리나 되는 제왕나비가 겨울을 났을지도 모른다. 그의 소규모 프로젝트가 날려 보낸 꼬리표단 나비를 거기서 다시 볼 확률은 극도로 희박했다. 《내셔널 지오그래픽》 팀이 동행한 것이 어커트에게는 천만다행이었다. 그들이 이 과학자의 기막힌 행운을 목격하고 사실임을 증언할 수 있었으니 말이다.

어커트가 멕시코 산속의 작은 지역에서 겨울을 나는 제왕나비들을 '발견'했다고는 할 수 없다. 멕시코 사람들은 이미 알고 있었다. 그렇지만 어커트는 그곳에 모인 제왕나비 중 일부가 북아메리카 대륙 북부에서부터 내려왔다는 것을 확실한 사실로 못 박았다.

어커트의 목격으로 한 가지 수수께끼는 풀렸다. 그렇지만 과학에서는 무릇 한 가지 의문이 풀리면 수백 가지 새로운 의문이 일어나는 법이다. 당연히 따라 나오는 의문은 이것이었다. 멕시코에 가보지도 않은 작은 곤충이 어떻게 월동에 딱 맞는 미기후를 갖춘 특수한 장소를 찾아냈단 말인가? (나중에 연구자들은 이 고지대에 나비가 머무는 숲이 여러 곳 있다는 것

---

* 데우스 엑스 마키나(deus ex machina): 문자 그대로는 '기계 장치로 내려온 신'을 뜻하며, 갈등을 해결하거나 결말을 짓기 위해 갑작스러운 죽음이나 기적 따위에 의존하는 플롯을 가리킨다.

을 알아냈다. 결국 이 산의 일부는 유네스코 생물권보전지역으로 지정되었다.)

수십 년간 아무도 이 의문에 답하지 못했다. 그러다가 과학자들이 차차 살아 있는 세포의 성분에 얽힌 비밀을 풀기 시작했다. 오늘날에는 세포가 어떻게 작용하는가에 대해서 웬만큼 알기 때문에 다소간 완벽한 대답을 제시할 수 있다. 이 이야기는 아주 멋지다. 그리고 지구상에서 생명이 펼치는 이야기가 으레 그렇듯 이 이야기도 태양과 함께 시작된다.

우리는 모두 태양에 중독되어 있다.[6] 시간은 우리의 혈관 속에서 재깍거린다. 이건 선택의 문제가 아니다. 생물학적 명령이다.

이것이 우리 행성에서 사는 생명의 본질이다. 눈 없는 유기체도 이 규칙이 지배한다. 우리의 세포는 새벽과 황혼의 리듬에 맞춰 시시각각 맥동한다. 나방, 박쥐, 소라게, 10대 청소년 같은 야행성 동물들조차도 하루 24시간의 리듬이 지배한다.

태양이 지구의 생명체에게 미치는 보편적인 힘을 증명하기라고 하듯 인류의 문화는 늘 이 금빛의 구(球)를 숭배했다. 그리스인은 헬리오스를 우러러보았고, 아즈텍인은 나나우아친을 추종했다. 바스크인들은 인간을 보호해주었던 태양의 여신 에키를 사랑했다. 고대 오스트레일리아 원주민은 태양의 여신 그노워의 가슴 아픈 사연을 들려주곤 했다. 이 여신은 잃어버린 아이를 찾으려고 새벽부터 황혼까지 세상을 환히 비추는 횃불을 들고서 하늘을 가로지른다고 한다. 이 이야기에는 페이소스가 있다. 여신의 슬픔이 세상에는 축복이 되기 때문이다. 또 다른 문화권에는 매일매일 새벽부터 황혼까지 마차를 타고 하늘을 지나며 인류를 빛으로 축복하고자 열심히 일하는 신들의 이야기가 있다.

태양은 우리의 영원한 '시계'다. 세상을 하나로 묶고 모든 생명이 조화롭게 하나의 거대한 교향곡을 연주하도록 이끄는 지휘자다. 설령 완전한 어둠 속에 몸을 숨긴다고 해도 우리는 이 시계의 영원한 시간 기록에서 결코 도망칠 수 없다. 과학 실험에서도 몇 주씩 완전히 고립되어 생활한 피험자들이 여전히 체내의 보편적 태양 시계에 지배당하는 것으로 나타났다.

물론 우리 모두 보편적 시계에 지배당한다는 사실은 인류가 사고 능력을 갖게 된 이후로 늘 아는 바였다. 그러나 우리의 예속 이면에 있는 생물학이 과학적으로 규명된 것은 겨우 몇 년 전의 일이다. 이 복잡한 해명이 얼마나 중요했던지 이 현상의 분자적 양상을 마침내 기술한 과학자들은 노벨상을 받았다.

우리의 세포 하나하나는 24시간 피드백 루프(feedback loop)에 따라서 맥동한다. 이 피드백 루프는 몸 전체의 기능을 조율하기 위해 세포가 하루 단위 일정에 맞춰 생산하고 분해하는 생화학 물질의 순환적인 갈마듦이다. 덕분에 우리 몸의 세포 하나하나는 체내의 다른 세포는 물론, 외부 세계의 다른 세포들과도 조응할 수 있다.

우리는 모두 같은 리듬으로 살아간다. 뭔가 이유가 있어서 주위와 시간적 리듬이 어긋나버린다면, 가령 비행기를 타고 여러 시간대를 오가는 여행을 했다면, 우리의 세포가 주위의 생활 환경과 조화를 이루기 전까

* 일광 시간 절약제: 여름에 긴 낮 시간을 효과적으로 이용하기 위해 표준 시간보다 한 시간을 앞당기는 제도. 미국의 경우, 매년 3월 둘째 일요일에 시작되어 11월 첫째 일요일에 끝난다. '서머 타임제'라고도 한다.

지 '괜찮다'는 느낌이 들지 않는다. 일광 절약 시간제*를 실시하는 곳에서 살면 그 시간 변경에 적응하는 데만도 며칠이 걸린다.

그 이유는 하루 동안 각 세포 안에서 다양한 유전자가 켜졌다 꺼졌다 하는데 태양을 알아 모시는 유전자가 시간이 변했다는 것을 알아차리기까지 시간이 좀 걸리기 때문이다. 우리의 생체 시계를 하늘에서 타오르는 영원한 시계와 다시 일치시켜야만 한다. 이 때문에 표준 시간대가 다른 지역으로 여행을 가는 사람은 현지에 도착해 바로 밖에 나가야 시차 적응이 쉽다고들 한다.

연구자들이 '24시간 주기 리듬(circadian rhythm)' 운운할 때는 바로 이 활동과 비활동의 규칙적인 리듬을 말하는 것이다. 나는 이 '리듬'이라는 단어가 그냥 시적인 의미로 쓰인 거라 생각했지만 우리는 이제 현대의 현미경으로 세포의 활동까지 동영상으로 볼 수 있다. 리듬, 즉 맥동(pulsation)은 실제로 존재한다. 적절한 기술을 사용하면 진동을 실시간으로 볼 수 있다. 세포의 리듬은 심장 박동과 비슷해 보인다.

개들이 오후 3시에 버스 정류장까지 주인집 아이를 마중 나갈 수 있는 이유는 24시간 태양 주기에 맞춰 살기 때문이다. 말이 아침 6시면 귀리가 여물통에 도착한다는 사실을 아는 이유이기도 하다. 젖소들이 5시면 알아서 젖을 짜러 오는 이유. 아기들이 같은 시간대에 부산스럽게 구는 이유. 새들이 계절에 따라 남쪽으로 내려갔다가 북쪽으로 다시 돌아오는 이유. 밀크위드 같은 식물이 매년 같은 시기에 꽃이 피고 지는 이유. 이중 어떤 것도 우연이 아니다. 이 모든 것은 빛의 신께서 마련하신 바요, 우리는 그 신, 즉 태양의 주위를 돈다.

곤충들조차도 태양의 지배를 받는다. 신경과학자 러셀 포스터와 레온 크라이츠먼은 『24시간 주기 리듬』이라는 책에서 꽃은 매일 특정 시간에 꿀을 생산하고 곤충은 그 시간을 "안다"고 설명한다. 꽃은 특정 시간에만 곤충을 환영한다. "벌들은 꽃 방문 예약 장부를 가지고 있고 하루 9건까지 방문 약속을 '기억'할 수 있다." 그들은 또 이렇게 썼다. "벌과 식물은 태양일*에 대한 공통의 표상을 가지고 있고 시간을 '판별'하여 자신의 생체 '시계'를 거기에 맞출 수 있다." 요컨대, 지구상의 그 무엇도 자유롭지 않다.

나비도 포함해서 말이다.

그렇지만 24시간 주기 시계만이 지구에서 생명의 유일한 동기 장치인 것은 아니다. 일종의 계절 시계, 일명 '1년 주기 시계(circannual clock)'에 맞춰 사는 생물도 많다. 유전자가 운용하는 이 시계 덕분에 매년 일어나는 일이 연중 적절한 시기에 일어날 수 있다. 생물이 지속적으로 변화하는 행성에서 살아남으려면 이 동시성이 필수적이다. 우리의 세계는 정확한 타이밍에 의존한다.

시계가 있고 없고는 중요하지 않다. 곰은 가을이면 겨울잠에 들어가 봄에 일어난다. 말은 초봄에, 단백질이 풍부하고 야들야들한 새 풀이 돋기 직전에, 새끼를 낳는다. 우리도 가을이 되면 햇빛의 감소에 반응한다. '아늑함'을 추구함으로써, 소파에 처박힘으로써, 겨울철에 알맞은 행동방식을 취함으로써, 좀 더 일찍 자고 좀 더 늦게 일어남으로써 말이다. 날

* 태양일(太陽日, solar day) : 태양의 중심선이 자오선을 통과한 뒤 그 자오선을 통과할 때까지 걸리는 시간. 계절에 따라 그 거리가 다소 다르다. 가장 길 때는 24시간 30초, 가장 짧을 때는 23시간 59분 39초다.

이 길어지면 봄철에 전형적인 행동 방식으로 반응한다. 야외 활동을 늘리고, 일찍 일어나고, 좀 더 활동적이 되는 식으로 말이다.

제왕나비들도 1년 주기 리듬에 특수한 생물학적 변화로 반응한다.[7] 가을에 이동하는 제왕나비는 여름의 제왕나비와 자못 다른 동물이다. 심지어 겉보기에도 다르다. 장차 이동을 할 제왕나비는 번데기에서부터 그들의 직계 조상보다 더 크고, 더 튼튼하고, 더 선명한 색을 띠고 나온다. 이동하는 제왕나비는 대기로 날아올라 강한 바람을 타고 먼 길을 가야 하기 때문에 날개 자체가 그러한 비행에 적합한 모양을 띤다.

이 나비들의 날개는 특히 공기의 흐름을 타기 좋게 되어 있다. 내가 카약으로 강물의 흐름을 타고 내려가기 좋아하듯이 제왕나비는 공기의 흐름을 타기 좋아한다. 곤충에게 비행은 가장 에너지 비용이 많이 드는 일 중 하나다. 이동하는 제왕나비들은 뒤에서 밀어주는 순풍을 이용해 에너지 비용을 상쇄한다. 이 능력은 마일당 에너지 소모를 줄임으로써 더 멀리까지 비행('활공'이 더 적합한 표현일지도 모른다)을 할 수 있음을 의미한다.

이들의 비행 패턴은 다르다. 여름에는 제왕나비들이 꿀을 찾아 이 꽃에서 저 꽃으로 나풀나풀 날아다닌다. 수컷은 끈질기게 암컷을 쫓고, 암컷은 수컷의 공격을 피하면서 꿀로 에너지를 보충하거나 알을 낳으려고 애쓴다. 이동하는 제왕나비들은 다르다. 이들의 비행은 방향과 목표가 분명하다. 이 나비들은 보통 짝짓기를 하지 않는다. 그들에게는 하나의 목표, 목적지에 도착해야 한다는 단 하나의 목표만 있다. 남쪽으로 이동하는 동안에는 최대한 많은 양의 꿀을 섭취함으로써 겨울에 쓸 지방과 당분을 비축해놓는다. 이 나비들이 남하하는 동안 얼마나 많이 먹는지 월동지에 도착해보면 처음 출발할 때보다 몸무게가 늘어 있다.

중요한 것은, 나비들의 사회성이 높아진다는 것이다. 군집을 좋아하게 되고, 남쪽으로 이동하는 동안 때로는 나무에서 몇 시간, 혹은 며칠씩 옹기종기 달라붙어 지낸다. 때때로 나비들은 얼마나 딱 달라붙어 지내는지 서로의 몸을 타고 올라앉기도 한다.

"이 나비들이 쉴 때는 서로를 잘 참아주거든요."[8] 제왕나비 연구자 패트릭 게라[9]가 나에게 말해주었다. "그들이 실제로 서로에게 끌리는 건지, 아니면 유용한 장소를 찾다 보니까 결국 다 같은 곳에 몰려들어 다닥다닥 붙어 지내는 건지, 우리는 모릅니다."

내가 질문을 던졌다. "나비들이 서로 끌리지 않는다면 왜 그러고 있는 걸까요?"

"어쩌면 나뭇가지에서 일종의 정보 교환이 이루어지는지도 모르지요." 그가 자신의 의견을 말했다.

어쩌면 이것이 나비들이 적절한 월동지를 찾아가도록 돕는 유용한 도구가 아닐까? 나는 궁금했다.

"어쩌면요. 아니면 나비들이 서로를 모방하는지도 모르고요." 그가 대답했다. 어쩌면 일단 멕시코에 도착한 다음에는 서로를 따라 높은 산으로 올라가는지도 모른다. 그게 아니면 모든 나비가 동일한 소리나 냄새에 이끌려 가는지도 모른다. 게라를 위시한 학자들은 언젠가 이 의문에 답할 수 있는 연구를 할 수 있기를 희망한다.

이동하는 제왕나비는 번식을 하지 않는다는 것이 나비들이 서로를 참아줄 수 있는 이유 중 하나인지도 모른다. 정확히 말하자면, 보통은 생식기가 다 발달하지 않아서 번식을 '할 수 없다.' 이런 경우, 수컷의 공격성은 현저히 줄어든다. 이동하는 제왕나비는 에너지를 알을 낳는 과정에 쓰지 않고 장거리 비행과 기나긴 월동에 알맞게 몸집을 키우는 방향으로 돌린다.

이러한 리엔지니어링(reengineering)을 개시하는 스위치 중 하나가 바로 (여러분이 짐작하는 바와 같이) 태양이다. 날이 짧아지면 제왕나비의 생체 시계가 빛이 부족함을 감지하고 발달에 변화를 준다. 그러면 번데기에서 바람의 방향을 잘 읽고 장거리를 나는 데 능숙한 비행의 귀재 나비가 나오는 것이다.

게라는 이 나비들이 특정 방향으로 날아가려는 의욕이 넘친다고 말해주었다. "여름 제왕나비는 아무 데로나 날아다니는 반면, 가을에 이동하는 나비들은 남쪽으로 날아가려는 성향이 강합니다."

땅에 매여 사는 우리는 바다나 하늘을 바라보면서 '물'이나 '공기'를 본다. 하지만 이러한 기본 물질 속에서 살아가게끔 진화한 생물은 우리 인간의 도로망처럼 정교하게 발달한 교통 체계를 감지한다. 제왕나비들이 이 복잡한 기류 체계를 어느 정도 인지하고 열적 고기압을 타고 대기에 합류할 수 있는 것은 분명하지만 그들이 정확히 어떻게 바람을 해독하는지는 여전히 수수께끼다.

우리가 대화를 나누는 동안 '더 연구할 만한 주제'라는 항목으로 묶은 질문들은 시시각각 늘어났다. 과학은 끝이 없는 이야기다. 19세기 말에 어느 물리학자가 전자(電子)를 발견하고서 과학의 일은 완수되었다고 썼다. 그는 발견해야 할 것은 다 발견했다고 주장했다. 하지만 겨우 몇 년 후인 1905년, 젊은 아인슈타인이 $E=mc^2$이라고 썼다.

그러니까 이런 것이다. 인간이 호기심 없는 생물이 되기 전까지는 과학의 일은 결코 '완수'되지 않는다.

꼬마 시절부터 곤충에 관심이 많았던 게라는 매사추세츠 대학교 의대의 저명한 신경과학자 스티븐 레퍼트의 연구실에서 그의 제왕나비 여정을 시작했다. 레퍼트, 게라, 그 외 여러 연구자가 제왕나비의 이동을 가능케 하는 여러 생물학적 기제를 알아내려고 오랫동안 헌신적으로 연구에 매진했다.

제왕나비가 비행하는 동안 태양을 '나침반'으로 삼는다는 사실은 이미 증명되었다. 레퍼트 팀은 이 증명을 반복했다. 예전에 실시했던 실험 계획을 그대로 사용하되, 가을에 이동하는 제왕나비 한 마리를 위가 뚫려 있는 통에 집어넣고 통을 밖에 내다 놓았다. 나비는 섬세한 벨트로 통 중앙에 묶여 있었다.

나비가 볼 수 있는 것은 하늘과 태양뿐이었다. 벨트는 나비가 위아래로는 날 수 없어도 옆으로의 이동이나 회전은 자유롭게 할 수 있도록 설계되었다.

레퍼트 팀은 이 연구를 이전의 연구와 결합하여 이 제왕나비들이 끈질기게도 늘 남서쪽으로 날아가려는 경향이 있다는 결론을 내렸다.

이동하지 않는 제왕나비들은 그렇지 않았다.

"태양이 하늘에서 이 멋진 방향 신호를 주는 겁니다." 게라가 말했다.

이해할 만했다. 인간들도 그렇지 않은가.

나중에 그가 이렇게 덧붙였다. "시침핀 머리만 한 뇌를 가진 나비가 우리가 온갖 종류의 복잡한 계산을 투입해야 하는 일을 한다는 게 얼마나 대단한가요!" 나는 점보제트기의 거대한 내비게이션 패널을 머릿속에 떠올리면서 나비의 미세한 뇌에 그 모든 것이 응축되어 있다고 상상했다.

연구자들은 남서향 비행 행동의 지속성을 테스트하기 위해 통 속에 손을 넣어 나비를 다른 방향으로 일부러 돌려놓았다. 그렇지만 손을 놓자마자 나비는 다시 남서쪽으로 몸을 틀었다. 반면, 여름 제왕나비는 이러한 행동을 보이지 않았다.

나는 레퍼트의 강연에서 이 현상을 촬영한 동영상을 보았다. 강연 참석자들이 놀라 헉 소리를 냈다. 그 현상은 명백해 보였다. 이동하는 제왕나비들은 단호한 작은 생물들이었다. 끈질기고 양보 없고 독단적인 것이, 여름 제왕나비들과는 아예 딴판이었다. 가을 제왕나비들은 단념을 몰랐다. 그들은 굴하지 않고 계속 남서쪽을 향했다.

태양을 길잡이로 삼는 나비의 능력이라는 놀라운 면에는 명백한 장애물도 있다. 태양은 하늘에 가만히 있지 않는다는 것이다. 태양을 숭배했던 우리네 조상이 주목한 대로, 땅에서 살아가는 우리 눈에는 태양이 하늘을 여행하는 것처럼 보인다.

명백해 보이는 이 움직임을 고려하면서 꾸준히 비행하기 위해 제왕나비는 이른 아침 떠오르는 해를 자기 왼쪽에 끼고 날아갈 것이다. 반면, 오후의 끝자락이 되면 제왕나비는 저무는 해를 자기 오른쪽에 두고 날아갈 것이다. 정오에 태양은 제왕나비의 머리 바로 위에서 내리쬘 것이다.

우리 인간들에게는 이러한 재주가 환상적으로 보인다. 나비는 어떻게 아침, 점심, 저녁을 아는 걸까? 움직이는 태양을 기준으로 위치를 잡아야 한다는 것을 어떻게 아는 걸까? 아니, 태양이 '움직인다는' 것을 어떻게 '안단' 말인가? 그 이유는 나비가 생체 시간 기록계를 타고나기 때문이다. 24시간 주기 시계가 어떤 물질을 분비함으로써 '시간을 지키게' 해준다. 이 물질은 밤에 분비되었다가 낮 동안 서서히 분해된다.

게라가 설명했다. "태양이 이 물질의 분해를 촉발하지요. 빛이 기본적으로 물질의 생산을 중단시키고요. 이것은 우리의 일광 주기와 일치합니다."

"이 현상은 햇빛이 없어도 일어날 수 있습니다. 이 리듬감이랄까, 규칙적인 갈마듦이 햇빛을 쬐지 않아도 일주일 정도는 그냥 지속되거든요. 그 다음에는 서서히 리듬이 무너지지요. 결국은 규칙적인 갈마듦이 사라지고 균일해집니다." 그는 덧붙여 말했다. "빛을 계속 쬐기만 해도 생체 시계는 망가집니다. 규칙성이 무너지지요. 우리는 수백만 년을 낮, 밤, 낮, 밤, 이 리듬에 적응해 살아왔어요. 이 일상 리듬이 무너졌다고 생각된다면, 그래서 리듬을 새로 설정하고 싶다면, 캠핑을 가든가 조명이나 텔레비전 같은 전력 사용 설비를 전부 쓰지 말아보세요."

이 말은 나비들에게도 유효하다. 그리고 우리 행성에서 살아가는 거의 모든 생물에게도 유효하다.

레퍼트 팀은 일련의 연구를 수행한 후 제왕나비의 이동이 일어나는 방식을 더욱 자세히 규명했다. 한번은 연구자들이 나비를 속이는 실험을 했다. 이동하는 제왕나비들을 잡아서 특수한 인큐베이터에 넣었다. 이 인큐베이터는 연구자가 조명 스위치를 껐다 켰다 하는 방식으로 '일광'을 통제할 수 있었다.

연구자들은 이 방법으로 실시간과 여섯 시간 차이 나게 시간을 '이동'시켰다. 나비들에게 마치 6시간의 시차가 생긴 것과 마찬가지였다. 여러분이 자기도 모르게 이런 일을 당한다면 여러분이 짐작하는 특정 시간은 실제 시간과 6시간 정도 차이가 날 것이다.

여러분은 혼란스러울 것이다.

나비들도 마찬가지였다.

연구자들이 이 '시간 이동'을 당한 나비들을 덮개 없는 통에 넣어 실제 햇빛에 노출시키자 시간 감각이 깨졌다. 나비들은 비행 방향을 제대로 잡지 못했다. 예를 들어, 인공조명으로 설정된 생체 시계가 오전 10시를 가리키면 나비는 해를 왼쪽에 두고 날았다. 하지만 실제로는 오후 늦은 때였으므로 해를 오른쪽에 두는 것이 제대로 잡은 방향이었다.

"나비들도 자그마한 인큐베이터 안에서 지금이 몇 시쯤이라는 생각을 하는 거죠. 그런데 야외로 나와서까지도 자기네가 인큐베이터 안에 있는 줄 알고 그 생각대로 행동했던 거예요. 그들은 '잘못된 규칙'을 적용하고 있었지요." 게라가 설명했다. "나비들은 우리가 밖에 데리고 나갔을 때가 아침이라고 생각했지요. 실은 오후도 꽤 지나 있었는데 말입니다. 나비들은 자기네 지침을 곧이곧대로 따랐고 자기네가 할 일을 했습니다. 하지만 콘텍스트를 잘못 파악한 채로 그러고 있었던 거예요."

하지만 '어떻게' 그런 일을 했을까? 눈, 즉 시각으로 태양을 따라가면서? 우리라면 시각으로 그렇게 했을 테고 우리를 둘러싼 세상의 리듬이 시간이 바뀌었다고 알려주기 전까지는 아마 계속 그럴 것이다.

나비들은 혹시 다른 감각을 사용했을까? 어쩌면 우리 인간은 쓸 수 없는 감각을? 가령, 박쥐는 반향 정위(echolocation)라는 고유한 초음파 감각을 이용하여 방향을 잡고 비행한다. 어쩌면 제왕나비들에게도 특수한 운항 도구 상자가 있지 않았을까?

과학자들은 오래전부터 생물에게 생체 중앙 시계와 세포 각각의 24시간 주기 시계가 있다는 것을 알고 있었다. 게라는 이런 영화 장면을 상상해 보라고 제안했다. 임무에 나선 모든 요원에게 리더가 "우리의 시계를 전부 똑같이 맞춰야 할 시간"이라고 말하는 장면을 말이다.

"'그들 모두를 지배하는 단 하나의 시계'가 있는 거예요." 그는 이어서 말했다. 우리의 경우, 그 시계는 뇌의 특수한 영역에 있다. 연구자들은 '나비들 모두를 지배하는 단 하나의 시계'도 나비의 뇌에 있을 것이라 보았다.

그들이 틀렸다.

레퍼트 팀은 이동하는 제왕나비가 필수적인 운항용 '시계'를 사용해 비행하지만 그 시계는 뇌가 아니라…… 더듬이에 있다는 것을 알아냈다.

"제왕나비들의 뇌에는 수면-기상 리듬 같은 것을 관장하는 중앙 시계가 있어요. 하지만 우리 팀은 방향 탐지에 쓰이는 시계가 더듬이에 따로 있다는 것을 알아냈습니다." 게라가 좀 더 자세히 말해주었다.

기술적으로 말하자면, 우리 인간도 비슷하다.

"우리 주위에도 다양한 시계가 있어서 작업의 성격에 맞게 사용하곤 하잖아요." 벽에 거는 시계가 있는가 하면 노트북에 내장된 시계도 있다. 휴대 전화에도 시계가 있다.

"하지만 운동을 할 때는 손목시계를 사용합니다. 아직 다 규명되지 않은 몇 가지 이유로, 나비들의 이동에는 더듬이 시계가 쓰여요. 우리의 발견이 예상 밖으로 기발한 이유가 바로 여기에 있지요. '그들 모두를 지배하는 단 하나의 시계'가 뇌에 있고 이것이 나비들이 이동하는 동안 현재 시각을 알려줄 거라고 예상하기 쉽잖아요. 하지만 웬걸요, 나비들은 다른 시계를, 뇌 바깥에 있는 시계를 쓰고 있었어요."

나비의 더듬이는 타이어가 도로와 맞닿는 면, 생물이 전반적인 세상과 접촉하는 지점이다. 더듬이는 진정한 풀 서비스 기관이다. 아이들은 더듬이를 으레 '느끼는 기관'이라고 생각하고 촉감만으로 상자 속 내용물을 알아맞히는 게임을 할 때 우리의 손이 하는 것과 비슷한 역할을 한다고 상상한다. 우의적인 의미로는 그런 표현도 맞다.

나비의 더듬이는 자연의 경이다. 더듬이는 스위스제 다용도 칼처럼 여러 가지 목적으로 여러 가지 기본 작업을 수행할 수 있게끔 도구들을 구비하고 있다. 일단 공기를 가르며 냄새를, 때로는 아주 먼 거리에서도, 감지할 수 있다. 또한 비행 중인 곤충의 균형을 잡아준다. 곤충이 비행 중에 길을 찾게 해준다. 더듬이에는 은유적으로 여러 개의 '시계'가 있는데 그중에는 뇌에 중요한 타이밍 정보를 보내주는 시계도 있다.

게라와 레퍼트 팀은 더 많은 것을 알아내기 원했다. 양쪽 더듬이가 모두 있는 나비는 방향을 아주 잘 잡는다. 더듬이 한쪽을 제거했을 때도 나비는 잘만 날아갔다. 하지만 양쪽 더듬이를 다 잃은 나비는 방향을 잘 잡지 못했고 남쪽으로 날아가지도 못했다. 이미 1950년대에 프레드 어커트가 지나가는 얘기처럼 이러한 가설을 제시하긴 했지만 기발한 실험을 통하여 사실 여부를 입증한 것은 레퍼트 팀이다.

레퍼트 팀은 한쪽 더듬이를 '제거'하지 않고 양쪽 모두에 '색칠'을 했다. 한쪽 더듬이에는 빛이 침투할 수 없게 검은색을 칠했다. 다른 쪽 더듬이에는 빛이 통과할 수 있는 밝은색을 칠했다.

이렇게 더듬이를 칠한 곤충은 방향을 잘 잡지 못했다. 양쪽 더듬이가 낮의 시간에 대해서 서로 모순되는 정보를 뇌에 보냈기 때문이다. 그들은 나비가 더듬이마다 '시계'처럼 작용하는 시간 파악 기제를 가지고 있다고 결론 내렸다. 그러니까 한쪽 더듬이가 없어도 남아 있는 더듬이에 의지해서 방향을 잘 잡아서 날 수 있다. 하지만 양쪽 더듬이를 다른 색으로 칠했을 때는 양쪽에서 서로 다른 신호가 들어와 충돌을 일으킨다. 과학자들은 태양의 움직임을 추적하는 생물학적 기제가 나비의 더듬이에 있다는 결론을 끌어냈다.

제왕나비들은 2월 말에 월동지를 떠나면서 봄에 소생하는 식물을 따라 북으로 향한다. 일부는 바람을 타고 캐나다 국경과 그 너머까지 가지만 대부분은 텍사스나 멕시코에 멈춰서는 짝짓기를 하고 알을 낳는다. 그러면 이 다음 세대가 북쪽으로 더 나아간다. 이렇게 너댓 세대가 교체되고 나면 다시 늦여름 제왕나비가 남으로 내려올 때가 된다.

레퍼트 팀은 어떻게 멕시코에서 겨울을 지낸 제왕나비들이 북쪽으로 돌아가는 길을 찾는지 궁금했다. 팀원 중 일부는 낮의 길이가 짧아지는 것이 나비들의 남하를 촉발하는 부분적 이유였던 것처럼 낮의 길이가 길어지면 북상의 생물학적 기제가 작동할 것이라고 생각했다. 또 다른 팀원들은 낮의 길이가 아니라 기온이 방아쇠 역할을 할 거라고 생각했다.

판돈이 큰 내기였다.

기네스 맥주 여섯 병들이 한 팩이 걸렸으니까.

답을 알아내기 위해, 게라는 일단 봄에 북쪽으로 날아가고 있던 제왕나비들을 텍사스에서 포획했다. 그 후 이 나비들을 풀어주고 추적해보니 여전히 태양을 길잡이로 삼는데도 나비들의 도구 상자가 '북쪽'으로 가는 길을 찾게끔 돕는 것을 알 수 있었다.

나침반은 뒤집혔다.

어떻게 이런 일이 일어났을까?

연구 팀은 다음 단계로 뉴잉글랜드에서 가을에 남하하는 제왕나비들을 포획했다. 그들은 이 나비들을 뉴잉글랜드에 그대로 둔 채 24일간 낮은 온도에 노출시켜 해발 1만 2,000피트(약 3,660m)의 멕시코 산에서 보내는 겨울과 비슷한 환경을 조성했다.

이렇게 나비들을 교묘하게 속여서 뚜껑 없는 통에 넣어놓고 관찰한 결과, 연구자들은 이 나비들이 북쪽으로 날아가려고 하는 현상을 관찰했다. 아직 가을이었는데도 나비들은 이미 멕시코에서 겨울 한 철을 다 보낸 것처럼 북쪽으로 '재이동(re-migrating)'하고 있었다.

연구 팀은 가을에 남하하는 제왕나비들을 포획한 다음 그 나비들을 두 집단으로 나누었다. 그리고 그중 한 집단은 낮은 온도에 노출시키지 않고 비교적 따뜻하고 안정적인, 가을과 흡사한 환경을 조성해주었다. 그 후 이듬해 3월에 이 나비들을 풀어주었다. 이 나비들은 마치 가사 상태에서 깨어난 것처럼 행동했다. 사실, 어떤 의미로는 가사 상태에 있었다고 봐야 할지도 모른다.

나비들은 아직도 가을인 것처럼 남쪽으로만 날아가려고 했다.

"종합적인 메시지는, 가을에 이동하는 나비들을 추위에 노출시키면 남쪽이 아니라 북쪽으로 날아간다는 겁니다. 그리고 똑같은 나비라도 실험실에서 다음 해 봄까지 따뜻한 환경을 유지해주면 남쪽으로 날아가려고 하지요. 멕시코에 갔던 다른 나비들은 북쪽으로 돌아가려고 하는 판국인데 말이에요."

"그로써 퍼즐의 마지막 조각이 완성되었지요." 게라가 말했다.

이동 방향의 결정적 신호는 낮 시간의 길이가 아니라 기온이라는 것을 입증한 셈이었다.

게라가 말하기를, 우려할 만한 이유가 바로 거기에 있다.

"지구 온난화로 생기는 문제는요, 앞으로 멕시코가 겨울에도 춥지 않다면 나비들이 북쪽으로 돌아가지 않을 수도 있다는 거예요."

연구 팀도 이 결정적 신호의 세부적인 사항들까지는 알지 못한다. 나비들의 운항 도구 상자가 뒤집히려면 얼마나 오랫동안 추운 날씨에 노출되어야 할까? 그러기 위해서는 적어도 몇 도까지 기온이 내려가야 할까? 연구해야 할 문제는 더 늘었다.

요약하자면, 과학은 제왕나비의 이동이 '기계적' 행동이 아니라는 것, 그리고 제왕나비가 수많은 환경 신호들을 받아들이고 어떻게든 통합해서 행동을 결정한다는 것을 보여주었다. 나비들은 낮의 길이 변화, 기온의 높낮이, 밀크위드의 성장과 쇠락을 고려한다. 이 신호들 가운데 어느 것을 우선하느냐는 나비의 복합적 행동이 전개되는 환경에 달렸다. 나비의 이동 성향, 즉 이동 증후군(migration syndrome)은 어느 스위치 하나를 끄거나 켜는 식으로 통제되지 않는 것으로 보인다.

진화는 변형이고 제왕나비의 이동은 그러한 변형의 특히 좋은 예다. 이동하는 제왕나비들에게 '적절한' 행동에 관한 한 무엇이 맞고 무엇이 틀리다고 할 수 없다. 그런 절대적인 기준 대신, 상당히 모호한 영역이 있다. 제왕나비의 전형적 행동은 분명히 있지만 비정상적 행동 역시 존재한다. 틀 밖에서 행동하는 나비들, 규준을 따르지 않는 나비들이 있다. 사실, 제왕나비들은 이렇게 위험을 분산하는 생활 방식에 특히 소질이 있다.

2017년 가을 대이동 당시, 캘리포니아주 샌타바버라에 살던 캐시 플레처가 밀크위드 모종 상자를 정원으로 옮기고 있는데 제왕나비 암컷 한 마리가 다가왔다. 나비는 잎 하나당 한 개씩 전부 다섯 개의 알을 낳았다. 그러고는 날아가버렸다.

나는 데이비드 제임스에게 이 이야기를 듣고 흥미가 생겼다. 전에 읽은 책에서는, 이동하는 제왕나비는 번식을 하지 않는다고 적혀 있었기 때문이다. 나는 플레처에게 전화를 걸어 자세한 정보를 구했다. 우리가 전화 통화를 나누었던 12월 중반까지도 산불은 기승을 부리고 있었다. 샌타바버라에서도 흉흉한 일이 많았는데 그중에는 경주용 마사에 불이 붙어서 말들이 여러 마리 죽은 사건도 있었다. 플레처는 자기네 집까지 불이 번질 위험은 없지만 연기 때문에 자기네 부부는 집 안에서만 머물러야 하는 상황이라고 말해주었다. 나중에 겨우 집 밖에 나가게 된 후, 연기 혹은 잿가루에 못 이겨 땅바닥에 쓰러져 뒹구는 나비들을 발견했다. 플레처는 그중 한 마리를 재활시켰다. 나비의 몸뚱이를 깨끗하게 해주고 꿀을 먹여서 다시 날려 보낸 것이다.

알을 낳는 나비가 발견된 것은 대이동의 초기, 9월이었다. "나는 그때 그냥 거기 서서 술을 마시는 중이었어요." 플레처가 말했다. 그녀는 알을 낳는 그 암컷에게 꼬리표가 붙어 있는 것을 보았다. 사진을 찍었고, 데이비드 제임스에게 보냈다. 북쪽으로 수백 마일이나 떨어져 있는 오리건주에서부터 자원봉사자가 붙인 꼬리표를 달고 날아온 나비였다. 그렇게 먼 길을 이동했으면서 결국 알을 낳은 것이다.

나는 그 나비는 결국 겨울을 나지 못한다는 뜻이냐고 물었고, 그것이 아직 알아내지 못한 중대한 사안이라는 것을 알게 되었다. 제왕나비는 겨울 행동과 여름 행동이라는 두 가지 생물학적 상태를 왔다 갔다 하는 걸까? 아니면 알을 낳음으로써 자기의 생애는 마감할 운명이 되고 마는 걸까? 이 나비가 알을 낳고 나서도 월동이라는 생물학적 습성으로 돌아갈 수 있을 것 같지는 않다. 그렇지만 미 북부에 사는 제왕나비들이 멕시코까지 그 먼 길을 이동할 거라 생각한 사람들도 없지 않았던가.

"남쪽으로 이동하려는 경향과 알을 낳으려는 경향이 우리 생각처럼 강력하게 딱 떨어지지는 않는다는 것이 증명되었습니다." 게라는 비정상적인 기후 조건에서는 이동 중이던 나비도 생식 모드로 전환될 수 있다는 의미에서 이렇게 설명했다. "이동 증후군에 빠져 있던 나비가 남쪽으로 내려가다가 예상보다 날씨가 따뜻하다고 느끼면 알을 낳는 쪽으로 방향을 틀지도 모릅니다. 마치 두 종류의 지침, 그러니까 이동 지침과 번식 지침이 있는 것처럼요." 이 두 종류의 지침이 정확히 어떻게 균형을 찾는지는 아직 밝혀지지 않았다.

그러니까 나비들이 캐나다에서 멕시코까지 어떻게 길을 찾아가느냐는 이제 예전처럼 대단한 수수께끼가 아니다. "그렇지만 답을 구해야 할 다른 문제들이 있지요." 이제 막 연구 이력을 쌓기 시작한 그는 제왕나비에 대한 학문이 '완성'될까 봐 우려하지는 않는다.

그는 궁금한 것이 너무도 많다. "제왕나비들은 멈춰야 할 때를 어떻게 알까요? 우리는 나비들이 왜 멕시코에서 이동을 멈추는지 그 이유를 아직 모릅니다. 멕시코에 있는 잠재적인 그 무엇이 나비들에게 이제 다 왔다고 말해주는가 봅니다. 어쩌면 신호가 있겠지요. 바로 이 냄새가 나면 멈춰야 해, 하는 식으로요. 숲이 없어지면 어떤 일이 일어날까요? 그래도 나비들은 그곳으로 갈까요? 나비들은 어떻게 자기장을 감지할까요? 이게 다 미지를 개척하는 일이지요."

• • •

통념에 따르면 제왕나비들은 겨울을 나기 위해 이동할 경우에는 번식을 하지 않는 매우 특정한 행동 방식을 보인다. 하지만…… 제왕나비들에게 규칙은 깨뜨리라고 있는 것 같다. 어쩌면 그렇기 때문에 겨우 100만 년 전부터 북미의 작은 지역에서만 진화해왔던 이 나비들이 이제 세계 곳곳에서 발견되는지도 모른다. 제왕나비들은 영국의 큰점박이푸른부전나비처럼 독특한 환경에 맞게 살아가는 데 일가견이 있다기보다는 그저 밀크위드만 있다면 바람 부는 대로 날아가 온갖 다양한 조건에 적응하는 데 일가견이 있다.

"변화는 진화의 밑거름이지요." 『이동』의 저자 휴 딩글이 내게 설명했다. "제왕나비가 생식 휴면(reproductive diapause: 생식기 발달 중단)에 들어가느냐 그렇지 않느냐는 낮의 길이에 달려 있습니다. 그렇지만 기온이 여기에 영향을 미칠 수 있어요. 알을 낳는 것은 제왕나비 행동의 변동성을 보여주는 또 하나의 예일 뿐입니다. 기후 조건이 잘 변하는 캘리포니아 같은 곳에서는 특히 더 그렇지요."

캘리포니아주가 적응력이 특히 뛰어난 생물을 요구하는지도 모른다. 그렇지만 딩글과 미카 프리드먼이라는 학생은 괌에서 이동 없이 번성하는 제왕나비들도 연구해보았고 오스트레일리아에서 이동을 하는 제왕나비와 그렇지 않은 제왕나비가 함께 있는 경우도 연구해보았다. 태평양제도에 사는 제왕나비들은 대체로 이동을 하지 않는다. 달리 말하자면, 한 종 내에서도 개체들의 행동은 상당히 다양하게 나타난다.

나는 시간을 두고 이 점을 찬찬히 생각해보았다. 포유류 및 인간 중심적인 나로서는 곤충이 기계적 행동 이상을 할 수 있다고 생각해보지 않았다. 단순한 행동, 미리 정해져 있는 행동이 다인 줄 알았다. 하지만 곰곰이 생각해보니 변동성이 타당했다. 나비와 나방은 1억 년 넘게 지구상에 존재해왔다. 적응력을 발휘해 변화를 도모하지 않았다면 이토록 오래 살아남지 못했을 것이다. 나비는 세상에 나와 공기의 흐름을 타고 날고, 포식자를 피하고, 완벽한 식물을 찾으면서 삶을 꾸려나간다. 만약에 제왕나비가 '장수 세대'에 속하고 때로 수천 마일을 날아가 겨울을 보내고 알을 낳으러 돌아오기까지 한다면 그 나비의 세계는 더욱 광대할 것이다.

'당연히' 나비의 행동도 가변적이지 않겠는가.

딩글이 발견한 보편적 진리가 하나 있다. 모든 종에는 자연스러운 변화가 있다. 일례로, 연어는 수온이 차가운 민물 상류에서 부화하여 바다를 향하여 헤엄쳐 간다. 그리고 대부분은 실제로 바다에 나가서 산다. 그러나 모든 연어가 그러지는 않는다. 일부는 해안선 가까이 머물러 지낸다. 자연이 위험을 분산하는 방식이라고 할까. 바다에서 연어가 떼죽음을 당할 일이 생기더라도 집 가까이 비축해놓은 종자가 있으니 다시 새끼를 치고 크게 일으킬 수 있다.

제왕나비들도 비슷하다. 이동 '성향'은 제왕나비 계통에서 발견되고, 이 말인즉슨 어떤 유전적 요소가 있다는 뜻이지만 이 성향이 제왕나비 '개체'가 장차 실제로 이동을 할 것인가를 확실히 결정짓지는 않는다. 가령, 플로리다주에서 제왕나비들은 이동 없이 겨울을 나지만 그래도 일부 개체는 이동을 한다. 그 차이는 개체가 살아가는 환경 조건일 가능성이 크다.

게라는 제왕나비를 지구의 다양하고 역동적인 조건에 반응해야만 하는 "걸어 다니는 센서"처럼 생각한다. "무슨 일이 일어날지 예측할 수 없으니까 그 편이 타당하지요. 제왕나비들은 늘 '골디락스 지대'에, 모든 것이 딱 알맞은 곳에 있기 위해서 애를 씁니다."

이러한 이유로 제왕나비들의 이동 능력은 진화했으되 이동을 '반드시' 해야 하는 것은 아니다.

휴 딩글과 미카 프리드먼은 이동하는 제왕나비와 이동하지 않는 제왕나비의 차이를 더 자세히 연구하기 원했다.[10] 이동하지 않는 나비는 생물학적으로 이동 능력을 상실해서 그러는 걸까, 아니면 적절한 환경의 신호가 없어서 그러는 걸까? 그들은 오스트레일리아에서 이동을 하지 않는 제왕나비를 포획해 일광 감소 조건에서 교배를 시켰다.

그러고 나서 주목할 만한 발견을 했다.

"이동하지 않는 제왕나비를 다시 이동하게 할 수는 없는지도 몰라요." 프리드먼이 내게 말했다.

그 얘기도 흥미로웠지만 이러한 생활 방식의 결정이 성체 단계가 아니라 '애벌레' 단계에서 일어난다는 것이 내게는 좀 더 흥미로웠다. 프리드먼과 딩글이 애벌레들을 가을과 흡사한 조건에서 키웠더니 애벌레 단계에 머무는 기간이 며칠 더 길어졌고, 애벌레들은 장거리 비행에 대비하듯 잎을 미친 듯이 먹어대면서 지방과 단백질을 축적했다.

따라서 애벌레가 자신의 세상을 어떻게 경험하느냐가 장차 나비로서의 행동을 결정하는 것으로 밝혀졌다. 진화생태학자 마사 바이스는 실제로 그럴 수 있다는 것을 기발하고 매혹적인 실험으로 보여주었다.[11] 나방의 애벌레들을 어떤 향에 노출시키고 그때마다 전기 충격을 주었다. 그러자 애벌레들은 대부분 그 향을 피해야 한다는 것을 학습했다. 나중에 이 애벌레들이 나방이 된 후에도 대부분 그 향을 피하는 행동을 보였다.

바꾸어 말하자면, 애벌레가 습득한 정보는 변태 과정에서도 사라지지 않고 성체의 행동에 통합된다.

이러한 특성은 '기억'이라는 용어로 기술되었지만 생물학자들은 이 용어를 인간적인 의미, 가령 아침에 무엇을 먹었는지 다시 떠올린다는 식의 의미로 사용하지 않는다. 여기서 말하는 기억은 나비 단계에까지 미치는 생물학적으로 암호화된 회피 성향에 가깝다. 이쪽 연구 분야(애벌레 단계에서 얻은 정보가 어떻게 성체에게 도움이 되는가)는 이제 겨우 걸음을 뗀 수준이다. 여기서 우리의 성장기 경험과 생물학적 요소가 상호 작용하여 성년기 인격을 형성하는 양상을 이해할 때 도움이 되는 결과들이 나올 성싶다.

우리가 보기에, 훨훨 날아다니는 나비는 지상의 속박을 '자유로이 떨쳐낸' 것처럼 보인다. 하지만 진실은 영 거리가 멀다. '새로이' 나타난 생물, 번데기를 박차고 나온 나비는 애벌레로서 땅에서 겪었던 모든 일의 압축적 결과다.

우리는 또한 제왕나비의 이동을 나비들의 세계에서 이례적인 일처럼 생각하는 경향이 있다. 그 생각도 틀렸다. 이동을 하는 나비는 널리고 널렸다.

서양에는 K2라는 이름으로 알려져 있는, 중국과 파키스탄 국경에 있는 히말라야의 이 산은 지구에서 두 번째로 높은 산이지만(최고봉은 에베레스트다) 등반하기는 가장 어렵다고들 한다. 이 산을 오르려는 사람도 별로 없거니와 등반을 시도한 산악인은 4명 중 1명꼴로 목숨을 잃었다. 그래서 이 산을 통칭 '야만적인 산(Savage Mountain)'이라고 하기도 한다.

해발 2만 8,251피트(8,611m)에 달하는 산 정상은 주위보다 우뚝해서 무슨 피라미드처럼 보인다. 하지만 얼마나 살벌한 각도의 피라미드인지. 엄밀히 따지자면 산은 굉장히 자주 구름에 휩싸여 있다. 격렬한 폭풍이 불었다 하면 며칠은 간다. 겨울은 빨리도 온다. 여름은 눈 깜박할 사이에 지나간다. 이 산을 오르려면 연중 딱 맞는 시기에 출발해야 하고 그 후에도 미적거리면 안 된다.

이 산의 정상을 밟고 살아서 내려온 몇몇 사람 중 한 명인 릭 리지웨이는 1978년 7월 30일에 큰 팀의 일원으로서 등반에 나섰다. 그들은 애초에 원했던 것보다 조금 늦게 출발을 해야만 했는데 폭풍을 만나서 진행에 어려움을 겪었다. 좌절은 호시탐탐 달려들 틈을 노리는 맹수처럼 그들에게 다가왔다.

며칠을 내리 등반을 했건만 아직도 '고작' 해발 2만 2,000피트(약 6,700m)였다. 때는 정오 즈음이었다. 그래도 구름이 걷히고 해는 나와 있었다.

"내 마음은 그 선명한 색과 희박한 공기와 따뜻한 태양에 홀린 나머지 정처 없이 표류했다."[12] 리지웨이는 『마지막 걸음』에 이렇게 썼다.

그러다 그 흰색과 바위뿐인 세상에서 설명할 수 없는 색의 조각들이 마치 스테인드글라스 조각들처럼 머리 위에서 날아다니는 것을 포착했다.

"나비 한 마리가 밧줄 옆에 내려앉았다. 폭이 3인치(약 7.6cm)는 되는, 아주 예쁜 나비였다. 고향에서 볼 수 있는 작은멋쟁이나비처럼 주황색과 검정색의 얼룩무늬가 있었다."

그는 충격을 받았다.

"나비? 해발 2만 2,000피트에?"

그는 나비가 몇 마리나 되는지 세기 시작했으나 서른 마리까지 세고는 그만두었다.

"……중국 어딘지 모를 곳에서부터 날아온 나비들의 구름이 기류를 타고 산마루까지 올라온 것이었다."

이런 일이 가능하기는 한가? 그는 궁금했다. 뇌에 산소가 부족해서 헛것을 보나? 팀원들은 아무도 그들의 말을 믿지 않을 경우를 대비해 사진을 찍었다.

그 경험이 리지웨이의 인생을 바꿨다. 그 후 왜 고통과 좌절을 무릅쓰면서까지 산에 오르느냐는 질문을 받을 때마다 그는 그 작은멋쟁이나비들에 대해서 이야기했다.

그렇지만 그는 의문이 들었다. "그렇게 집단적으로 이동을 해야 하는 이유가 뭘까?"

40년 후, 스페인인 진화생물학자 헤라르드 탈라베라가 그에게 모종의 답을 주었다.[13] 바르셀로나를 근거지로 하는 나비 연구가 탈라베라는 산악인이기도 했다. 그는 리지웨이의 경험담을 인상 깊게 들었다. 하지만 그는 반신반의했다. 증거를 원했다. 당시의 등반 팀이 사진을 제시했다.

"곤충의 자유 비행으로 지금까지 기록된 것 중 최고예요. 그보다 더 높이 난다는 것은 분명 불가능해요." 탈라베라가 내게 말했다.

이 말은 그보다 더 높은 곳에는 사실상 대기라고 할 만한 것이 없기 때문에 나비가 그보다 높이 날 수 없다는 뜻이다. 나비들은 상승 기류를 타고 높은 산을 올라간다. 산맥은 보통 위보다 아래가 더 따뜻하고 더운 공기는 위로 올라가기 때문이다. 작은멋쟁이나비(그리고 그 외 다양한 생물)는 어찌 보면 히치하이커처럼 이 기류에 무임승차를 하는 셈이다.

작은멋쟁이나비는 경이로운 나비다. 이 나비는 거의 세계 전역에 살지만 대륙마다 조금씩 다른 특징을 띤다. 제왕나비에 비하면 날개 길이가 절반밖에 안 되는데도 이동 거리로는 뒤지지 않는다. 실제로는 작은멋쟁이나비가 제왕나비보다 더 먼 거리를 이동할 때도 있다.

이 나비의 이동 패턴은 제왕나비하고도 다소 비슷하다. 북극권 한계선(북위 66도 33분)보다 북쪽에 있던 나비는 날씨가 바뀐다 싶으면 이동을 시작한다. 이동 거리는 길게는 2,500마일(약 4,000km)에 이르기도 하는데 이 먼 거리를 한 주 만에 주파한다. 유럽에서 출발한 나비는 사하라 이남 아프리카에 우기(雨期)가 딱 끝날 무렵 도착한다. 이 시기에는 숨어서 알을 낳을 곳도 많고 먹이로 삼을 수 있는 식물도 풍부하다. 작은멋쟁이나비는 다양한 종의 식물을 애벌레의 먹이로 이용한다는 점에서 제왕나비보다 훨씬 융통성이 있다.

사헬 지대가 바짝 말라버리는 봄이면 전년 가을에 내려온 작은멋쟁이나비들의 다음 세대가 북쪽으로 부는 산들바람을 타고 올라가 새로 돋아난 풀을 즐기기 딱 좋은 때에 유럽에 도착한다. 작은멋쟁이나비는 제왕나비와 달리 남쪽으로 내려왔다가 다시 북쪽으로 돌아갈 수 있을 만큼 오래 살지 못한다.

유럽에서는 봄에 이 나비들의 구름이 자주 목격된다. 탈라베라는 "나비와 친숙하지 않은 사람들도 모르고 넘어갈 수 없는 현상"이라고 설명한다. 반면, 남쪽으로 내려가는 가을 이동은 눈에 잘 띄지 않았기 때문에 한동안 가을에는 이동이 아예 없거나 산발적으로만 일어난다고 얘기되었다. 하지만 탈라베라와 다른 연구자들은 가을 이동이 신뢰할 만한 이동 패턴이라는 것을 알아냈다. 이동이 없다고 오해한 이유는 가을에는 나비들이 너무 높이 날아서 눈에 띄지 않기 때문이었다. 나비들은 열적 고기압을 타고 유럽 전체를 가로질러 알프스산맥을 넘고, 지중해와 사하라 사막까지 넘어가 사하라 이남 지역에 착륙한다. 그곳에는 풀과 관목이 풍부해서 먹을 것도 많고 짝짓기를 하고 알을 낳을 장소도 부족함이 없다.

"아프리카까지는 세대교체 없이 원래 출발한 나비가 끝까지 갑니다. 그렇지만 이듬해 봄에 유럽으로 돌아오는 나비는 그 나비가 아니지요." 탈라베라가 설명했다.

작은멋쟁이나비와 제왕나비 사이에는 중요한 차이가 있다. 높은 산에서 겨울을 나는 제왕나비는 그 기간에 번식을 하지 않는다.

나비의 이동은 결코 드문 일이 아니다. 휴 딩글은 『이동』에서 케이퍼흰나비(Caper white, *Belenois Java*)의 대규모 이동을 목격한 경험을 이야기한다. 그는 오스트레일리아 브리즈번의 아파트 6층 창에서 시간당 4만 8,000~5만 2,000마리의 나비가 지나가는 광경을 두 시간 반 내내 지켜보았다. 나비들은 바람을 타고 가는 듯했고 오로지 목표에 도달할 생각밖에 없는지 꽃이 만발한 정원들도 그냥 지나쳤다. "꽃이 활짝 핀 수풀 때문에 주저하는 나비는 한 마리도 없었다. 그 수풀에서 다른 종의 나비들은 꿀을 빨고 있었는데도 말이다."[14]

운동생태학자를 자처하는 제이슨 채프먼은 최근의 기술 발전에 힘입어 매년 영국의 하늘을 가로지르는 곤충이 3조 5,000억 마리는 될 것으로 추산했다. 또 어떤 이는 유럽에서 아프리카까지 40억~60억 마리의 잠자리가 한꺼번에 이동한다고 주장했다.

우리보다 그들의 수가 훨씬 더 많다. 그들은 우리의 육안으로 볼 수 없을 만큼 높은 하늘에서 이동하기 때문에 사람들이 알 수가 없다. 폭우가 많이 내리는 해에는 그들의 개체 수가 높게 잡히는 이유도 여기에 있는지 모른다. 특징 없는 모습도 그들에게는 도움이 되는 장점이다. 희귀종 나비는 여전히 수집과 거래가 이루어지고 가끔은 암시장에까지 나돌지만 어디서나 볼 수 있는 작은멋쟁이나비를 탐내는 사람은 아무도 없다.

13. 엑스터시*의 폭발

나비의 눈은 날개의 색깔만큼이나 다양하니 놀랍기도 하다.[1]

— 에이드리아나 브리스코

나비 도둑질은 결코 없어지지 않았다. 지금 이 21세기에도, 그런 짓은 엄연히 일어나고 있고 세계 뉴스감이다. 《내셔널 지오그래픽》 2018년 8월호에도 나비 밀거래에 관한 기사가 실렸다. "희귀 나비 거래가, 합법적 거래와 불법적 거래를 가리지 않고, 지구 전체에서 일어나고 있다."[2]

기사에 따르면 지금도 나비 채집꾼은 옛 빅토리아 시대 사람들처럼 나비를 잡기 위해 위험하기 짝이 없는 절벽까지 목숨 걸고 올라간다. 이렇게 해서 잡은 나비는 수천 달러에 거래된다. 나비를 향한 인간의 열정이

* 엑스터시(ecstasy): 감정이 고조되어 자기 자신을 잊고 도취 상태가 되는 현상.

어찌나 뜨거운지 이 장사는 여전히 짭짤한 재미를 보고 국제적으로 포획이 금지된 종을 여전히 수집하는 이들도 있다. 한번은 라스베이거스에 사는 과학자가 나를 조용히 자기네 집 뒷방으로 불러들였다. 그는 자물쇠를 채운 문을 열었다. 그러고는 서랍을 하나하나 꺼내면서 자기가 수집한 나비 표본을 보여주었다. 서랍을 열 때마다 이전보다 더 진귀하고 아름다운 나비가 등장했다. 상당수는 소유가 법으로 금지된 종이었다.

2007년에 "세계에서 가장 강력 수배 중인 나비 밀거래꾼"[3]을 자처했던 코지마 히사요시가 미 연방 요원에게 25만 달러 상당의 나비 콜렉션을 판매하려다가 국제 밀매로 유죄 판결을 받았다. 그는 감옥에 갔다. 하지만 그가 나비 거래와 수집을 계속하더라도 나는 전혀 놀라지 않을 것이다. 서글픈 노인 허먼 스트레커가 왠지 생각난다. 로스차일드 가문의 월터 경과 미리엄 여사가 생각난다. 베이츠와 윌리스와 그 밖의 나비 연구가들에 이르기까지 수백 년간 나비의 유혹적인 날개 색깔에 홀린 이들이 얼마나 많았는가. 마리아 지빌라 메리안이 그랬던 것처럼 어떤 이들은 나비에게 저항한다는 것이 불가능하다.

이 성향은 선천적이며, 인간의 뇌를 통과하는 복잡한 정보 경로와 연결되어 있다. 어느 여름날 사우스캐롤라이나주의 들판에 나갔던 콘스탄틴 코르네프의 어린 딸들을 생각해보라. 아니면, 아예 호모사피엔스가 아닌 종을 생각해보라. 보겔콥정자새(Vogelkop bowerbird) 수컷은 놀랍도록 복잡하고 화려하게 신혼 궁을 지어놓고 그 예술가적 솜씨로 암컷을 유혹한다. 이 새는 나비의 날개를 조각조각 뜯어내어 자기가 지은 건축물로 통하는 산책로에 깐다.

색에 대한 반응은 약 5억 4,000만 년 전에 캄브리아기가 시작된 이래, 혹은 그 이전부터, 지구의 바다에 최초의 고등 동물이 등장하면서부터 뉴런 경로에 내재해 있었다.[4] 따라서 나비 날개 색은 황홀하고, 매혹적이고, 취하게 만들고, 까다롭고, 강력하고, 힘 있고, 시선을 뗄 수 없고, 완전히 섹시하다.

가장 기본적인 시각적 아름다움은 (다른 유형의 아름다움들도 그렇듯이) 신경 자극이다. 아름다움은 아주 많은 것들, 가령 일생의 학습과 경험과 이상과 문화적 영향이기도 하다. 그래도 그 중심에는 외부 세계에서 뭔가 중요하고 본질적인 것을 받아들이는 뇌의 강력한 참여가 있다.

이런 전문 용어가 실생활에서는 다음과 같이 작용한다.

여러분이 사과를 키우는 과수원에 한 달에 한 번꼴로 일 년 내내 드라이브를 간다고 상상하자. 드라이브는 몇 달간 상당히 따분하기만 했다. 하지만 9월이 되자 100그루는 되는 사과나무에 빨간 열매가 주렁주렁 매달려 장관을 이루었다. 사과 철이 된 것이다. 여러분은 과수원을 새삼 다시 보게 된다. 그 돌연한 아름다움이 여러분에게 깊은 인상을 남긴다. 이것이 보편적인 인간의 반응이다. 전 세계 어린이들이 초록 잎사귀가 달린 탐스러운 붉은 사과를 그린 그림만 해도 얼마나 많을까? 잘 익은 사과가 열리는 나무가 있는 곳이라면 어디든지 그 모습을 그리는 어린이들이 있을 것이다.

이제 여러분은 브레이크를 밟고 나무에서 사과를 바로 따서 먹을 수 있을지를 생각한다. 빨간색을 시각적으로 경험함으로써 이전에 사과를 먹었던 기억들이 떠오르고 상큼한 과즙의 기억이 침 분비를 촉진한다. 이것은 본능적 반응, 생존과 불가분의 관계에 있는 반응이다.[5]

이때 일어난 일은 이렇다. 빨간색이 여러분의 정신을 홀라당 앗아간 것이다.

이런 것을 경험할 수 있으니 우리는 운이 좋다. 우리의 머나먼 영장류 조상은 그러지 못했다. 그들은 단지 두 종류 색의 광수용체(光受容體) 세포, 혹은 일명 '원추 세포'만 가지고 있었다. 그래서 파란색과 초록색 계열만 알아볼 수 있었다.

하지만 약 3,000만 년 전에 우리 계통의 영장류는 세 번째 종류의 원추 세포를 발달시켰다. 무슨 기적 비슷한 얘기로 들릴지 모르지만 그냥 단순히 유전자 중복으로 벌어진 일이다. 기존의 파란색과 초록색에 세 번째 원추 세포까지 발달하자 밝은 빨강, 빛나는 주황, 기운찬 노랑의 전혀 새로운 세계가 화려하고 찬란하고 눈부시게 우리 앞에 열렸다.

이 흥겨운 색들과 더불어 잘 익은 과일을 좀 더 쉽게 감지하고 손에 넣는 경향이 나타났다. 여러 연구에 따르면, 욕망할 만한 것('아름다운' 것)을 손에 넣으려는 욕구가 우리의 정신과 연결되어 있다.[6] 아름답다고 생각하는 것을 볼 때 우리 뇌에서는 보상/쾌락 중추가 활성화된다. 맛있는 과일을 볼 때도 똑같은 현상이 일어난다. 우리는 그 예쁜 것을 손에 넣고 싶고, 때로는 말 그대로 사과를 먹는다.

추한 것을 볼 때는 뇌에서 전혀 다른 영역이 활성화되고, 우리의 신체 근육은 회피를 준비한다. 우리는, 정도의 차이는 있으나 적어도 어느 정도는, 도망치고 싶어진다.

'신경미학(neuroesthetics)'이라는 이름의 신생 학문은 우리의 뇌가 아름다움에 신경학적으로 어떻게 반응하는지 연구한다. 아름다움의 기반이 생존과 관련이 있다고 본다는 점에서 신경미학은 근본적으로 진화에 뿌리를 둔다. 우리는 생존에 도움이 되는 것에 끌린다. 이러한 관점에서 본다면 아름다움은 감각을 이용하는 것이다. 마이클 라이언은 『뇌는 왜 아름다움에 끌리는가』에서 아름다움은 우리에게 이미 존재하는 "숨겨진 선호"를 이용하는 것이라고 말한다.

우리는 보통 이 숨겨진 선호를 의식하지 못한다. 내가 좋아하는 한 연구에서는 특정한 자연 풍경의 보편성을 다룬다. 푸르른 풀밭에 나무 한두 그루, 졸졸 흐르는 시냇물, 그리고 저쪽으로는 언덕이나 절벽, 혹은 산이 보인다. 관찰자는 대개 자신이 풀밭이나 시냇물이 아니라 절벽이나 산 위에서 그 풍경을 내려다보는 것으로 상상한다. 연구 조사에 따르면 국적과 문화권을 막론하고 전 세계 사람들이 가장 좋아하는 풍경은 바로 이런 종류라고 한다.

조사에 참여한 사람들은 이 풍경을 "평화롭다"든가 "평온하다"는 단어로 표현했다. 달리 말하자면 "안전하다"는 얘기다. 아름다움을 바라보는 이 시각에는 진화적 뿌리가 있다. 오래전 짐바브웨의 사베강(江)에서 친구들과 저녁에 배를 타고 가다가 몹시 거슬리는 불협화음, 거의 귀가 먹먹할 정도의 째지는 소리를 들었다. 정말 끔찍한 소리였다. 우리 머리 위 절벽에 수백 마리의 개코원숭이가 자기네가 밤을 보내는 나뭇가지에 올라앉아 있었다. 바로 내 눈앞에 보편적으로 가장 선호하는 그 풍경이 펼쳐져 있었다. 호모사피엔스가 아니라 개코원숭이들의 숨겨진 선호가 바로 그 자리를 선택하게 했던 것이다. 원숭이들은 절벽 위에서 그 평화로운 풍경을 바라보며 사자, 하이에나, 들개의 공격을 걱정하지 않고 마음 편히 잠들 수 있었으리라.

• • •

따라서 아름다움은 보는 이의 '눈'에 있지 않다.

아름다움은 뇌의 보상 체계에 있다.

상당수 생물의 경우, 아름다움은 뇌의 시각 처리 체계라는 콘텍스트 안에 있다. 요약하자면 이런 식이다. 아침에 일어나면 주위가 환하고 우리 주위의 세상을 '보게' 된다. 빛의 광자가 눈에 들어와 주로 망막 중앙에 위치한 색 감지 단위(원추 세포)를 활성화한다. 원추 세포에는 세 종류가 있는데, 각각 빨간색, 녹색, 파란색을 인식한다. 우리는 하늘이 파랗고, 봄의 잔디가 녹색으로 변해가며, 어제 입었던 빨간색 셔츠가 바닥에 널브러져 있다는 것을 알아차린다.

이 정보는 시신경을 통해 정해진 경로를 거쳐 뇌에 전달된다. 시각 메시지는 뇌의 앞쪽(눈)에서부터 여러 중추를 경유하여 뇌의 뒤쪽(1차 시각 피질)으로 간다. 1차 시각 피질에서 정보는 분류되고 여러 방향으로 나뉘어 이동한다. 색에 대한 정보는 뇌의 기저부를 따라가는 경로로 이동한다. 움직임에 대한 정보는 뇌의 꼭대기 부분까지 이어지는 경로로 이동한다.

기이하지 않은가?

전자를 '아래 경로'라고 하고 후자를 '위 경로'라고 한다.[7] 따라서 나뭇가지에 달린 사과가 바람에 흔들리는 것을 볼 때 뇌는 적어도 두 가지 방식으로 그 장면을 생각한다. 그 두 경로가 어떻게 다시 통합되는지는 아직 아무도 모른다. 정보가 의식적 사고로 변환될 때 '사과가 바람에 흔들리는구나'라는 생각이 가능한 것이다.

뇌는 움직임에 대한 정보보다 색에 대한 정보를 훨씬 빨리, 비교가 안 될 만큼 더 빨리 처리한다. 그 차이는 그야말로 천문학적인 차이이다. 다시 말해, 사과의 '색'(혹은, 파급 효과를 적용하자면, 나비의 색)은 빠르고 강력하게 우리의 직감을 자극한다는 뜻이다.

나비의 언어는 색의 언어다. 진화론적인 의미에서, 나비들은 입이 떡 벌어질 정도로 아름다워지기로 (의식적으로 한 것은 아니지만) 정말로 '작정'을 했다. 물론 우리 인간에게 감흥을 줄 의도는 전혀 없었으나 색의 언어가 원초적인 동시에 보편적이기 때문에 어쨌든 우리도 감명을 받는다.

기본을 잠깐 짚고 가자. 동물의 세계에는 다양한 종류의 눈이 있다. 인간과 같은 종류의 눈, 소위 카메라눈만 있는 게 아니다. 그렇지만 모든 눈에는 공통점이 있다. 눈은 생존 도구이고 동물이 세상을 '실제의 모습 그대로' 보게끔 진화했다기보다는 위험천만한 세상에서 생존하는 데 각별히 도움이 되는 방향으로 진화했다. 눈은 먹이를 잘 찾아 먹고, 다른 동물에게 잡아먹히지 않고, 짝을 잘 찾으라고 있는 것이다.

초기의 '눈'은 단순히 생물의 표면에 자리 잡은, 빛에 반응하는 세포들의 집합이었다. 바다에서 사는 생물들에게는(당시에는 다 바다에서 살았다) 이 때문에 생물들은 아래에서 위로 올라가려는 결심을 하게 되었을 것이다. '위'는 빛을 향해 가는 것이고, '아래'는 빛에서 멀어지는 것이다.

눈은 결국 더욱더 정교해졌다. 눈의 진화는 전적으로 생물의 생활 방식에 달려 있었다. 어디서 사는 생물인가? 그 생물이 살아남으려면 무엇을 해야 했나? 포식자에는 어떤 것들이 있었나? 그 생물은 어떻게 먹고 살았나? 약 5억 4,000만 년 전에 세계의 바다에서 새로운 생물 종이 대거 출현한 캄브리아기 대폭발이라는 주요 이벤트조차도 눈의 진화에 새로운 진전이 있었기 때문으로 여겨질 만큼 눈은 매우 중요해졌다. 더 많이 볼수록 더 많은 안전이 확보된다. 포식자는 한 종류의 눈만 있어도 된다. 피식자라면 또 다른 눈이 필요하다.

수억 년을 빠르게 거슬러 올라가 나비의 근사한 눈을 살펴보자. 낮에 날아다니는 우리의 곤충 친구의 눈이 경이로우리만치 정교하다는 것은 전혀 놀랍지 않다. 나비의 눈은 태양 광선을 통하여 그토록 찬란하게 빚어지는 무수한 색을 지각하고 반응하는 능력이 특히 뛰어나다.

우리의 눈은 고작 세 가지 원추 세포 혹은 '채널'밖에 없기 때문에 정보 병목 현상을 겪는다. 우리는 무수히 많은 색을 보는 능력을 포기한 대신, 사물을 아주 선명하고 정확하게 본다. 나비들은 다른 길을 택했다. 우리는 나비의 시각이 너무 흐릿하다고 생각할 것이다. 그렇지만 나비에게는 색상 채널이 여섯 개, 일곱 개, 여덟 개, 혹은 그 이상이기 때문에 나비의 세계는 격동하는 색으로 가득하다.

나비의 눈은 카메라눈이 아니라 겹눈이다. 겹눈은 수많은 '작은 눈'이 모여서 이루어진다. 이 작은 눈을 '낱눈'이라고 한다. 낱눈은 전체 눈 구조 속에 매우 치밀하게 정렬되어 있다. 거칠게 비유하자면 낱눈 하나하나가 신문 사진을 구성하는 화소(畫素)와 비슷하다고 하겠다. 이 때문에 연구자들은 나비가 우리의 뇌가 하듯 세상을 전체적인 그림으로 조합해서 보지 못하고 색채들의 '모자이크'처럼 볼 수도 있다고 말한다. 우리한테는 사물의 윤곽선과 모서리를 정확히 파악하는 것이 중요하다. 우리 뇌에는 세상의 세로선에 특히 반응하는 세포가 있는가 하면 가로선에 특히 반응하는 세포도 있다.

여기서부터 얘기가 정말로 기이하고 흥미진진해진다. 나비 한 마리 한 마리에게 있는 낱눈 하나하나는 색을 비롯한 중요한 시각 정보를 지각하는 도구 일체를 갖추고 있다. 그러니까 겹눈 안에서 한 줄의 낱눈이 특정 색상의 존재에 반응하는 동안 또 다른 한 줄의 낱눈은 다른 색에 반응할 수 있다.

어떤 종은 더욱더 신기하게 색을 지각한다. 탐욕스러운 나비 수집가조차도 거의 눈여겨보지 않는 평범한 배추흰나비는 여덟 가지 종류의 광수용체 세포를 가지고 있다. 이 광수용체 세포는 우리가 관습적으로 생각하는 의미와는 다른 의미로 색을 감지한다. 파란색의 특정한 파장은 배추흰나비에게 먹이 섭취 반응을 유발한다. 또한 배추흰나비 암컷은 초록색의 특정한 파장을 감지하면 알을 낳는 행동으로 반응한다.[8]

이 다양한 민감성이 배추흰나비의 뇌에서 어떻게 통합되는지, 아니 통합이 되기는 하는지 그것조차 아직 아무도 모른다. 주위의 색깔들에 대한 이 나비의 반응은 매우 전형화되어 있어서 반응 방식에 선택의 여지가 없는 것처럼 보이기도 한다.

그렇지만 색에 대한 반응을 학습하고 수정하는 듯 보이는 나비들도 있다.[9] 제왕나비가 이 부류에 해당한다는 점은 놀랍지 않다. 제왕나비의 삶은 전형적 행동, 기계적 행동보다 상당한 의사 결정을 필요로 하기 때문에 이 편이 타당하다. 수백 마일을 며칠 만에 이동하며 다수의 생태계를 거치는 생물이라면 당연히 행동을 학습하고 바꿀 수 있어야 할 것이다.

생물학자 더글러스 블래키스턴, 곤충학자 에이드리아나 브리스코, 그 외 여러 동료 연구자가 제왕나비의 시력을 테스트했다. 처음에는 이 나비가 색을 보는 능력을 자세히 알아보는 것이 목적이었고, 그다음에는 제왕나비가 선천적으로 선호하는 색이 있는지, 그러한 선호가 학습을 통해서 수정될 수 있는지 알아보는 것이 목적이었다. 연구진은 제왕나비가 주황색을 정말, 정말, 정말 좋아한다는 것을 알았다. 이 사실은 전혀 놀랍지 않다. 제왕나비는 노란색도 좋아했지만 주황색에 대한 선호에 비하면 절반 수준밖에 되지 않았다. 파란색은 그리 좋아하지 않았다. 그리고 놀랍게도 빨간색은 파란색보다도 덜 좋아했다(적어도 내가 보기에는 놀라웠다).

다음으로, 연구진은 제왕나비가 단것을 보상으로 얻기 위해 서로 다른 색을 향해 날아가도록 훈련시켰다.[10] 보상은 노란색, 파란색, 빨간색, 즉 나비들의 선호가 덜한 색에만 주어졌다. 대부분의 나비들은 즉시 낚였다. 연구진은 심지어 나비들이 초록색을 단것과 연결하게끔 훈련시킬 수 있었다. 실생활에서 초록색이 꿀이 아니라 잎과 연결되어 있다는 점을 감안한다면 예상 밖의 성과라 하겠다.

어밀리아의 끈질긴 나비 이야기를 처음 들었을 때 제왕나비는 엄청 똑똑하겠구나라는 생각이 번쩍 들었다.

나는 블래키스턴에게 어떻게 생각하는지 물었다.

"다들 꿀벌이 곤충 세계의 천재라고 생각하지만 나는 제왕나비 암컷이야말로 천재의 전형이라고 봅니다. 제왕나비 암컷은 싱글 워킹맘 끝판왕이지요. 보스턴에서 태어난 제왕나비가 자기 힘으로 멕시코까지 날아갑니다. 나 같으면 GPS 장치를 달아줘도 여기서 멕시코까지 찾아갈 수나 있을지 모르겠습니다."

그는 지능이 제왕나비들의 가장 주요한 특징이라고 말했다.

"보스턴에 살면 보스턴에서 자라는 식물을 먹이로 삼겠지요. 하지만 노스캐롤라이나에 갔다가 다시 멕시코로 간다면 먹이가 완전히 달라질 겁니다. 어떻게 해야 할지 알 도리가 없을 텐데요?"

그러고서 그는 자문자답했다. "학습할 수 있는 뇌를 구축하는 수밖에 없지요."

블래키스턴과 동료들은 나비들이 얼마나 빨리 학습할 수 있는지 알고 싶었다. 나비들은 어떤 종류의 신호에 주의를 기울일까?

연구진은 인공 꽃을 만들어 보상과 연결했다. 인공 꽃을 각기 다른 색으로 칠했다. 그 후 나비들을 풀어놓았다. 나비들은 자기가 먹이를 어디서 찾을 수 있었는가를 바탕으로 다양한 색으로 날아가는 것을 빠르게 배웠다.

"제왕나비들은 단순하고 작은 곤충치고는 매우 탄탄한 학습 능력을 가지고 있습니다. 사실 이 나비들은 믿기지 않을 만큼 흥미롭고 영리한 생물들이지요. 개구리를 훈련시키는 게 더 어려워요."

블래키스턴은 이렇게 결론을 내렸다. "제왕나비들은 새로운 것을 배우는 능력이 특출나요. 우리가 생각하기에, 중대한 문제는 제왕나비들의 이동 경로에 혼란스러운 일이 너무 많이 일어났다는 겁니다."

나는 지난 한 세기 사이에 너무도 변해버린 윌래밋 밸리를 날아다니는 어밀리아의 나비를 생각했다.

"제왕나비들이 얼마나 튼튼한지, 얼마나 많은 학습을 하는지 이해하는 것이 관건이었습니다. 만약 이 나비들이 선천적 수완만 믿었다면 진즉에 죽었을 겁니다. 제왕나비들은 아주 영리한 곤충으로 밝혀졌어요. 실제로 지금도 멕시코만에 선박이 너무 많아서 나비들이 새로운 길을 이용하고 있어요. 이 배에서 저 배로 날아갔다가 마침내 바다로 나가는 식으로요."

나는 확인해보았다. 실제로 멕시코의 산으로 날아가는 길에 선박과 채유탑(採油塔)을 휴게소 삼는 제왕나비들의 사진이 여러 장 있었다. 그렇지만 채유탑을 쉬어 가는 용도로 쓰는 것이 좋은지 그렇지 않은지는 아직 판단할 수 없었다.

나는 캐나다 국경 근처에서부터 제왕나비들이 좋아하는 멕시코의 첩첩산중까지 말 그대로 따라가면서 북미 제왕나비들이 가을 이동을 하는 동안 어떻게 행동하는지 더 알아보기로 결심했다. 앞에서 언급했듯이 매년 가을이면 제왕나비 수백만 마리가 남쪽으로 내려간다. 8월 말부터 한 마리씩 떠나기 시작해서 차차 무리를 짓기 시작하고 나중에는 그야말로 구름 떼처럼 몰려간다. 이 나비 떼가 미국과 멕시코 국경을 넘을 즈음이면 햇빛에 반짝거리는 색들이 하늘을 가르는 강물 같다.

혹은, 적어도 예전엔 그랬다.

14. 버터플라이 하이웨이

정원을 가꾸는 것은 내일을 믿는다는 것입니다.

— 오드리 헵번

2018년 8월 말의 어느 날, 나는 위스콘신 대학교 매디슨 캠퍼스에 있는 나비 친화적인 수목원의 벤치에 앉아 있었다. 그림책처럼 완벽한 날씨였다. 적당히 건조한 섭씨 23도. 청명한 하늘. 아득히 먼 곳까지 보일 것 같은 시계(視界). 이런 날이 영장류에게는 더할 나위 없이 좋은 날이다.

주위에 흩어져 있던 반질반질한 북미 중부산 오크 잎사귀 사이로 미풍이 불었다. 새들은 조금 늦게 점심거리를 찾고 있었다. 벌들은 꿀을 비축하기에 바빴고 귀뚜라미 울음소리는 날이 짧아지고 있음을 알려주었다. 만족스러운 기분. 내가 생각을 끄적거리는 동안 나비목 곤충은 오후의 햇살 속을 떠돌고 있었다. 날개에서 구조적인 청색 무늬가 살짝 눈에 띄는 호랑나비들이 키큰엉겅퀴(*Cirsium altissimum*)의 보라색 꽃을 한껏

즐겼다. 제왕나비들은 남쪽으로 가는 긴 여정을 준비하기 위해 사방으로 날아다니면서 주둥이로 섭취한 영양분을 야무지게 배에 비축했다. 그들은 이미 서로 어울려 다니면서 친분을 쌓고 함께 휴식도 취하며 멕시코로 떠나기에 좋은 바람이 불 때만 기다리고 있었다.

나는 새들의 지저귐과 유치한 음악으로 완성되는 1930년대 디즈니 만화 영화에 들어와 있는 기분이 들었다. 월트 휘트먼이 노래했던 "즐거운 한때 나비"가 따로 없었다. 키 큰 풀이 서걱서걱 스치는 소리를 들으며 따뜻하지만 너무 뜨겁지는 않은 햇살을 즐기고 있으려니 불평할 거리가 생각나지 않았다.

나로서는 희한한 기분이었다. 나는 아무 걱정이 없으니 뭔가 잘못됐다고 걱정해야 하나 생각하다가 그마저도 귀찮아서 그만두었다. "나가서 햇빛을 실컷 마시자." 후기 인상파 화가 조르주 쇠라는 이렇게 썼다. 나는 이 말이 무슨 뜻인지 정확히 알고 있었다. 나는 햇빛을 꾸역꾸역 과식한 나머지 거의 꼼짝할 수가 없었다. 나는 행운을 만끽했다.

매디슨시(市)에는 안 된 일이지만 겨우 하루 전에 케인 카운티는 노아도 질겁할 만한 홍수에 피해를 입었다. 폭풍은 불과 24시간 동안 18인치(약 46cm)에 달하는 비를 땅에 퍼부었다. 안타깝게도 예기치 못한 급류에 휩쓸려 목숨을 잃은 사람도 한 명 있었다.

도시의 기반 시설은 홍수에 대처하지 못했다. 공항에서 나와 함께 줄을 서 있던 한 여자는 폭우 그 자체가 문제가 아니라 매디슨시 하수구가 역류하는 바람에 온 가족이 대피해야 했다고 얘기했다. 그녀의 집 지하실에 거품을 일으키는 더러운 물이 가득 찼다나.

지구의 기후 변화 때문에 호수의 수위가 상승하면서 매디슨시가 자리 잡은 지협(地峽)이 침수된 것이다. 하지만 또 다른 폭풍이 내일 들이닥칠 예정이다. 나는 운이 좋아서 내일 아침 일찍 비행기로 떠난다. 배를 떠나는 쥐처럼 나는 달아날 것이다.

나는 수목원의 신임 원장 카렌 오버하우저를 만나러 온 참이었다. 오버하우저는 미국 제왕나비 연구계에서 영향력 있는 여성이자 제왕나비에 대한 영향력 있는 학교 수업 계획을 수립한 인물이다. 그녀는 미네소타 대학교 제왕나비연구소를 오랫동안 이끌다가 얼마 전 이곳으로 소속을 옮겼다. 링컨 브라우어의 제자로서 연구 이력 대부분이 제왕나비와 관련이 있고 제왕나비 개체 수를 늘리기 위해서 노력하는 과학자들의 협업 단체 모나크 조인트 벤처(Monarch Joint Venture)[1]에서도 이사회에 들어가 있다. 오바마 시절 백악관은 그러한 헌신을 치하하여 오버하우저를 '변화의 챔피언'으로 지명했다.

그러므로 거의 100년이 다 된 이 기관에 변화를 주도할 인물로 오버하우저가 오게 된 것은 놀랍지 않다. 매디슨 수목원은 원래 위스콘신의 다양한 생태계를 전시하기 위해 설립되었을 뿐 딱히 제왕나비 보존에 역점을 두지는 않았다. 그러나 오버하우저가 수장으로 앉은 지 몇 달 만에 이 변화는 명백해 보였다. 매디슨 수목원은 미국에서 처음으로 합작 프로그램에 참여하는 시설이 되었다. 방문객 센터에는 나비 보존에 대한 자료가 차고 넘치며 센터의 문을 열고 나가기만 하면 남쪽 여행을 준비하는 제왕나비들이 꿀을 부지런히 배에 욱여넣는 모습을 볼 수 있다. 제왕나비를 주로 연구하는 다른 학자들도 오래지 않아 오버하우저에게 합류할 것이다.

우리는 1,200에이커(약 5km²)에 달하는 연구 및 보존 지역의 몇몇 구역을 둘러보며 식물을 관찰했고 군데군데서 전례 없는 폭우로 심각한 피해를 입은 곳을 주목했다. 수목원 안의 작은 연못 하나와 접해 있는 도로의 한 구간도 살펴보았다. 정확히 말하자면 수목원과의 '경계로 이용되던' 도로였다. 도로의 상당 부분이 유실되어 찾아볼 수 없었다. 여름내내 비가 온다면 도로 유실은 더 심해질 터였다.

오버하우저는 이 많은 비가 수목원에 미칠 영향을 걱정하고 있었다. 그렇지만 미 중부와 동부 해안을 강타한 이 '홍수 덕분에'('홍수에도 불구하고'가 아니라) 2018년의 제왕나비 이동은 요 몇 년 사이 역대급이 될 것이 분명했다. 적어도 중서부에서는 이상 기후가 식물에게 더없이 이롭게 작용했다. 성장은 눈이 부셨다. 이는 꿀을 머금은 꽃이 더 많다는 뜻이고, 그렇다면 곤충이 배를 잘 채울 수 있다는 뜻이며, 나아가 더 많은 짝짓기가 이루어지고 더 많은 애벌레가 태어난다는 뜻이었다.

이는 또한 남하하는 제왕나비들이 도중에 하차하기 좋은 곳이 생긴다는 뜻이었다. 북미의 서부, 동부, 중부 경로 가운데 가장 중요한 것이 중부 경로다. 캐나다 국경 북쪽에서부터, 그리고 로키산맥의 동쪽 사면에서부터 애팔래치아산맥까지 동쪽으로 수천 마일에 이르는 중부 경로는 대륙의 3분의 2를 아우르는 거대한 기름 깔때기를 닮았다.

이동을 시작할 때가 되면 제왕나비들은 처음에는 두세 마리씩, 그러다 열 마리씩, 스무 마리씩, 나중에 가서는 한꺼번에 수천 마리씩 무리를 이룬다. 앞에서 언급했듯이 나비들이 사교적이 되는 것이다. 대륙의 중앙, 오대호의 북쪽 연안에서 오버하우저와 내가 얘기를 나누며 걷는 동안에도 나비들의 모임은 8월 저녁 어두워지기 직전에 플래시몹처럼 나타났다가 다음 날 오전 10시인가 그쯤 되어서야 사라졌다.

2018년 캐나다에서 나비 군집 행사 가운데 일부는 인간들의 난리굿이 되었다. 수백 마리 나비가 모인다고 소문난 곳은 그 장관을 보려는 사람도 수백 명이 몰려왔다. 파티가 따로 없었다. 그 후 바람과 온도가 알맞아지자 나비들은 우르르 날아가버렸다.

내가 오버하우저를 만나고 며칠 지난 9월 5일까지는 일부 나비들이 이리호(湖)를 건넜을 것이다. 펜실베이니아주 이리호에서 제왕나비를 목격하고 촬영한 관찰자들이 다수 있었으므로 그건 다 아는 사실이었다. 시민 과학자들의 제왕나비 목격담은 1994년에 처음 만들어진 웹사이트《저니 노스 Journey North》[2]에 게재되었다. 아넨버그 재단이 지원하는 이 웹사이트는 원래 멕시코에서 북미로 돌아오는 나비들을 추적하기 위해 만들어졌지만 그 후 남쪽으로 이동하는 것에 대한 정보도 함께 다루게 되었다.

웹사이트 운영자 엘리자베스 하워드는 인터넷이 어떻게 나비 보존과 시민들의 참여를 고무하는 방향으로 사용될 수 있는지 알아보고 싶었다. 그 후《저니 노스》는 기하급수적으로 성장하여 제왕나비나 그들의 서식지를 발견해 핸드폰으로 찍는 사람만 해도 수천 명에 이른다. 이들은 자신이 찍은 사진을 간단한 언급과 함께《저니 노스》지도에 올린다. 그러므로 누구나 이 웹사이트를 보면 제왕나비들의 봄 북상과 가을 남하를 따라갈 수 있다.

2018년의 가을 이동 초기에 하워드와 전화 통화를 했는데 그녀는 아주 열의를 불태우고 있었다.

"올해는 몇 년을 통틀어, 정말 아주 오랜만에, 가장 흥미로운 해였지요. 나비들이 짝짓기를 하는 지역 사람들은 하나같이 자기네 지역의 개체 수가 역대급이 될 것 같다고 했어요. 모든 요소가 정말로 긍정적인 결과를 가리키고 있었지요. 올해의 개체 수는 적어도 작년의 네 배 이상이에요."

나는 질문했다. "왜 올해는 개체 수가 확 늘었을까요?"

"나비들의 번식기가 이렇게 일찍 시작된 해는 없었어요. 제왕나비들이 초봄부터 돌아왔으니까요. 그래서 7월이나 되어야 가능한 개체 수가 이미 6월에 달성되었어요. 그 후로도 개체 수는 차곡차곡 늘기만 했고요. 지금은 평소 볼 수 있는 개체 수에 한 세대 개체 수가 추가된 셈이에요."

제왕나비들의 남하는 꾸준히 이어지지 않는다. 그들은 먹이를 얻을 수 있는 곳이면 일단 서고 봐야 한다. 《저니 노스》에도 꼬리표를 단 제왕나비 수컷이 캐나다의 어느 호수 북쪽 연안에서 며칠이나 떠나지 않고 미적거리고 있더라는 목격담이 올라와 있다. 그 녀석은 가을에 피는 꽃들을 누비며 연료를 보충하고 있었다. 꼬리표를 처음 단 때와 일주일 후 다시 잡혔을 때를 비교해보니 몸무게가 50%나 불어나 있었다. 꿀을 제공하는 식물이 남으로 향하는 버터플라이 하이웨이에서 얼마만큼 중요한지 알 만했다.

또 다른 수컷은 오전 10시에 꼬리표를 달았는데 네 시간 후인 오후 2시에 다시 잡혔다. 이 나비도 그 사이에 몸무게가 34%나 늘었다. 도대체 뭘 먹었기에? 사람으로 치자면 칼로리 폭탄 같은 초콜릿케이크(초콜릿을 두 배로 넣고 버터크림 프로스트까지 얹은 것)를 먹었을 것이다. 어쩌면 그 위에 아이스크림까지 얹어 먹었을 수도.

이동하는 제왕나비는 이처럼 꾸역꾸역 먹어야만 한다. 한 가지 이유는, 연료가 필요하기 때문이다. 바람을 타고 간다고 하면 유유자적하게 들리지만 에너지가 무진장 필요하다. 그러니까 먹을 수 있을 때 최대한 많이 먹어두는 것이 제일이다. 또 다른 이유가 있다. 멕시코의 산속 월동지에 도착했을 때 에너지 비축분이 없으면 겨우내 나무에 매달려 어쩔 수 없이 쫄쫄 굶으며 추위에 맞서다가 결국 죽고 말 것이다. 해발 1만 2,000피트(약 3,660m)에 위치한 제왕나비 생물권보전지역의 미초아칸산(山)에서 나비들이 먹이를 찾기란 거의 불가능하다. 그들은 적어도 2월 말까지는 버티다가 비로소 북쪽으로 돌아가기 시작한다.

그래서 제왕나비 보호론자들은 '버터플라이 하이웨이' 프로젝트를 개시했다. 그들은 제왕나비의 주 이동 경로에 걸쳐 있는 주 정부 및 지방자치 단체, 정원사, 농부, 땅 주인, 그 외 그들이 포섭할 수 있는 대상 모두에게 꿀이 있는 식물을 많이 심도록 장려했으며 가능하면 다양한 종의 밀크위드를 심기 바랐다. 봄에 북쪽으로 돌아오는 제왕나비 암컷들에게 알을 낳을 기회를 제공하려는 배려였다. 그렇지만 남쪽으로 이동하는 길에도 다양한 토착종 식물은 요긴할 터였다. 등골나물, 여러 종류의 미역취속 식물, 부들레야속 식물, 금관화, 버베나, 숙근아스타, ……. 일일이 꼽자면 한없이 길어지리라. 제왕나비는 알을 낳을 때는 '오로지' 밀크위드만 이용하는 반면, 꿀을 먹을 때는 자못 다양한 식물을 이용한다.

오버하우저와 나는 그녀의 사무실에서 그해 이동하는 제왕나비 개체 수에 대해서 이야기를 나눴다. 오버하우저의 흥분이 나에게까지 전염됐다.

"올해는 제왕나비가 많이 보여요. 가을 이동만 잘하면 앞으로도 나비들은 잘해낼 겁니다." 그녀가 말했다.

하지만 오버하우저는 여전히 조심스러웠다. 괄목할 만한 이 여름 덕분에 엄청난 수의 제왕나비가 멕시코로 내려가더라도 그녀가 생각하기에 이 상징적인 나비의 미래가 보장되지는 않는다.

"개체 수는 자주 들쭉날쭉해요, 그것도 아주 많이."

이동 초기에 단편적으로 포착된 증거들은 고무적이지만 멕시코 월동지에 도착할 때까지는 제왕나비 개체 수를 확실히 파악할 방법이 없다고 오버하우저는 미리 말해두었다. 꼬마부전나비와 달리 제왕나비는 사실상 본거지가 없다. 그래서 그해의 개체 수를 추산하는 가장 좋은 방법은 멕시코 월동지 규모를 보는 것이다.

그 수치는 이 지역에서 나비들이 나무를 차지한 땅이 몇 헥타르나 되는지로 따진다. 하지만 이 또한 추정치에 불과하다. 이제 우리는 제왕나비들이 보금자리에서 쉰다고는 해도 월동 기간 내내 그곳에 머무르라는 법은 없다는 것을 안다. 그렇더라도 이 헥타르 단위 데이터가 과학자들이 이용할 수 있는 가장 결정적인 자료다.

제왕나비 개체 수는 1994~1995년 겨울부터 줄곧 이 방식으로 기록되어왔다. 1996~1997년 겨울의 제왕나비 점유 면적은 약 21헥타르(0.21km²)였다. 그러나 다음 해에는 5.77헥타르에 불과했다. 75%가 줄어든 것이다.

그 사실 자체에 꼭 경각심을 가지라는 법은 없었다. 제왕나비 개체 수는 매년 기복이 심해서 탄성이 뛰어난 고무공처럼 어디로 튈지 모르기 때문이다. 곤충의 개체 수가 매년 극단적으로 달라지는 것은 예외보다 규칙에 가깝다. 하지만 25년 남짓한 세월 동안의 멕시코 월동지 헥타르 단위 기록을 살펴보면 심한 기복 속에서도 뚜렷한 하강 곡선이 보인다.

2013~2014년 겨울에는 위태로운 지점에 이르렀다. 0.67헥타르라는 참담한 점유율을 기록하고 만 것이다.

이렇게 개체 수가 적을 때 심각한 기후 사건이 일어난다면 중부 경로를 이용하는 제왕나비가 거의 다 죽을지도 모른다. 비슷한 사태가 이미 일어난 적이 있다. 2015년 가을 이동 당시, 태풍 퍼트리샤가 제왕나비들이 산으로 들어가는 바로 그 시기에 멕시코로 향했다. 나비들의 경로와 태풍의 경로가 만날 것으로 보였다.

퍼트리샤의 풍속이 시속 215마일(약 350km)에 육박하자 주민들과 관광객들은 도망치기 시작했다. 제왕나비 보호론자들은 조마조마했다. 멕시코의 모 신문도 "종이 클립만 한 크기의 곤충이 태풍 속에서 어떻게 하겠는가?"라면서 제왕나비 팬들의 공포를 메아리처럼 반영했다. 하지만 퍼트리샤가 멕시코 서해안에 상륙했을 때는 힘이 많이 빠져 있었다. 또한 그동안 제왕나비들은 이동 경로를 변경했다. 나비들은 심상치 않은 날씨를 예감한 듯했다. 그래서 동(東)시에라마드레산맥의 계곡이나 강풍을 막아줄 만한 다른 지형을 이용하기로 했는지도 모른다.

2002년 1월의 또 다른 기후 재난은 그렇게 쉽게 피하지 못했다. 원래 월동지는 연중 이 시기에 건조한데 그 겨울에는 비가 퍼붓기 시작했다. 나비들이 모여 지내는 고지대에서는 비가 눈으로 변했다. 사흘 밤 연속으로 기온은 영하 1도 아래로 떨어졌다. 멕시코 삼림 속에 옹기종기 붙어서 따뜻하게 지낸다고는 하나 그 기온은 변온 동물인 곤충에게 너무 가혹했다. 나무에서 땅으로 떨어진 제왕나비들이 관찰되기 시작했다. 나비들은 추위에 타격을 입어 날개가 너덜너덜해진 채 뻗어 있거나 이미 죽어 있었다. 과학자들은 제왕나비들이 그 전에 눈비를 맞아 축축하게 젖지만 않았어도 추위에서 살아남았을지 모른다고 생각한다. 습기에 영하의 온도까지 가세하여 원투 펀치를 날렸던 것이다.

2018년 10월 초, 나는 자원봉사자들과 함께 제왕나비와 그 밖의 나비를 찾아 걷고 있었다. 그곳은 버터플라이 하이웨이에서 가장 특이한 정류장이었다고 할까, 그런 곳을 보게 될 거라고는 기대도 하지 않았다. 나는 오하이오주 남동부의 비영리 단체 더 와일즈(The Wilds)[3]로 갔다. 더 와일즈 자체는 사파리 공원, 보존 센터, 생태 현장 연구소로 등록되어 있다.

더 와일즈에는 '사파리 라이드(safari ride)'가 있어서 버스를 타고 거의 1만 에이커(40km²)에 달하는 이 공원 안에서 배회하는 이국적인 동물들을 구경하면서 해설을 들을 수 있다. 그레비얼룩말, 흰코뿔소, 오리너구리, 긴칼뿔오릭스, 심지어 프르제발스키말 같은 멸종 위기종이 다수 이곳에서 지내고 있다. 특별 요금을 내면 비하인드 투어를 하면서 동물 사육사를 만나볼 수도 있다. 말을 타고 산책을 하거나, 집라인을 타거나, 낚시를 할 수도 있다. 유르트 숙박 체험, 하이킹, 산악자전거 타기도 할 수 있다.

더 와일즈에는 아주 잘 복원된 나비 서식지가 있다. 2004년부터 더 와일즈의 자원봉사자들과 직원들은 정기적으로 늘 같은 횡단선을 따라 걸었다. 나는 그들과 함께 그 선을 따라 걸으면서 선 자체와 그 양쪽으로 15피트(약 4.6m) 내에서 나비를 찾아다녔다. 누군가가 나비를 발견하면 큰 소리로 알렸고 기록 담당자가 가서 목격 내용을 적었다.

"제왕나비." 누가 외쳤다.

"오, 아주 예쁜 나비네." 다른 사람이 말했다.

과연 그랬다. 날개가 아주 진한 주황색이어서 거의 빨간 나비처럼 보일 정도였다. 나비는 번데기에서 나온 지 하루 이틀밖에 안 됐는지 새롭고 신선해 보였다. 그 지역은 수년 전에 늪지 밀크위드를 심은 후로 제왕나비가 번성하고 있었으므로 충분히 그럴 수 있었다.

제왕나비는 꽃에서 꽃으로 노닐며 남쪽 여행에 쓸 연료를 채우고 있었다. 먹을 것은 차고 넘쳤다. 여러 종의 미역취속 식물이 어디에나 있었다. 보라색 숙근아스타, 칼리코아스타도 키 큰 풀 사이에 편안하게 자리를 잡고 피어 있었다. 끝물인 루드베키아도 몇 송이 남아 있었다. 얼마 안 되는 밀크위드가 여전히 꽃을 피우고 있었고, 이듬해의 풍작을 기약하듯 벌어져 있는 꼬투리가 그득했다.

우리는 나비 천국을 걷고 있었다. 배추흰나비는 물론이고 총독나비, 팔랑나비류, 노랑나비류, 그리고 카너푸른부전나비의 친척뻘인 북미꼬마부전나비(*Cupido comyntas*)도 잔뜩 보았다.

풍부한 종이 번성하는 이 들판에는 많은 일이 진행 중이었다. 나는 튼튼한 신발을 신고 오라는 말을 들었다. 그날 내가 신은 신발은 튼튼하긴 했지만 발목까지밖에 올라오지 않았다. 나를 맞아준 복원 생태계 책임관리자 리베카 스와브가 내 신발을 흘끗 보고는 고개를 저었다. 다행히 나는 차에 모든 종류의 신발을 가지고 다닌다. 사람은 언제 어떤 종류의 모험과 맞닥뜨릴지 모르는 법이니……. 보통 카약 슈즈, 슬리퍼, 라이딩 부츠, 운동화는 늘 차에 있다.

그날 나의 유비무환은 보상받았다. 나는 묵직한 레이스업 가죽 장화를 꺼냈다. 오지보다 더 깊고 외진 곳으로 갈 때나 신을 법한 종류였다. 리베카 스와브가 그 신발은 과하다고 할 줄 알았는데 웬걸, 그녀는 고개를 끄덕였다. 그런 신발이 필요한 이유를 알기까지는 오래 걸리지 않았다. 1마일(약 1.6km)도 안 되는 짧은 코스였지만 진흙탕과 건잡을 수 없이 콸콸 흐르는 개울이 계속 나왔다. 최근에 비버들이 그곳을 찾아냈다. 비버들은 그동안 꽤 바빴다. 우리는 평범한 관광객들에게 좋은 '문명화된' 오솔길을 벗어나 숲으로 조금 걸어 들어가다가 다시 습지로 내려왔다. 땅바닥에는 비버들이 남기고 간 나무 쪼가리, 그루터기, 반쯤 갉다가 버린 나뭇가지 따위가 널려 있었다. 자연의 특급 토목기사들과, 이 지역에 여름 내내 쉴 새 없이 퍼부은 비 때문에 습지는 기존의 경계를 훨씬 넘어 넓어져 있었다.

우리는 지금은 물에 잠긴 통나무에 불과하지만 한때는 작은 다리였던 것을 밟고 개울을 건넜다. 그러고는 철벅거리며 진흙탕을 걸어갔다. 비버들이 이 특별한 나비 서식지의 상당 부분까지 들어와 있었지만 그게 꼭 나쁜 일은 아니었다. 개구리가 개굴개굴 울었다. 호스밤(horse balm: 다년생 풀)은 아무 데서나 볼 수 있었다. 당근꽃도 많이 피어 있었다. 결국 발전해나가는 이 시스템은 나비목 곤충에게 더욱 건실한 영양을 제공할 것이다.

이 자연 '공원'은 번성하고 있었다. 생명은 여기서 제 할 일을 알아서 하기로 작정했고 인간이 만들어낸 거짓 한계에 갇히고 싶지 않았다. 인간이 개울과 연못을 특정한 곳에 두려고 했다 한들 무슨 상관인가? 비버들에게는 다른 아이디어가 있었다. 더 와일즈의 직원들은 비버가 주도하는 자연 천이(自然遷移)가 스스로 나아갈 방향을 택하게 했다. 이 모든 것이 나비들에게는 호재였다. 꽃식물은 비버가 만들어놓은 아수라장 가장자리 어디서나 자랐다.

솔직히 말하자면 이 중 어떤 것도 거기 있어서는 안 되었다. 1만 에이커(약 40km²)에 달하는 이 공원은 원래 노천 채굴장이었다. 나는 노천 광산업의 전성기에 펜실베이니아주 남서부에서 성장한 사람인지라 노천 채굴장에는 아주 익숙했다. 당시 광산 소유주는 자기 마음대로 채굴을 할 수 있었고 실제로 그렇게 했다. 노천 채굴, 지구의 표면을 벗기고 그 아래서 알토란을 빼먹는 작업은 예외라기보다는 규칙이었다.

노천 광산이었던 땅을 복원하는 일은 지극한 인내를 요했다.

따라서 몇 년에 걸쳐 조심스럽게 복원되어온 더 와일즈 나비 서식지는 특별한 의미를 지닌다. 절반쯤 복원된 이 작은 초원 지대에서 볼 수 있는 나비의 다양한 종이 어떤 조짐이라면 황폐해진 광활한 땅도 개선 가능할 것이다. 시간만이 황무지의 진정한 치유자가 되겠지만 인간의 노력도 상당한 정도의 성과를 거둘 수 있다. 여기서 흔히 볼 수 있는 종에는 제왕나비, 배추흰나비, 북미높은산노랑나비(*Colias philodice*)와 구름노랑나비(*Phoebis sennae*), 진주초승달표범나비(*Phyciodes tharos*), 델라웨어팔랑나비(*Anatrytone logan*)가 포함된다. 잿녹색부전나비(*Strymon melinus*), 미국원시호랑나비(*Battus philenor*), 검은꼬리제비나비(*Papilio polyxenes*), 스파이스호랑나비(*Papilio troilus*)도 있다. 물음표로 남은 나비들. 그리고 멋지고 번쩍거리는 여러 표범나비들.

노천 채굴로 벗겨낸 지표면의 탄소를 복원하려면 오랜 세월, 아마도 수천 년이 걸릴 것이다. 탄소가 없으면 나비와 다른 곤충들과 그 밖의 동물들도 사라진다.

탄소 없이는 식물도 없다.

식물 없이는 동물도 없다.

우리도 없다.

이렇게나 간단한 이치다.

한편, 버터플라이 하이웨이 도처에서 관찰자들은 흥분 어린 보고를 전해왔다. 제왕나비의 개체 수는 계속 역대급으로 보였다. 캔자스주와 콜로라도주 경계에서 9월 중순밖에 안 됐는데 제왕나비 500마리가 나무 한 그루에 모여 있는 모습이 포착되었다. 10월 5일 오클라호마주 클레어모어에서 어떤 사람이 "그렇게 나비가 많은 건 처음 봤어요"라고 보고를 했다. 거의 비슷한 시기에 텍사스주 로프스빌에서 제왕나비들이 거의 일주일 내내 목격되었다. 그 근처 마을에 사는 또 다른 관찰자가 "완전히 아름다웠어요"라고 보고했다.

10월 중순에 텍사스주와의 경계에 있는 뉴멕시코주 홉스에서 수천 마리의 나비가 어느 묘지에 모여서 쉬고 있더라는 보고가 들어왔다. 텍사스주 애빌린에서도 나무 한 그루에 수백 마리에 모여 있는 모습이 포착되었다. 관찰자는 제왕나비들이 몇 년째 거듭 그곳에서 모이는 것을 보았노라 보고했다. 나비들이 '깔때기로 들어가듯' 집중되기 시작했다. 다시 말해, 멕시코에 가까워질수록 나비들은 점점 더 큰 집단을 이루었다. 멕시코 국경을 넘을 즈음에는 거친 급류가 되어 있었다.

나의 목적지였던 털사의 지역 신문은 "수십만 마리"가 이동 중이라는 기사를 냈다. "나비들이 돌아오고 있습니다!"라고 오클라호마 보존연합(Conservation Coalition of Oklahoma)도 선언했다. 10월 6일에 털사 바로 남쪽에 있는 빅스비에서 어느 시민 과학자가 《저니 노스》에 게재했다. "동쪽에서 서쪽까지, 북쪽에서 남쪽까지, 10배 쌍안경으로 볼 수 있는 가장 먼 곳까지 (……) 한 번에 20~40마리는 늘 포착될 만큼, 바람을 타고 남하하는 꾸준한 흐름이 관찰되었다." 서부 경로와 동부 경로의 사정은 전혀 달랐다. 워싱턴주에서 데이비드 제임스는 캘리포니아 해안 월동지의 제왕나비 개체 수가 재난 수준으로 참담하다고 알려왔다. "우리 나비들의 개체 수가 왜 이렇게까지 줄었는지 아무도 모릅니다."

그는 이어서 전년 겨울 캘리포니아에서 살아남은 나비들의 다음 세대가 "신통치 않았다"고 했다. "우리는 늘 5월 말에 있는 메모리얼 데이에 캘리포니아주와 오리건주 경계에 있는 모 서식지에 가봅니다. 그런데 지난 5년을 통틀어 가장 낮은 개체 수가 집계됐어요. 뭔가가 단단히 잘못됐던 겁니다."

작년에 우리가 끔찍한 무더위 속에서 처음 만났던 크래브 크리크에서 제임스는 2018년 여름 내내 제왕나비를 단 한 마리도 찾지 못했다. "정말 하나도 없었어요. 나비들은 그냥 아예 오지도 않은 겁니다. 워싱턴주까지는 왔지만 주 경계에서만 이동했어요. 워싱턴주 중심부에서는 믿을 만한 목격담이 한 건도 없었으니까요."

나는 혹시 그 지역 전체를 다시 한번 불사르고 간 화재 때문은 아닐까 말해보았다.

"화재가 발생하기 전이에요. 6월 얘기를 하는 겁니다. 불은 아예 나지도 않았다고요."

그렇지만 로키산맥 동쪽에는 좋은 소식이 있었다. 펜실베이니아에 거주하는 나비 관찰자 게일 스테피와 얘기를 나눠보았다. 그녀는 자신의 인생이 "제왕나비와 더불어 산 인생"이었노라 설명했다. 스테피는 열세 살

때 집 근처 들판에서 제왕나비 애벌레를 발견했다. 그녀는 그 애벌레를 잘 키워서 놓아주었다.

열네 살 때는 오빠와 함께 지역 도서관에서 제왕나비에 대한 책을 발견했다. 그 책 뒤에 프레드 어커트의 이름과 주소가 나와 있었다. 어커트의 꼬리표 프로그램에 참여하기 원하는 독자를 위해 공개해놓은 주소였다. 스테피는 그 주소로 편지를 보냈지만 꼬리표 프로그램이 벌써 "끝났다"는 답장을 받았다.

그리하여 스테피는 독자적으로 꼬리표 프로그램을 만들었다. 꼬리표에 우편 사서함 주소를 넣어서 아무나 그녀의 꼬리표를 단 나비를 발견하면 연락을 취할 수 있게 했다.

결국 그녀는 한 통의 편지를 받았다. 멕시코에서 온 편지였다. 그리고 40년이 지난 지금도 스테피는 여전히 그 일을 하고 있다. 지금은 영향력 있는 비영리 단체 모나크 워치(Monarch Watch)의 꼬리표를 사용하지만 여전히 매년 제왕나비의 개체 수를 세고, 꼬리표를 붙이고, 밀크위드와 온갖 종류의 꽃식물을 심고 있다(얼마 지나지 않아 나는 이 단체에 대해 많은 것을 알게 되었다).

최근에 스테피는 30년간의 제왕나비 데이터를 담은 논문을 썼다.

"제왕나비 개체 수를 조사하기 시작했을 때 이동을 일찍 마친 나비들이 더 잘 살아남는 경향이 있다는 것을 알게 되었어요. 이동을 일찍 하는 나비는 늦게 하는 나비에 비해 몸집도 커요. 그리고 암컷보다는 수컷이 이동을 먼저 하는 편이지요."

나는 그 사실이 흥미롭다고 말했다.

"암컷이 평균적으로 수컷보다 작긴 해요. 그래서 그럴지도 모르죠."

스테피가 대답했다.

그녀는 올해의 관찰 결과로 보면 산맥 동쪽의 제왕나비 개체 수는 매우 많은 듯하지만 그 나비들이 예년처럼 뉴저지의 케이프 메이로 이동하지는 않고 있다고 했다. 케이프 메이는 제왕나비들이 남쪽 여행 중에 꽃을 즐기기 위해 며칠 들렀다가 가는 곳으로 잘 알려져 있었다. 올해는 그곳 대신 체서피크만(灣) 서쪽으로 내려가기 좋은 바람이 분다나.

나는 물어보았다. 왜 올해 여름은 그녀가 사는 지역에 제왕나비가 많아졌을까?

"비 때문이겠지요." 단지 압도적인 강우량이 식물과 꽃에 이롭게 작용했다는 뜻은 아니다. 여름 한 철에만도 여러 번 들판의 풀을 깎아내는데 올해는 비가 너무 많이 와서 그렇게 자주 깎을 수가 없었다.

"비는 축복이자 저주였어요. 홍수가 나서 내가 돌보던 들판 한 뙈기에서 모든 것이 쓸려가버렸어요. 그렇지만 나는 비가 축복이기도 했다고 생각해요. 비 덕분에 도로변과 들판에 마구 자란 풀에 전혀 깎을 수 없었거든요. 전부 다 푹 젖어버렸으니까요." 그건 확실히 아무도 언급하는 것을 들어본 적 없는 변수였다.

요 몇 년 사이에 스테피는 비극을 겪었다. 서스쿼해나강(江)을 따라 길게 조성된 나비 서식지 두 곳(발전소와 도로 건설 부지)을 수십 년간 모니터링해왔는데 제초제 살포로 두 곳 다 파괴되었다.

그녀는 자기가 일하는 법인에서 보조금을 받아 다른 지속 가능성 팀원들과 함께 꽃가루를 제공할 수 있는 식물 2,000그루를 심었다. 그리고 자기 집 뜰도 나비가 좋아하는 식물들로 채워나가고 있다.

"나만의 나비 서식지를 만들고 있어요." 그녀는 말했다.

• • •

10월 끝자락에 털사에 도착했다. 수십 년 전 석유 파동으로 황폐해졌다가 서서히 되살아나고 있는 이 도시에는 여전히 제왕나비가 차고 넘쳤다. 이동이 거의 끝나갈 무렵이었지만 나비들은 계속 날아오고 있었다. 강변에 문을 연 지 얼마 안 된 민간 운영 공원 개더링 플레이스(Gathering Place)를 오후에 느긋하게 거닐어보았다. 적어도 서른 마리는 되는 제왕나비들이 꿀을 여기저기서 보충하며 멕시코까지 가는 여정에 마지막 박차를 가할 채비를 하고 있었다.

근처의 제왕나비들과 그 밖의 나비들은 세계적으로 유명한 길크리스 박물관 대지에서 아직도 꽃을 보여주는 오만 가지 식물을 만끽하고 있었다. 털사는 나비들에게 꿀 공급 지대 역할을 기막히게 잘해왔다.

도시를 벗어나면 나비가 좋아하는 식물을 키우는 정원이 많지 않기 때문에 나비 수도 줄어들지만 그래도 있기는 있다. 북쪽으로 한 시간을 달려 3만 9,650에이커(약 160km²)에 달하는 톨그래스 프레리 보존구역의 오시지 힐즈에 가보니 나뭇잎은 거의 다 시들었다. 수많은 들소와 9피트(약 2.7m)까지 자라기도 하는 빅 블루스템(big bluestem, *Andropogon gerardi*)을 비롯해 서로 다른 네 종류의 풀에게 보금자리가 되어주는 이 광활한 보존구역을 찾는 나비는 대략 100종이 넘는다. 나보코프가 그토록 좋아했던 그 작고 섬세한 파란 나비만 해도 최소한 9종이 있다. 해안줄무늬부전나비(*Leptotes marina*), 꼬마푸른부전나비(*Brephidium exilis*), 북미꼬마부전나비(*Cupido comyntas*), 북미봄푸른부전나비(*Celastrina ladon*), 북미여름푸른부전나비(*Celastrina neglecta*), 북미귀신부전나비(*Glaucopsyche lygdamus*)와 그 아종인 잭북미귀신부전나비(*Glaucopsyche lygdamus jacki*), 에키나르구스부전나비(*Echinargus isola*), 텍사스파란나비가 모두 봄에서 늦가을까지 이곳에서 번성한다.

내 눈에는 꽃이 대부분 진 것처럼 보였지만 이동하는 제왕나비들의 마지막 군단은 그곳에 먹을 것을 찾으러 왔다. 제왕나비 연구자 칩 테일러는 그 나비들이 하루 이틀 만에 텍사스로 넘어가야만 하고 그러지 못하면 곧 들이닥칠 추위가 그들의 목숨을 앗아갈 거라고 말해주었다. 700마일(약 1,100km) 이상 가면 꿀을 머금은 꽃식물은 찾아볼 수 없다. 끝자락에 낙오된 이 나비들의 미래는 그리 밝아 보이지 않았다.

나는 오클라호마에서만 열리는 특별한 행사에 참석하려고 그곳에 내려갔다. 꽃가루매개자부족동맹(Tribal Alliance for Pollinators)[4] 회합이 있기 때문이다. 2014년에 시작된 이 동맹에는 현재 오클라호마주에 사는 39개 부족 중 7개 부족[치커소, 세미놀, 시티즌 포타와토미, 머스코지 (크리크), 오세이지, 이스턴 쇼니, 마이애미 네이션스]이 가입해 있다. 동맹의 목적은 자기네 땅에 토착종 식물 서식지를 복원하고자 하는 부족에게 자금 및 교육을 지원하는 것이다.

사흘에 걸친 회합은 도보 산책으로 시작되었다. 곧 다가올 겨울을 예고하는 흐린 하늘 아래, 81세의 칩 테일러와 세네카카유가족(族)의 일원인 31세 청년 앤드루 구어드가 우리 그룹을 이끌고 몇 에이커의 땅을 둘러보았다. 오클라호마주 북서쪽 가장자리, '그린 컨트리(green country)'로 알려진 이 지역은 이미 겨울을 맞이하는 갈색을 입고 있었다. 하지만 그 갈색도 여전히 흥미로웠다. 테일러와 구어드에게 그 몇 에이커의 땅은 찬란하도록 깊은 금광, 획기적 미궁이었다.

나조차도 약속의 땅에 다다른 기분이 들었다. 모질게 시달리다가 크게 개선된 나비 서식지들을 2년간 돌아보지 않았던가. 오하이오의 노천 채굴지였던 땅, 윌래밋 밸리의 되살아난 목장 지대, 뉴욕 올버니 근처의 소나무들이 수탈당한 황무지처럼 벼랑 끝까지 내몰렸다가 겨우 돌아온 땅을 두루 보고 나서 드디어 유럽의 식민화 이전에는 이랬겠구나 싶은 땅을 발견한 것이다.

그 땅은 진짜배기, 토양미생물학자 니콜라 로렌츠의 설명을 따르자면 수천 년에 걸쳐 점진적으로 발달한 땅이었다. 아무도 정확히 말할 수 없지만 그 땅은 수십 년, 아니 수 세기동안 거의 그대로였다.

"갈아엎거나 경작을 한 적이 없는 땅이에요." 구어드가 테일러에게 말했다.

"오클라호마에서 차를 몰면서 그 땅을 생각해보세요." 테일러는 도보 산책에 나서기 전에 한데 모인 사람들에게 말했었다. "예전에는 [홈스테드 이전에는] 그 땅의 풍경이 어땠을지 생각해보세요. 지금의 풍경은 그때의 풍경과 완전히 다르기 때문에 하는 말입니다."

테일러는 처음부터 제왕나비 연구자는 아니었다. 원래는 꿀벌 연구를 했지만 이쪽으로 방향을 선회했다. 그는 링컨 브라우어와 함께 제왕나비의 이동 관련 주제를 연구하기 시작했다. 지금은 캔자스에서 대학의 명예교수로 있는 한편, 모나크 워치의 설립자 겸 대표를 맡고 있다. 모나크 워치는 로키산맥 동쪽의 자원봉사자들에게 나비 꼬리표를 공급하는 비영리 단체다.[5] 1992년부터 시작한 테일러의 프로그램은 현재 제왕나비들의 이동 경로를 따라 중간중간 꽃식물을 심어서 중간 기착지 역할을 하는 '모나크 웨이스테이션(Monarch Waystation)'을 마련하는 동시에 매년 40만 개의 꼬리표를 자원봉사자들에게 제공한다(앞에서 만났던 게

일 스테피도 그러한 자원봉사자 중 한 명이다). 멕시코에서 꼬리표 달린 나비가 발견되면 모나크 워치는 회수된 꼬리표 하나당 5달러의 사례금을 지불하고 데이터를 확인해서 그 나비가 북미 어느 지역에서 꼬리표를 달고 왔는지 알아낸다.

테일러는 이 프로그램 덕분에 제왕나비의 행동 방식에 대한 데이터를 풍부하게 확보했다고, 아마 그 프로그램이 아니었으면 그럴 수 없었을 것이라고 했다. "이 데이터가 진짜 중요합니다. 성공적으로 이동하는 제왕나비들의 크기에 대한 의문도 풀렸고, 출신 지역에 대한 의문도 풀렸지요. 사망률과 이동 방향에 대한 의문도 풀렸습니다. 그리고 제왕나비들의 보존과 관련된 의문들도 답을 얻었습니다. 데이터는 엄청나게 많은 의문에 답을 주었어요."

테일러는 지금까지 모나크 워치가 160만 비트에 상당하는 데이터를 축적했다고 말했다. 분석할 데이터는 그렇게 많고 시간은 너무 없다. 테일러는 기가 찰 정도로 바쁜 일정을 소화한다. 10월 말부터 연말까지 행사가 5개나 더 있고 그 중간에 추수감사절 휴가와 크리스마스 휴가가 있다. 그는 이제 막 주도(州都)에서 북미 꽃가루매개자보호운동 국제회의에서 수여하는 명예로운 상을 받고 돌아온 참이었다. 상패는 진짜 제왕나비를 넣어서 정교하게 만든 유리 문진(文鎭)이었다.

그는 상패를 보여주면서 즐거워했지만 좀 피곤해 보였다.

나중에 나는 테일러에게 왜 그렇게까지 열심히 일하느냐고 물었다.

"힘 다할 때까지 일하면 어때서요?" 테일러는 오히려 내게 되물었다. "우리가 무엇을 위해 지구에 사는데요? 그냥 자기만족을 위해서? 어떤 사람은 세상을 더 나은 곳으로 만들려고 애쓰면서 만족을 얻지요. 나도 거기서 출발했습니다. 나는요, 할 수 있는 한 계속 노력할 겁니다. 내가 하는 일이 즐겁거든요."

테일러는 모여 있는 사람들에게 말했다. 아무리 기를 써도 땅 한 뙈기에서 10~15종의 식물을 찾기가 힘든 지역이 오클라호마에도 많더라고 말이다. 건강한 초원이라면 한 뙈기에서 100종 이상의 식물을 볼 수 있다. 게다가 테일러가 겨우 찾아낸 식물들조차도 뿌리가 너무 얕아서 땅에 깊이 파고들지 못했다. 오클라호마가 이따금 일 년 내내 가뭄을 겪을 때 이처럼 뿌리가 지나치게 얕은 식물들은 문제가 되었다.

우리가 걸어 다닌 세네카카유가족의 땅에는 단 1분 안에도 최소한 40종이 넘는 식물을 찾을 수 있었다. 그중 상당수는 지표면에서 6피트(약 1.8m), 10피트(약 3m), 20피트(약 6m)까지 뻗어 내려갈 만큼 뿌리가 깊었다. 이 식물들은 뿌리가 얕은 요즘 식물이 접근하지 못하는 깊은 곳에 저장된 수분까지 이용할 수 있으므로 가뭄에도 잘 살아남는다.

"이 들판에 펼쳐진 다양성을 보십시오." 테일러가 이어서 말했다. "다양성에 단절이라고는 없지요. 한때는 오클라호마 전체가 이런 모습이었을 겁니다."

혹은, 북미 대륙 중부 전체가 온통 키 큰 풀로 뒤덮인 초원이었을지도 모른다. 식물의 뿌리가 단단하게 내린 이 땅을 갈아엎기 위해서는 족히 서른 마리는 되는 건실한 근육덩어리 밭갈이 말이 필요했다. 일단 땅에서 분리한 떼는 '떼집'을 지을 수 있을 만큼 두툼했다. 흙과 섞여 있는 뿌리가 단열 효과를 내기 때문에 떼집은 겨울에 따뜻하고 여름에 시원했다. 뿌리가 얕고 엉성한 요즘 잔디밭의 뗏장으로는 절대 그런 집을 지을 수 없다.

테일러는 흔히 '방울뱀 해독제'라고 하는 희끄무레한 식물에 손을 내밀어 씨앗을 몇 개 채취했다. 5~6피트(약 1.5~1.8m) 높이까지 자라는 이 식물 에린지움 유키폴리움(*Eryngium yuccifolium*)은 잎이 유카 잎처럼 까끌까끌하고 엉겅퀴를 연상케 하는 가시가 있지만 꽃가루 매개자들에게는 피할 수 없을 만큼 매혹적이다. 테일러는 줄기가 네모난 꿀풀과 식물 두 종을 가리켰다. 잎이 남북 방향으로 나는 나침반 식물이었다. "오랫동안, 아주 오랫동안 들판이 들판인 채로 있지 않으면 절대로 볼 수 없는 식물이 6~10종 있어요. 이런 씨는 쉽게 퍼지지도 않아요. 홍수에 휩쓸려 가지도 않고, 새들이 나르지도 않는답니다……."

"이 땅은 정말 신성한 곳이에요." 구어드가 말했다. "세네카카유가족 사람들이 소유한 땅의 일부인데 완전히 자연 그대로이지요. 이 땅은 언덕 위에 있어서 벌목을 피할 수 있었어요. 아마 1831년에 우리 조상들이 처음 여기 왔을 때도 이런 모습이었을 거예요."

연방 정부는 1887년에 원주민 가정을 위한 토지 할당 프로그램을 만들었다. 부족원 한 명 한 명은 땅을 원하든 원하지 않든 한 뙈기씩 할당을 받았다. 구어드는 오자크산맥 아래 카우스킨 프레리의 일부인 이 특별한 땅이 화이트트리 일가 사람에게 주어졌다고 했다. 그 사람은 자기 혼자 지내면서 80에이커(약 0.3km²) 중 20에이커에서만 농사를 짓고 살기를 원했다.

현재 남아 있는 초원의 일부를 포함하는 나머지 60에이커는 그냥 방치되었다. 그 땅은 산비탈에 있었기 때문에 농사를 지으려면 계단식 밭을 만들어야 했다. 숲이 서서히 잠식해 들어오고 있었기 때문에 벌목도 해야 했다. 현대 자본주의의 관점에서 보면 그 땅은 가치가 없었다. 아무도 그 땅을 원치 않았다. 아무도 그 땅을 일구려 하지 않았다. 그 덕분에 21세기를 살아가는 이들에게는 대체 불가능한 하나의 모델로서 값을 매길 수 없는 땅이 되었지만 말이다.

구어드가 말했다. "이 땅이 한 구획만 더 동쪽에 있었어도 방목지, 경작지가 됐을 거예요. 그랬다면 이 아름다운 모습은 볼 수 없었겠지요. 남쪽으로 조금만 내려가도 옥수수 농장, 나무 농장, 그 밖에도 비옥한 프레리 토양을 이용하는 별의별 것이 다 있어요. 어떤 종류의 복원 계획이나 식물 종 유치 계획도 없었고요. 그냥 운이 좋아서 이 땅이라도 겨우 살아남은 겁니다."

나는 구어드에게 이 땅이 앞으로도 살아남을 수 있다고 생각하는지 물어보았다.

우리는 이 땅이 금이나 은보다 훨씬 중요한 국보라는 데 뜻을 같이 했다.

제왕나비들의 이동이 끝날 무렵의 캘리포니아는 땅을 위한 발언을 하기에 너무 늦어버린 것 같았다. 혹은, 나비를 위한 발언이라고 할까. 수만 에이커를 불태운 화재가 캘리포니아주 전체를 휩쓸고 갔다. 올해의 화재에 비하면 전년의 화재는 캠프파이어 수준이었다. 그 불은 산속(파라다이스 같은 반어적 이름의 마을)에 사는 가난한 이들의 집과, 말리부 같은 곳에 사는 돈 많고 아름답고 힘 있는 이들의 집을 가리지 않았다. 화재가 진압될 무렵에는 인명 피해가 거의 100명에 달했다. 실종자는 그 열 배쯤 되었다. 새크라멘토 북쪽에 있는 뷰트 카운티는 15만 에이커(약 610km²)

가 불에 탔다. 거의 2만 채나 되는 건물이 화재 피해를 입었다. 최근 몇 년의 이상 기후 때문에 불이 더 빨리 번졌다. 서해안은 너무 건조해서 난리였는데 로키산맥 동쪽에서는 역대급으로 습도가 높은 가을을 보냈다.

캘리포니아의 제왕나비들에게 무슨 일이 일어났는지는 누구도 확실히 모른다. 우리가 아는 바는 단 하나, 제왕나비들이 목적지에 도착하지 않았다는 것이다. 오리건주의 서세스회(Xerces Society)는 2018년도 추수감사절 집계를 완료한 후 산맥 서쪽의 나비 개체 수가 87% 감소했다고 보고했다. 전반적으로 서쪽 나비 개체 수는 "심각하게 떨어진" 것으로 나타났다.

2년 전 해설가가 아이들에게 나비들의 허니문 호텔 이야기를 들려주었던 피스모 비치, 킹스턴 렁과 내가 처음 만났던 곳이자 아무도 정확히 기억하지 못할 만큼 오랜 시간 동안 1만 여 마리 나비들의 월동지였던 그곳에도 고작 800마리밖에 나타나지 않았다. 모로 베이 골프장에서도 나비는 2,587마리만 발견되었다.

"급락의 이유를 정말로 안다고 할 순 없어요." 렁이 설명했다. 그는 여름에 워싱턴주와 캐나다에서 일어난 대화재와 가을 이동 시기에 일어난 캘리포니아 대화재가 결합한 것이 중대한 원인이 아니었을까 의심했다. 렁이 과거에 했던 연구는 나비들이 "연기에 매우 민감하다"는 것을 보여주었다.

"따라서 가을에 일어난 화재는 월동지로 떠나는 제왕나비들에게 영향을 미쳤을 겁니다." 과학자들은 계속 이 문제를 두고 연구 중이다.

텍사스주에서 멕시코로 넘어가는 국경에서 제왕나비들의 이동은 중단되었다. 억수같이 퍼붓는 비와 상서롭지 않은 바람이 텍사스의 평원을 휩쓸었다. 나비들은 비행을 중단하고 한데 모여 온기를 유지하려고 애썼다.

"이 나비들은 굶주림에 시달리지는 않겠지만 날씨가 따뜻해질 때까지 정착해 지내는 수밖에 없을 것이다."《저니 노스》의 기고자 데일 클라크는 2018년 10월 14일 텍사스주 글렌 하이츠에서 이렇게 썼다. "결국 이 끔찍한 한파와 비가 지나고 나면 무슨 일이 일어날지 관심을 가지고 지켜볼 것이다."

그 후, 추수감사절 직전에, 다시 목격담이 들어오기 시작했다. "1분당 평균 10마리는 보았다." 어느 멕시코인이 케레타로에서 전해왔다. 제왕나비들은 바예 데 브라보에 있었고 산속 어디에나 있었다. 11월 7일이라는 비교적 이른 시기부터 나비들이 멕시코에 도착했다는 보고가 올라왔고 미국이 추수감사절을 지낼 때 제왕나비 개체 수는 건실해 보였다.

테일러가 제왕나비들이 북쪽으로 이동하던 6개월 전에 예견한 결과였다.

멕시코의 산에서

지구를 달리는 작은 것들을 바라보라.

— E. O. 윌슨

오전 10시, 나는 때맞춰 보금자리에서 우르르 내려오던 나비 떼와 정면으로 마주쳤다. 반짝이는 색채의 뒤엉킨 팔레트. 환상 같지만 한 치 틀림없는 현실이다. 산골짜기 시내 위로 나비들의 강줄기가 숲에서 내려와 햇빛 속으로 나아간다. 내 주위는 온통 나비다. 나도 한 마리 나비다.

또다시 너무 놀라 정신이 얼떨떨하다.

이제 볼 만한 건 다 봤다고 생각했다. 일흔을 앞둔 나는 안 가본 데가 없고 안 해본 일이 없는, 이미 세상에서 모험을 다 한 사람이다. 20대에는 아프리카에서 미 해병대와 함께 말을 타고 사하라 사막의 모래 언덕을 오르내렸다. 30대에는 미국의 오커퍼노키 습지에서 일주일 내내 노를 저으면서 여행작가로서의 삶을 시작했다. 나는 코끼리를 타보았고(내가 제일 좋아하는 탈것은 아니었지만), 낙타도 타보았으며(역시 좋아하는 탈것은 아니었지만), 자전거로 미국에서 가장 멋진 자전거 도로들을 누비고 다녔고, 화석이 그득한 프로방스의 언덕을 올랐으며, 몽골의 야생마들 사이를 걸었다.

이 책을 위한 연구 조사의 마지막 단계 삼아 멕시코 산에 갈 때만 해도 나는 별천지를 경험하리라고는 기대하지 않았다. 지난 2년간 제왕나비는 참 많이도 봤고 그 밖의 나비들도 볼 만큼 봤다. 또다시 햇살과 색의 마법에 사로잡히리라고는 기대도 하지 않았다. 하지만 나는 또 사로잡히고 말았다.

그 경험은 강렬했다. 마리아 지빌라 메리안이라면 그 상황에서 어떤 기분을 느꼈을지 궁금했다. 산악 지대의 밝은 햇살 속에서, 나는 터너의 그림을 처음 보았을 때처럼, 그리고 예일 대학교에서 처음으로 나비 표본 상자를 보았을 때처럼, 압도적이다 못해 정신 차릴 수 없는 감흥에 다시금 사로잡혔다. 내가 제왕나비 생물권보전지역 입구에 해당하는 엘로사리오 봉우리를 향하여 가파른 고지를 천천히 올라가는 동안 구름은 물러나고 숲은 에너지와 햇살이 충만했다.

나비들은 하산을 멈추고 길 양옆 관목림에 내려앉아 날개를 펼치고 햇빛을 쬐었다. 내 머리를 빙 둘러싼 스테인드글라스 조각들 사이에 서서 따뜻한 햇빛을 받고 있으려니 왜 이 지역 사람들이 매년 가을 나비들의 도착을 성대하게 축하하는지 금세 이해가 갔다.

캐나다처럼 먼 북쪽 지역에서 이 특정한 산봉우리까지의 비행은 지구에 사는 모두에게 속하는 세계 현상이다. 세렝게티 초원의 영양들이 이동하거나 북미 서해안에서 쇠고래가 이동하는 모습이 그렇듯, 이 비행은 세상 사람들에게 즐거운 구경거리다.

그들은 모두 태양을 따라간다. 우리도 그럴 수 있다면 그랬을 것이다.

그렇지만 이러한 대규모 이동은 하나하나 사라지고 있다. 나그네비둘기의 이동은 사라졌다. 북미에서 들소 떼의 이동도 사라졌다. 순록의 이동은 거의 소멸되었다.

이러한 상황에서 어밀리아와 그녀가 날려 보낸 제왕나비는 우리에게 희망을 준다. 이제 나는 햇빛과 제왕나비의 색에 흠뻑 취해 등산로를 오르면서 다시금 그 희망을 느꼈다. 고지대의 등산로는 잘 닦여 있긴 했지만 매우 가팔랐다. 나는 바닷가에 살고 산소가 풍부한 대기를 선호한다.

나는 자주 걸음을 멈추었다. 숨을 돌리기 위해서, 그리고 날아 내려오는 나비의 무리, 산을 오르는 인간의 무리, 그 많고 많은 무리를 구경하기 위해서. 문득 스페인의 카미노 데 산티아고를 함께 걸었던 순례자들, 혹은 멕시코 시티로 들어가는 길을 과달루페 대성당까지 가득 메웠던 순례자들이 생각났다.

내가 오르다 멈춰 서기를 반복했던 그 등산로를 지나가는 이들은 대부분 내 예상과는 달리 미국인 관광객이 아니었다. 그들은 멕시코인이었다. 그중 특히 또렷하게 기억나는 가족이 있었다. 어느 노인이 젊은 사람 서너 명의 도움을 받아 힘겹게 산을 오르고 있었다. 노인은 여전히 더 많은 나비가 더 많은 나뭇가지에 머물고 있을 산봉우리를 향해 겨우 조금이나마 발을 옮겼다. 보통 힘들고 불편해 보이는 게 아닌데도 그는 정상까지 오르기로 작정했다. 한쪽 팔은 젊은 남자에게 맡기고 다른 쪽 팔은 젊은 여자에게 맡긴 채, 그는 포기하지 않고 한 발씩 나아갔다.

"왜 저럴까요?" 나는 그날 멕시코 시티에서부터 안내를 맡아준 세계적인 가이드 호세 루이스 파니아과에게 물었다.

그는 가족과 조상과 관련이 있기 때문이라고 설명했다. 가족 전체가 나비를 보러 왔고 그 경험을 함께 하기 원하는 것이다. 등산이 아무리 힘들어도 노인은 가족의 일원으로서 함께 하고 싶을 것이다. 나머지 가족들도 어르신을 두고 자기네끼리 갈 마음이 없을 것이다.

나비는 우리를 세대를 초월해, 공간과 시간을 가로질러 연결해준다. 나비는 원소다. 한 마리 나비는 여기 이 손바닥에 놓여 있는 우주 전체다. 아장아장 걷는 아기는 나비를 보면 본능적으로 손을 뻗는다. 어릴 적 우리는 나비를 쫓아다닌다. 어른이 되어서는 나비를 연구하고 이 곤충이 우리 세계 전체에 얼마나 필수적인지 배운다. 나이가 들어서는 나비의 멋진 색감이, 퇴색해가는 노년에 기꺼이 사랑해야 할 것이 된다.

제왕나비는 멕시코의 산에서 멕시코인 가족을 연로한 할아버지와 연결해주고, 윌래밋 밸리에서 어밀리아를 엄마 몰리와 연결해주고, 세네카 카유가족의 서른한 살짜리 청년 앤드루 구어드를 이 곤충을 지키기 위해 말년을 바치기로 선택한 여든한 살의 캔자스 출신 과학자 오를리 '칩' 테일러와 연결해준다.

나비는 전 세계 사람들을 이어주지만 시간을 가로질러 한없이 용감한 마리아 지빌라 메리안을 한없이 생각이 깊은 찰스 다윈과 이어주기도 하고, 여전히 세상에서 가장 사랑받는 이 곤충의 비밀을 풀어나가는 오늘날의 많은 과학자와도 이어준다. 하지만 아직도 우리가 배워야 할 것은 많다.

"우리는 제왕나비들이 어디로 가는지 밝혀내는 것보다 달에 사람을 보내는 게 더 빨랐지." 나의 나비 취미 친구 조 드웰리가 함께 점심을 먹으면서 했던 말이다.

안타깝게도 수 세기 동안의 치열한 노력에도 불구하고 나비 개체 수는 감소하는 추세다. 사실 과학자들은 우리가 곤충이라고 하는 생물군 전체가 심각한 개체 수 감소를 겪고 있다고 본다. 물론, 아주 성공적인 해가 있다. 내가 이 글을 쓰는 시점에서는 모니터링 요원들이 동반구와 서반구 양쪽 모두 북쪽에서 구름 같은 작은멋쟁이나비 떼를 보면서 자축 중이다. 그러나 개체 수는 추계치에 불과하고 전반적인 경향은 명백한 하향 곡선으로 나타난다.

이유를 찾자면 1,000개, 아니 10만 개는 나올 것이다. 꿀을 머금은 오만 가지 토착종 식물이 한데 뒤엉켜 무성하게 자라던 들판은 기업식 농업이 지배하는 단일 경작지로 변했다. 한때 들꽃이 만발했던 광활한 지역은 이제 다 잔디밭이 되었다. 농약이 너무 퍼져 있어서 우리의 식수는 오염되었고 우리 신체의 화학 반응에도 개입을 한다.

내가 2년간 나비를 좇아다니면서 도처에서 보았던 기후 혼란은 이루 헤아릴 수 없는 영향을 미치고 있다. 나보코프가 사랑했던 꼬마부전나비처럼 주어진 환경에 너무 딱 맞게 적응해버린 나비들은 우리가 지금 겪는 롤러코스터처럼 기복이 심한 기후와 맞서 살아남을 가망이 없다.

그렇지만 나비들이 자꾸 사라지는 데는 다른 이유들, 우리가 아직 찾아내지 못한 이유들도 있다. 어떤 길가의 밀크위드를 먹고 자라는 제왕나비 애벌레는 다른 길가에서 밀크위드를 먹고 자라는 애벌레보다 염분이 많다는 것이 연구 결과 밝혀졌다. 차이가 뭘까? 그 지역 도로교통과에서 겨울철 눈 쌓인 도로에 염화나트륨을 뿌리느냐 마느냐에 달렸다. 우리는 진화의 조정과 그에 수반한 멸종의 시기를 이제 시작한 것 같다.

꼭 그렇게 되라는 법은 없다. 우리는 이미 개념 증명을 해냈다. 과학자들이 일단 꼬마부전나비의 비밀스러운 생활 방식을 밝히자 그 나비들을 벼랑 끝에서 소생시키는 것도 가능했다.

우리는 작정하면 위대한 일을 할 수 있다.

우리 늙은이들은 자연의 아름다움이 풍성했던 세계를 기억할 수 있다. 일 년을 이루는 한 달 한 달이 새로운 냄새, 새로운 소리, 새로운 광경, 인간과 자연환경 사이의 본질적인 연결에 대한 새로운 약속을 가져오던 세계를 우리는 기억할 수 있다.

그 세계는 빠르게 사라져가고 있다. 그래도 아직 없어지지는 않았다. 우리는 되돌릴 수 있다. 다섯 살 소녀가 하늘로 나비를 날려 보낼 때, 그리고 그 나비가 월동지를 향하여 날아가는 모습이 다른 사람들에게 목격될 때, 다음과 같은 일이 일어난다면 그것이야말로, 내가 생각하기에는 진정한 나비 효과다. 수없이 많은 이들이 아주 다양한 나라에서 세대를 뛰어넘어 우리가 속한 자연계의 작은 즐거움 한 조각이나마 보호하려고 힘을 합치는 일 말이다.

/감사의 글/

나비의 역사 수백 년을 개괄하는 작업은 전적으로 낯선 이들의 친절에 의지했다. 과학자, 시민 과학자, 역사가, 작가, 그리고 평범한 나비 애호가 말이다. 이 작업을 시작할 때만 해도 다른 사람들이 얼마나 이 일에 관심을 보여주고 대화를 나눠줄지 확신이 없었다. 그걸 누가 알겠는가.

나는 친절에 압도당했다. 사람들은 꼬박 하루를 다 들여서, 때로는 며칠에 걸쳐 나를 만나주었다. 몇 시간이고 자신들의 연구를 설명해주었고 내가 좀 더 도움이 필요할 때는 다시 시간을 내어주었다. 내가 과학 저널리스트 일을 시작한 40년 전에 비해 과학계는 굉장히 변했다. 그때는 '이름 있는' 연구자들이 나 같은 기자나 대중과 시간을 들여 소통하려고 하지 않는 경우가 많았다.

이 너그러움은 이 책의 조사 작업에서 특히 진실로 드러났다. 나비목 곤충에 관한 한, 과학자나 열성 팬이나 가릴 것 없이 소통에 대한 열의가 분명했다. 나를 맞아준 사람들 중에서 어밀리아 제부섹과 그녀의 어머니

몰리는 통째로 구워질 것 같은 뜨거운 날에 차를 몰고 농경지와 습지를 보여주면서 윌래밋 밸리의 생태계를 자세하게 설명해주었다. 데이비드 제임스는 내가 그의 작업을 추적하는 동안 몇 번이나 친절하게 전화로 대화를 나눠주었고 두 번이나 나를 따로 만나주었다. 킹스턴 렁은 영광스럽게도 나에게 자신의 여러 가지 제왕나비 회생 프로젝트를 보여주었다. 에이드리아나 브리스코, 조시 헵티그, 아누라그 아그라왈, 매슈 레너트, 제니퍼 재스펠, 콘스탄틴 코르네프, 피터 애들러, 워렌과 로리 할시, 마이클 엥겔, 닐 기포드, 허버트 마이어, 리카르도 페레스데 라 푸엔테, 콘래드 라밴데이라, 수전 버츠, 크리스 노리스, 짐 바클리, 그웬 앤텔, 제시카 그리피스, 미아 먼로, 패트릭 게라, 스티븐 레퍼트, 캐시 플레처, 휴 딩글, 미카 프리드먼, 헤라르드 탈라베라, 니팸 파텔, 리처드 프럼, 라디슬라브 포티레일로, 링컨 브라우어, 카렌 오버하우저, 엘리자베스 하워드, 게일 스테피, 앤드루 구어드, 칩 테일러, 조 드웰리, 케이트 헌터, 린다 카펜, 스티브 맬컴, 제프 글래스버그, 셰릴 슐츠, 그 외에도 내가 갔던 어느 곳에서나 기꺼이 자신들의 열정을 공유해주었던 나비 팬들에게 감사한다.

리베카 스트로벨, 몰리 그레고리, 카린 마커스, 케일리 호프먼을 비롯한 사이먼 앤드 슈스터 출판사의 모든 분께 감사드린다. 근사한 표지를 만들어준 매스 모너핸, 나의 에이전트 미셸 테슬러, 훌륭한 교열 담당자이자 친구인 애니 고틀리브, 그리고 오랜 시간 출판업에 종사하며 더없이 귀한 조언을 해준 샐리앤 매카틴에게도 고마움을 전한다.

요긴한 사진들을 찍어준 나의 남편 그레그 오거에게도 깊이 감사한다.

데니즈 매커보이에게 조금 더 각별한 고마움을 전한다. 지구상의 모든 생물을 보듬는 그녀의 친절은 많은 이에게 아주 많은 것을 의미한다.

/미 주/

1 Michael S. Engel, *Innumerable Insects: The Story of the Most Diverse and Myriad Animals on Earth* (New York: Sterling, 2018), xiii.

들어가는 글

1 Wassily Kandinsky, *Concerning the Spiritual in Art* (Munich, 1911).

1부 과거

1. 입문용 약물

1 Richard Fortey, *Dry Storeroom No. 1: The Secret Life of the Natural History Museum* (New York: Alfred A. Knopf, 2008), 55.

2 허먼 스트레커에 대한 자료는 매우 많지만 그의 정신세계를 심층적으로 다룬 저작으로는 이 책을 권한다. William R. Leach, *Butterfly People: An American Encounter with the Beauty of the World* (New

York : Pantheon, 2013).

3 같은 책, 61.

4 같은 책, 61.

5 같은 책, 199.

6 Fortey, *Dry Storeroom No. 1*, 43.

7 Jim Endersby, *Imperial Nature : Joseph Hooker and the Practices of Victorian Science* (Chicago : University of Chicago Press, 2008), 54.

8 Walt Whitman, *Specimen Days and Collect* (1883; repr. New York: Dover Publications, 1995), 121; quoted in Leach, *Butterfly People*, xiii*n*9.

9 Christopher Kemp, *The Lost Species : Great Expeditions in the Collections of Natural History Museums* (Chicago : University of Chicago Press, 2017), xv.

10 David Grimaldi and Michael S. Engel, *Evolution of the Insects* (New York : Cambridge University Press, 2005), 1.

11 같은 책, 1.

12 같은 책, 4.

13 Michael Leapman, *The Ingenious Mr. Fairchild: The Forgotten Father of the Flower Garden* (New York : St. Martin's Press, 2001). 원래 영국에서 처음 출간된 이 매혹적인 책은 꽃에 남성기와 여성기가 존재한다는 차마 말할 수 없는 진실을 둘러싼 경악과 논쟁을 다룬다.

2. 헤어 나올 수 없는 굴

1 Destin Sandlin, Deep Dive Series #3 : "Butterflies," *Smarter Every Day*, http://www.smartereveryday.com/videos.

2 다윈은 끊임없이 편지를 썼다. 하지만 이날의 편지가 다윈의 가장 유명한 편지로 남았다. 그 이유는 곤충에 대한 그의 의문이 나타나 있기 때문이기도 하고, 개인사를 매우 상세히 드러내고 있기 때문이기도 하다. 현재 다윈의 편지들은 거의 대부분 온라인에서 참조할 수 있다. 이 편지 전문을 읽고 싶은 독자는 다음을 보라. https://www.darwinproject.ac.uk/letter/DCP-LETT-3411.xml.

3 레너트는 현재 오하이오주 캔턴에 위치한 켄트 주립대학교에서 강의와 '주둥이 형태학은 교배종 줄나비속(*Limenitis*) 나비들(나비목, 네발나비과)의 먹이 주기 능력이 감소해왔음을 시사한다' 유의 다수의 연구 논문 저술에 힘쓰고 있다(*Biological Journal of the Linnaeus Society* 125, no. 3 (2018): 535–46. https://academic.oup.com/biolinnean/article-abstract/125/3/535/5102370).

4 Jennifer Zaspel et al., "Genetic Characterization and Geographic Distribution of the Fruit-Piercing and Skin-Piercing Moth *Calyptra thalictri* Borkhausen (Lepidoptera: Erebidae)," *Journal of Parasitology* 100, no. 5 (2014): 583–91.

5 Harald W. Krenn, "Feeding Mechanisms of Adult Lepidoptera: Structure, Function, and Evolution of the Mouthparts," *Annual Review of Entomology* 55 (2010): 307–27, https://www.ncbi.nlm.nih.gov/pmc/articles/PMC4040413/.

6 애들러와 코르네프는 둘 다 현재 클렘슨 대학교 소속으로 곤충의 주둥이에 대한 연구를 발표하고 있다.

7 콘스탄틴 코르네프와의 개인적 대화.

8 재스펠과의 개인적 대화.

9 레너트와의 개인적 대화.

3. 1번 나비

1 Samuel Hubbard Scudder, *Frail Children of the Air: Excursions into the World of Butterflies* (Boston and New York: Houghton, Mifflin, 1897), 268.

2 플로리선트 화석층 국가 천연기념물 방문객 센터는 풍부한 자료를 자랑한다. https://www.nps.gov/flfo/index.htm.

3 Herbert W. Meyer, *The Fossils of Florissant* (Washington, DC: Smithsonian Books, 2003). 이 책은 3,400만 년 전 이 지역 생태계 전반에 대하여 훌륭한 개요를 제시한다.

4 시어도어 루퀴어 미드(Theodore Luqueer Mead)는 내가 여기서 할애한 것보다 더 많은 관심을 받을 자격이 있는 인물이다. 그는 나비와 식물을 지극히 사랑했다. 플로리다주 윈터파크 내 미드 식물원이 그의 이름을 따서 명명되었다. 혹자는 그가 플로리선트 화석층을 '발견'했다고 주장하지만 그 사실 여부는 불분명하다. 이미 많은 사람이 이 화석층에 대해서 알고 있었다. 그의 공로로 하버드 대학교의 새뮤얼 스커더는 광범위한 표본을 확보해 세계적으로 유명한 발견에 이를 수 있었다.

5 Kirk Johnson and Ray Troll(illustrator), *Cruisin' the Fossil Freeway: An Epoch Tale of a Scientist and an Artist on the Ultimate 5,000-Mile Paleo Road Trip* (Golden, CO: Fulcrum, 2007), 180.

6 Meyer, *Fossils of Florissant*, 15–17.

7 "A Celebration of Charlotte Hill's 160th Birthday," *Friends of the Florissant Fossil Beds Newsletter* 2009, no. 1 (April 2009): 1.

8 허버트 마이어와의 개인적 대화. 마이어는 샬럿 힐이 여성이고 공식 자격이 없었다는 이유로 업적을 인정받지 못했다고 생각했다. 그는 수년간 학술 기록에 누락된 그녀의 이름을 되찾아주기 위해 노력했고 그

녀에 대해서 다음 저작을 비롯해 많은 글을 썼다. Estella B. Leopold and Herbert W. Meyer, *Saved in Time: The Fight to Establish Florissant Fossil Beds National Monument, Colorado* (Albuquerque: University of New Mexico Press, 2012).

9 William A. Weber, *The American Cockerell: A Naturalist's Life, 1866–1948* (Boulder: University Press of Colorado, 2000), 62.

10 Samuel H. Scudder, "Art. XXIV.—An Account of Some Insects of Unusual Interest from the Tertiary Rocks of Colorado and Wyoming," in *Bulletin of the United States Geological and Geographical Survey of the Territories*, ed. F. V. Hayden, vol. 4, no. 2 (Washington, DC: Government Printing Office, 1878), 519.

11 Liz Brosius, "In Pursuit of *Prodryas persephone*: Frank Carpenter and Fossil Insects," *Psyche: A Journal of Entomology* 101, nos. 1–2 (January 1994), 120.

12 허버트 마이어와의 개인적 대화.

13 David Grimaldi and Michael S. Engel, *Evolution of the Insects* (New York: Cambridge University Press, 2005), p. 87.

14 에스텔라 레오폴드와 허버트 마이어의 작은 책 *Saved in Time*은, 부동산 개발업자들이 눈독을 들였는데도 가치를 헤아릴 수 없는 이 땅이 어떻게 과학과 대중을 위해 남을 수 있었는지 기술한다. 나는 땅의 이력을 상세히 들려주는 책들을 좋아한다. 우리가 때때로 당연하게 여기는 국유지가 어떻게 생겼는가를 아는 것은 매우 중요하다.

15 같은 책, xxiv, 45.

16 같은 책, 76.

17 같은 책, xxvi.

18 화석이 풍부한 이 지역을 개괄한 책 중에서 나는 다음 책이 제일 좋다. Lance Grande, *The Lost World of Fossil Lake: Snapshots from Deep Time* (Chicago: University of Chicago Press, 2013).

4. 섬광과 눈부심

1 G. Evelyn Hutchinson, quoted in Naomi E. Pierce, "Peeling the Onion: Symbioses between Ants and Blue Butterflies," in *Model Systems in Behavioral Ecology: Integrating Conceptual, Theoretical, and Empirical Approaches*, ed. Lee Alan Dugatkin (Princeton, NJ: Princeton University Press, 2001), 42.

2 어머니이자 주부였던 이 천재 여성은 오랫동안 무명이었으나 최근 들어 영어권 세계에도 많이 알려졌다. 그러나 메리안의 저작 대부분은 영어로 번역되지 않았으므로 우리는 아직도 그녀의 학문을 잘 알지 못한다. 1990년대에 역사학자 나탈리 제몬 데이비스의 저서에 메리안이 등장하면서부터 변화는 시작되었다. Natalie Zemon Davis, *Women on the Margins: Three Seventeenth-Century Lives* (Cambridge, MA: Harvard University Press, 1995). 그후 생물학자 케이 에서리지가 다음 논문에서 그녀를 생태학의 시조로 조명했다. Kay Etheridge "Maria Sibylla Merian: The First Ecologist?," in *Women and Science: 17th Century to Present: Pioneers*, ed. Donna Spalding Andréolle and Véronique Molinari, 35-54 (Newcastle upon Tyne, UK: Cambridge Scholars, 2011), http://public.gettysburg.edu/~ketherid/merian%20 1st%20ecologist.pdf; "Maria Sibylla Merian and the Metamorphosis of Natural History," *Endeavour* 35, no. 1 (March 2011): 16-22, https://www.sciencedirect.com/science/article/pii/S0160932710000700. 2014

년 5월에는 메리안에 대한 최초의 학회가 열렸고 에서리지가 이 학회 임원이 되었다. 에서리지는 현재 메리안의 저작을 영어로 옮기는 작업을 하고 있다.

3 마이클 엥겔과의 개인적 대화.

4 애벌레가 번데기를 거쳐 나비가 되는 것이 우리에게는 자명한 일로 보이지만 옛날 사람들이 이 생각을 하기가 얼마나 어려웠는지 알고 싶다면 다음을 보라. Matthew Cobb, *Generation: The Seventeenth-Century Scientists Who Unraveled the Secrets of Sex, Life, and Growth* (New York: Bloomsbury, 2006); quote, 134.

5 같은 책, 222.

6 Maria Sibylla Merian, *Metamorphosis Insectorum Surinamensium*, Lannoo Publishers, 2016. 현재 영어로 읽을 수 있는 메리안에 대한 가장 좋은 글은 이 책에 실려 있다. 메리안의 저작을 현대적 판본으로 새로 낸 이 책은 온라인 서점이나 미국 내 지역 서점에서도 주문 가능하다. 이 책은 원서와 동일한 판형에 메리안의 삽화를 정교하게 재현해냈으며 네덜란드어와 영어로 이용 가능하다. 또한 원서를 충실히 재현하는 데 그치지 않고 케이 에서리지를 비롯한 메리안 연구자들의 에세이를 서두에 실었다. 책 뒤에는 현존하는 원서 목록과 소장처가 나와 있다(현존하는 원서는 얼마 안 되고 대부분 낱장으로 판매하느라 해체된 상태다).

7 Gauvin Alexander Bailey, "Books Essay: Naturalist and Artist Maria Sibylla Merian Was a Woman in a Man's World," *The Art Newspaper*, April 1, 2018, https://www.theartnewspaper.com/review/bugs-and-flowers-art-and-science.

8 David Attenborough et al., *Amazing Rare Things: The Art of Natural*

History in the Age of Discovery (2007; repr. New Haven, CT: Yale University Press, 2015).

9 Zemon-Davis, *Women on the Margins*, 141.

10 Michael S. Engel, *Innumerable Insects: The Story of the Most Diverse and Myriad Animals on Earth* (New York: Sterling, 2018). 마이클 엥겔의 유려하고도 읽기 쉬운 저서인 이 책은 메리안이 마련한 곤충학의 토대에 경이를 표한다. 이 특별한 인용은 이 책 96쪽에 메리안의 그림과 함께 소개되어 있다.

11 Etheridge, "Maria Sibylla Merian: The First Ecologist?"

12 Richard Prum, *The Evolution of Beauty: How Darwin's Forgotten Theory of Mate Choice Shapes the Animal World—and Us* (New York: Doubleday, 2017).

13 저명한 곤충학자 토머스 아이스너가 죽기 얼마 전에 이 이론에 대해서 간단히 쓴 글이 있다. Thomas Eisner, "Scales: On the Wings of Butterflies and Moths," *Virginia Quarterly Review* 82, no 2 (Spring 2006). 이 글은 온라인으로 찾아 읽을 수 있다. https://www.vqronline.org/vqr-portfolio/scales-wings-butterflies-and-moths.

14 니팸 파텔과의 개인적 대화.

15 예일대의 리처드 프럼이 이 이해하기 쉬운 비유를 들어 나에게 설명해 주었다.

16 Alan H. Schoen, "Infinite Periodic Minimal Surfaces without Self-Intersections," NASA Technical Note D-5541 (Washington, DC: NASA, 1970).

17 Zongsong Gan et al., "Biomimetic Gyroid Nanostructures Exceeding Their Natural Origins," *Science Advances* 2, no. 5 (2016): e1600084,

https://advances.sciencemag.org/content/2/5/e1600084.full.

18 Jim Shelton, "Butterflies Are Free to Change Colors in New Yale Research," *Yale News*, August 5, 2014, https://news.yale.edu/2014/08/05/butterflies-are-free-change-colorsnew-yale-research.

5. 나비가 찰스 다윈을 곤경에서 구하다

1 『비글호 항해』 여러 판본에 나와 있는 문장이다. 이 여행기는 다윈이 대중적으로 처음 성공을 거둔 저서로서 일반 독자도 충분히 읽을 수 있다. 내가 보기에는 그 시대에 쓰였던 다른 모험 소설들, 가령 요한 다비드 비스의 『로빈슨 가족』이나 로버트 루이스 스티븐슨의 『보물섬』만큼 재미있다.

2 헨리 월터 베이츠는 자신의 모험기를 썼다[Henry Walter Bates, *The Naturalist on the River Amazons* ('s'가 붙는 게 맞다), 1905]. 그러나 과학에 중요한 공헌을 한 이 인물의 전기가 따로 없다는 점은 애석하다. 영국 작가 앤서니 크로포스(Anthony Crawforth)가 *The Butterfly Hunter: The Life of Henry Walter Bates* (Buckingham, UK: University of Buckingham Press, 2009)를 쓰기는 했지만 사실 이 책은 베이츠의 모험을 다루는 동시에 저자 자신의 남아메리카 모험을 다룬 책이다. 션 캐럴(Sean B. Carroll)의 *Remarkable Creatures: Epic Adventures in the Search for the Origin of Species* (Boston: Houghton Mifflin Harcourt, 2009)는 일반 독자에게 베이츠의 작업을 소개한다. 또한 대부분의 다윈 전기에서는 베이츠를 상세하게 다룬다. 그러나 베이츠는 자기만의 독자적인 전기를 가질 자격이 있는 과학자다.

3 Thomas Vernon Wollaston, "[Review of] *On the Origin of Species*

[...]," *Annals and Magazine of Natural History* 5 (1860): 132–43, http://darwin-online.org.uk/content/frameset?itemID=A18&viewtype=text&pageseq=1.

4 다윈의 전기 작가들은 (전부는 아니어도) 다윈이 자기 생각을 발표하면서 느꼈던 불안을 중요하게 다룬 경우가 많다. 다윈 연구자이자 전기 작가 재닛 브라운(Janet Browne)의 *Charles Darwin: The Power of Place* (New York: Alfred A. Knopf, 2002) 둘째 권은 이 점에서 아주 훌륭한 자료다. 나는 다음 책도 아주 좋게 보았다. Adrian Desmond and James Moore, *Darwin: The Life of a Tormented Evolutionist* (reprint ed., New York: Norton, 1994).

5 1861년 3월 28일에 베이츠가 다윈에게 쓴 편지. Darwin Correspondence Project, https://www.darwinproject.ac.uk/letter/DCP-LETT-3104.xml.

6 Charles Darwin, "[Review of] 'Contributions to an Insect Fauna of the Amazon Valley,' by Henry Walter Bates [...]," *Natural History Review* 3 (April 1863): 219–24.

7 많은 저자가 이 핵심 비결에 대해서 썼다. 전체를 총괄하면서도 이해하기 쉬운 설명으로는 다음을 추천한다. chapter 4, "Life Imitates Life," in Sean Carroll, *Remarkable Creatures*.

8 1861년 3월 28일에 베이츠가 다윈에게 쓴 편지.

9 *Transactions of the Linnean Society* 23 (November 1862): 495, https://archive.org/details/contributionstoi00bate/page/502.

10 Darwin, review of Bates, "Contributions."

11 A. B. Farn to Darwin, November 18, 1878, http://www.darwinproject.ac.uk/letter/DCP-LETT-11747.xml.

12 Browne, Charles Darwin: The Power of Place, 226.

13 프리츠 뮐러는 영어 전기 한 권을 따로 할애할 정도의 업적을 쌓은 다윈 시대의 또 다른 연구자다. 뮐러의 사람됨과 그의 연구 업적을 간단하게 살펴보기 원하는 독자는 다음을 보라. Peter Forbes, Dazzled and Deceived: Mimicry and Camouflage (New Haven, CT: Yale University Press, 2009).

14 Forbes, Dazzled and Deceived, 41.

15 "북미 최장기 조류 현장 연구 중 하나"인 삼색제비 프로젝트는 1980년대에 시작되어 지금까지도 진행 중이다. 두 브라운의 연구로 진화에 대한 이해, 또한 이 매혹적인 새들의 생활 방식에 대한 이해를 심화하는 자료가 다수 발견되었다. 찰스 다윈도 이 두 과학자를 알았더라면 무척 좋아했을 것이다. 그들의 작업에 대해서 더 알고 싶은 독자는 다음을 보라. http://www.cliffswallow.org/.

16 이 사연을 둘러싼 출판의 역사는 지금도 진행 중인데 단순한 과학 이야기가 정치화될 때 발생하는 부조리를 아주 잘 보여주는 사례라 할 만하다. 한동안 이 이야기는 널리 수용되었다. 하지만 그 후 반진화론자들이 진화된 나방이 사기가 아니라는 과학적 증거를 요구하고 나섰다. 영국인 연구자 마이클 마제러스(Michael Majerus)는 기록을 바로 세우기 위해 2001년에 진화론 검증 장기 연구를 시작했으나 논문을 완성하지 못하고 같은 해인 2001년 사망했다. 동료들이 그의 연구를 계승했다. 그로써 자연 선택 기제에 따른 나방들의 색 변화가 "위장과 새들의 포식 행위와 관련이 있다는 (……) 증거"가 결정적으로 나왔다. 현재 이 내용은 인터넷에서 확인할 수 있다. https://royalsocietypublishing.org/doi/full/10.1098/rsbl.2011.1136.

17 Rae Ellen Bichell, "Butterfly Shifts from Shabby to Chic with a

Tweak of the Scales," NPR, August 7, 2014, https://www.npr.org/2014/08/07/338146490/butterflyshifts-from-shabby-to-chic-with-a-tweak-of-the-scales.

18 베이츠가 자기 형제에게 한 말, Crawforth, Butterfly Hunter, 93에서 인용.

2부 현재

6. 어밀리아의 나비

1 Robert Frost, "Blue-Butterfly Day," from *New Hampshire* (New York: Henry Holt, 1923).

2 Edward O. Wilson, *Half-Earth: Our Planet's Fight for Life* (New York: Liveright / Norton, 2016), 111.

3 Fred A. Urquhart, "Found at Last: The Monarch's Winter Home," *National Geographic* 150 (August 1976): 160-73, http://www.ncrcd.org/files/4514/1150/3938/Monarch_Butterflies_Found_at_Last_the_Monarchs_Winter_Home_-_article.pdf.

4 어밀리아의 제왕나비가 한 여행에 대한 자료는 인터넷에 자세히 공개되어 있다. 이 책에는 그 일부만 옮겨 왔음을 밝혀둔다. https://ucanr.edu/blogs/blogcore/postdetail.cfm?postnum=27559 ; https://news.wsu.edu/2018/06/25/monarch-butterfly-migration/.

5 데이비드 제임스는 '태평양 북서부의 제왕나비들(Monarch Butterflies in the Pacific Northwest)'이라는 페이스북 페이지를 통하여 이 추적 프로그램의 진행 상황을 수시로 업데이트하고 있다.

7. 제왕나비 파라솔

1 Robert Michael Pyle, quoted in Sandra Blakeslee, "Butterfly Seen in New Light by Scientists," *New York Times*, November 28, 1986, A27.

2 생태학자 앤디 데이비스(Andy Davis)는 나비들도 극심한 소음에 스트레스 반응을 보인다는 것을 보여주는 사전 정보를 제시했다. 애벌레들도 끊임없이 스트레스에 노출된 날에는 심장 박동 수가 높아졌고 실험실 스태프 몇 명은 애벌레에게 물리기도 했다고 한다. https://www.upi.com/Science_News/2018/05/10/Highway-noise-alters-monarch-butterflys-stress-response-could-affectmigration/5861525973774/.

3 킹스턴 렁은 제왕나비를 보살피는 작업의 실무에 대한 연구 논문을 다수 발표했다. 그중 일부는 다음에서 볼 수 있다. https://works.bepress.com/kleong/;http://www.tws-west.org/westernwildlife/vol3/Leong_WW_2016.pdf.

8. 허니문 호텔

1 Carlos Beutelspacher, *Las Mariposas entre los Antiguous Mexicanos* [Butterflies of Ancient Mexico], quoted in Karen S. Oberhauser, "Model Programs for Citizen Science, Education, and Conservation: An Overview," in *Monarchs in a Changing World: Biology and Conservation of an Iconic Butterfly*, ed. Karen S. Oberhauser, Kelly R. Nail, and Sonia Altizer (Ithaca, NY: Comstock/Cornell University Press, 2015), 2.

2 Miriam Rothschild, quoted in Sharman Apt Russell, *An Obsession with Butterflies: Our Long Love Affair with a Singular Insect* (New York: Basic Books, 2003), 29.

3 Anurag Agrawal, *Monarchs and Milkweed: A Migrating Butterfly, A Poisonous Plant, and Their Remarkable Story of Coevolution* (Princeton, NJ: Princeton University Press, 2017), 4.

4 Lincoln Brower, transcript of interview by Christopher Kohler, March 14, 1994, Oral History, University of Florida Digital Collections, 11, http://ufdc.ufl.edu/UF00006168/00001.

5 Darwin, *The Life and Letters of Charles Darwin, Including an Autobiographical Chapter*, ed. Francis Darwin, vol. 1 (1887; New York: D. Appleton, 1897; facsimile ed., High Ridge, MO: Elibron Classics / Adamant Media, 2005), 43.

6 Nabokov, quoted in Robert H. Boyle, "An Absence of Wood Nymphs," *Sports Illustrated*, September 14, 1959, https://www.si.com/vault/1959/09/14/606166/an-absence-of-wood-nymphs.

7 이 부분에 대해 더 잘 알고 싶은 비전문가 독자에게는 아그라왈의 『제왕나비와 밀크위드 Monarchs and Milkweed』가 최고의 참고 도서가 될 것이다.

8 마이클 엥겔과의 개인적인 대화.

9 마이클 엥겔과의 개인적인 대화.

10 Miriam Rothschild, "Hell's Angels," *Antenna: Bulletin of the Royal Entomological Society* 2, no. 2 (April 1978): 38-39.

11 미리엄 로스차일드는 거부할 수 없는 매력의 학자다. 그녀는 2005년에 사망했지만 만약 살아 있기만 했다면 나는 지구 끝까지라도 날아가 그녀를 만나고야 말았을 것이다. 다행스럽게도 로스차일드 여사의 인터뷰 영상이 다수 남아 있다. BBC 텔레비전이 1995년에 기획, 방송한 《세계의 7대 불가사의》에서 진행한 인터뷰들은 인터넷에서도 찾아볼

수 있다.

Part I https://www.youtube.com/watch?v=K2VaTmrsFLg

Part II https://www.youtube.com/watch?v=fec8DCl0hgo

Part III https://www.youtube.com/watch?v=hRYcQmY5aTs

12 Lincoln Pierson Brower, "Ecological Chemistry," *Scientific American* 220, no. 2 (February 1969), https://www.scientificamerican.com/magazine/sa/1969/02-01/.

13 나는 브라우어 박사가 죽기 몇 달 전까지도 그와 장시간 전화 통화를 하곤 했다. 당시, 나는 학계 사람들에게 그와 접촉하려면 서두르는 게 좋다는 말을 들었지만 그가 그렇게 중병을 앓는 줄도 몰랐다. 우리는 그의 저작에 대해서 심도 깊은 대화를 나누었고 그는 내가 꼭 만나봐야 할 사람들이 누구누구인지 조언해주었다. 생의 끝자락에서 나에게 그렇게 시간을 내어주었으니 나는 정말로 큰 선물을 받은 셈이다. 영광스럽게도 내가 만날 수 있었던 과학자들은 대부분 헌신적인 태도와 마음 씀씀이로 나를 놀라게 했다. 그들에게 과학은 '직업'이나 '소명' 정도가 아니었다. 과학은 그들의 존재 이유였다. 《뉴욕 타임스》에 실린 링컨 브라우어의 부고 기사는 다음과 같다. https://www.nytimes.com/2018/07/24/obituaries/lincoln-brower-champion-of-the-monarch-butterfly-dies-at-86.html.

9. 스캐블랜드

1 Miriam Rothschild and Clive Farrell, *The Butterfly Gardener* (1983; reprint ed., New York: Penguin, 1985).

2 Ellen Morris Bishop, *Living with Thunder: Exploring the Geologic Past, Present, and Future of the Pacific Northwest* (Corvallis: Oregon State

University Press,2014).

3 데이비드 제임스는 매년 8월이면 제왕나비들이 캘리포니아로 남하하는 시기를 고려하여 크래브 크리크에서 1~2주 정도 나비들에게 꼬리표를 달아서 보내는 공개 행사를 진행한다. 이 행사가 정확히 언제 열리는지 알고 싶다면 워싱턴 나비협회(Washington Butterfly Association) 웹사이트를 참조하면 된다. 이 협회는 비영리 단체로서는 예외적으로 왕성한 활동을 하며 전문가뿐만 아니라 일반 대중도 회원으로 유치하고자 힘쓴다. https://wabutterflyassoc.org/home-page/.

10. 레인던스 목장에서

1 와파토에 대해서는 다음을 보라. http://www.confluenceproject.org/blog/important-foods-wapato/. 카마시아에 대해서는 다음을 보라. http://www.confluenceproject.org/blog/profound-role-of-camas-in-the-northwest-landscape/.

2 이 섬세한 나비가 다시 돌아오게 된 사연은 놀랍다. 북미연푸른부전나비 회복 계획은 2006년 10월 31일 화요일 미 연방 관보에 실렸는데 그 내용은 여기서 볼 수 있다. https://www.fws.gov/policy/library/2006/06-8809.pdf.

3 평생을 나비 중독자로 살았던 그가 긴 시간을 할애해 나의 전화에 열정적으로 응해준 데 감사한다. 그는 한때 멸종된 줄 알았던 이 나비를 발견한 사연을 아주 자세하게 말해주었다.

4 데이비드 제임스와의 개인적인 대화에서 알게 된 내용.

5 Cheryl B. Schultz, "Restoring Resources for an Endangered Butterfly," *Journal of Applied Ecology 38* (2001): 1007-19, https://www.nceas.ucsb.edu/~schultz/MS_pdfs/JAE%20Oct2001.pdf.

6 영국에서 큰점박이푸른부전나비가 다시 살게 된 이야기는 내가 조사한 것 중에서도 가장 흥미진진한 회복의 이야기였다. 과학자들과 환경보전론자들의 장기적인 헌신, 연속적으로 나타나는 장애물에도 불구하고 결코 포기하지 않았던 태도는 지구상에서 사라져가는 종들을 위해 뭔가를 하고자 하는 사람들에게 귀감이 된다. 2018년 9월 19일 자 《가디언》은 이 나비가 "영국에서 기록적인 최고의 여름을 누렸다"고 기사를 냈다. https://www.theguardian.com/environment/2018/sep/19/uk-large-blue-butterfly-best-summer-record.

7 이 나비의 풀리지 않는 비밀에 접근하기까지 얼마나 지대한 노력이 필요했는지 알고 싶다면 다음을 참조하라. https://ntlargeblue.files.wordpress.com/2010/06/large-blue-ceh-leaflet0031.pdf.

8 Matthew Oates, *In Pursuit of Butterflies: A Fifty-Year Affair* (New York: Bloomsbury, 2015), 426.

9 J. A. Thomas et al., "Successful Conservation of a Threatened *Maculinea* Butterfly," *Science* 325, no. 5936 (July 2009): 80–83, https://science.sciencemag.org/content/325/5936/80.

10 Oates, *In Pursuit of Butterflies*, 352.

11. 신비한 경이감

1 Vladimir Nabokov, *Speak, Memory* (rev. & expanded ed., 1967; Everyman's Library ed., New York: Alfred A. Knopf, 1999), 106.

2 같은 책, 120.

3 같은 책, 75.

4 같은 책, 35.

5 나보코프의 아름다운 시 '어떤 나비의 발견에 대하여' 중에서. https://

genius.com/Vladimir-nabokov-a-discovery-annotated.

6 이 탁월한 보존 프로젝트의 역사를 가장 잘 보여주는 자료는 다음이다. Jeffrey K. Barnes, *Natural History of the Albany Pine Bush, Albany and Schenectady Counties, New York: Field Guide and Trail Map* (Albany: The New York State Education Department, 2003).

7 Robert and Johanna Titus, *The Hudson Valley in the Ice Age: A Geological History and Tour* (Delmar, NY: Black Dome Press, 2012).

8 Carl Zimmer, "Nonfiction: Nabokov Theory on Butterfly Evolution Is Vindicated," January 25, 2011, https://www.nytimes.com/2011/02/01/science/01butterfly.html.

3부 미래

12. 사교성 좋은 나비

1 개인적 대화.

2 William Leach, *Butterfly People: An American Encounter with the Beauty of the World* (New York: Pantheon, 2013), 167. 리치의 묘사는 다음을 바탕으로 한 것이다. B. D. Walsh and C. V. Riley, "A Swarm of Butterflies," *The American Entomologist* 1, no. 1 (September 1868): 28-29.

3 이 목격담들은 링컨 브라우어가 다음에 인용한 것이다. "Understanding and Misunderstanding the Migration of the Monarch Butterfly (Nymphalidae) in North America," *Journal of the Lepidopterists' Society* 49, no. 4 (1995): 304-85.

4 어커트의 놀라운 이야기는 다음 논문을 위시해 여러 차례 다루어졌다. "Found at Last: The Monarch's Winter Home," *National*

Geographic 150 (August 1976): 160–73, http:// www.ncrcd.org/files/4514/1150/3938/Monarch_Butterflies_Found_at_Last_the_Monarchs_Winter_Home_-_article.pdf. 1998년에 어커트와 그의 아내 노라는 "우리 시대의 가장 위대한 자연사적 발견 중 하나"라는 극찬과 함께 캐나다 정부로부터 작위를 받았다.

5 Urquhart, "Found at Last."

6 이 분야의 최근 연구 성과를 일반인도 이해하기 쉽게 요약한 책으로 다음이 있다. Russell G. Foster and Leon Kreitzman, *Circadian Rhythms: A Very Short Introduction* (New York: Oxford University Press, 2017).

7 S. M. Reppert, "The Ancestral Circadian Clock of Monarch Butterflies: Role in Time-Compensated Sun Compass Orientation," *Cold Spring Harbor Symposia on Quantitative Biology* 72 (2007): 113–18, http://symposium.cshlp.org/content/72/113.full.pdf.

8 패트릭 게라 역시 다른 존재를 잘 참아주는 생물이다. 그는 이 까다로운 연구를 일반 독자도 (부디) 이해할 수 있으면서 기술적으로 오류가 없는 방식으로 나에게 설명하느라 몇 시간이나 공을 들였다.

9 패트릭 게라도 지금은 자기 연구실을 따로 가지고 있지만 처음에는 신경과학자 스티븐 M. 레퍼트 연구실 소속 대학원생으로서 연구에 참여했다. 레퍼트 웹사이트에서는 다음과 같은 논문을 다수 참고할 수 있다. http://reppertlab.org/media/files/publications/are2015.pdf. 이 사이트의 news/outreach 카테고리에는 연구 내용을 놀랄 만큼 상세히 보여주는 동영상도 다수 올라와 있다.

10 "Wing Morphology in Migratory North American Monarchs: Characterizing Sources of Variation and Understanding Changes through Time," *Animal Migration* 5, no. 1 (October 2018): 61–73,

https://www.degruyter.com/view/j/ami.2018.5.issue-1/ami-2018-0003/ami-2018-0003.xml.

11 https://journals.plos.org/plosone/article?id=10.1371/journal.pone.0001736.

12 Rick Ridgeway, *The Last Step: The American Ascent of K2* (Seattle, WA: Mountaineers Books, 2014), 161.

13 탈라베라가 자신의 연구 관련 기사와 도움이 되는 동영상을 올리는 웹사이트는 매우 잘 관리되고 있다. http://www.gerardtalavera.com/research.html.

14 Hugh Dingle, *Migration: The Biology of Life on the Move* (New York: Oxford University Press, 2014), 14.

13. 엑스터시의 폭발

1 Adriana D. Briscoe, "Reconstructing the Ancestral Butterfly Eye: Focus on the Opsins," *Journal of Experimental Biology* 211, part 11 (June 2008): 1805-13, https://www.ncbi.nlm.nih.gov/pubmed/18490396.

2 Matthew Teague, "Inside the Murky World of Butterfly Catchers," *National Geographic*, August 2018, https://www.nationalgeographic.com/magazine/2018/08/butterfly-catchers-collectors-indonesia-market-blumei/.

3 Field Notes Entry, "Smuggler of Endangered Butterflies Gets 21 Months in Federal Prison," U.S. Fish and Wildlife Service Field Notes, April 16, 2007, https://www.fws.gov/FieldNotes/regmap.cfm?arskey=21159&callingKey=region&callingValue=8.

4 눈의 진화를 다룬 여러 텍스트 중에서 나는 다음을 참조했다. Thomas

W. Cronin et al., *Visual Ecology* (Princeton, NJ: Princeton University Press, 2014), https://academic.oup.com/icb/article/55/2/343/750252. 다음은 조금 더 일반 독자가 접근하기 쉬울 수 있다. Michael F. Land, *Eyes to See: The Astonishing Variety of Vision in Nature* (New York: Oxford University Press, 2018)

5 뇌가 색을 처리하는 방식을 탁월하게 기술한 노벨상 수상자 에릭 캔들의 책은 반드시 읽어보기 바란다. Eric R. Kandel, *Reductionism in Art and Brain Science: Bridging the Two Cultures* (New York: Columbia University Press, 2016. 이 책은 짧고 이해하기 쉬우며 예술 자체와 우리가 예술 작품에 끌리는 이유 및 방식 사이의 관계에 대한 저자의 견해를 뒷받침하는 시각 자료가 풍부하다.

6 최근에도 아름다움과 생존의 연관성을 다룬 저작은 다수 있었다. 내가 읽은 책 중에는 다음이 있다. Richard O. Prum, *The Evolution of Beauty: How Darwin's Forgotten Theory of Mate Choice Shapes the Animal World—and Us* (New York: Doubleday, 2017). 그리고 다음도 매우 도움이 되었다. Michael Ryan, *A Taste for the Beautiful: The Evolution of Attraction* (Princeton: Princeton University Press, 2018).

7 Kandel, *Reductionism.*

8 Kentaro Arikawa, "The Eyes and Vision of Butterflies," *Journal of Physiology* 595, no. 16 (August 2017): 5457–64. https://www.ncbi.nlm.nih.gov/pmc/articles/PMC5556174/.

9 "Color Vision and Learning in the Monarch Butterfly, *Danaus plexippus (Nymphalidae)*," Journal of Experimental Biology 214 (2014): 509–20, http://jeb.biologists.org/content/214/3/509.

10 곤충학자 에이드리아나 브리스코가 이끄는 브리스코 연구실은 오랜 시

간 나비들, 특히 제왕나비가 복잡한 시각 능력을 어떻게 사용하는지 이해하고자 오랜 시간 헌신적으로 연구해왔다. 더 많은 정보를 원하는 독자는 브리스코 연구실 웹사이트를 참조하라. http://visiongene.bio.uci.edu/Adriana_Briscoe/Briscoe_Lab.html.

14. 버터플라이 하이웨이

1 https://monarchjointventure.org.
2 https://journeynorth.org.
3 https://thewilds.columbuszoo.org/home.
4 https://tapconnection.org.
5 https://www.monarchwatch.org.

/색 인/

ㄴ

ㄷ

ㄹ

ㅁ

ㅂ

ㅅ

ㅇ

ㅈ

ㅊ

ㅋ

ㅌ

ㅍ

ㅎ

A~Z

기타